国家级一流本科课程配套教材

数学建模简明教程

——基于 Python

陈传军　王智峰　刘　伟　孙丰云　主编

司守奎　主审

科学出版社

北　京

内 容 简 介

本书致力于适应普通本科高校的数学建模教学，力求做到内容简明扼要、浅显易懂，让学生既学到基本的建模方法，又有扩展学习的空间. 本书采用了目前比较流行的 Python 语言进行数值实验. 全书主要内容包括插值与拟合、微分方程、图与网络优化、线性规划、非线性规划、数据的统计描述、统计分析、综合评价方法等. 本书还提供所有例题的 Python 程序代码，扫描每章后的二维码即可获得代码，即时运用 Python 语言进行数学建模实验的程序实现.

本书可以作为普通本科高校数学建模、数学实验课程的教材，也可以作为数学建模竞赛的培训教材和参考用书.

图书在版编目(CIP)数据

数学建模简明教程：基于 Python/陈传军等主编. —北京：科学出版社，2022.1

ISBN 978-7-03-050970-3

I. ①数… II. ①陈… III. ①数学建模-高等学校-教材 IV. ①O141.4

中国版本图书馆 CIP 数据核字 (2021) 第 113385 号

责任编辑：张中兴 梁 清 孙翠勤／责任校对：杨聪敏

责任印制：赵 博／封面设计：蓝正设计

科学出版社 出版

北京东黄城根北街 16 号

邮政编码：100717

http://www.sciencep.com

北京华宇信诺印刷有限公司印刷

科学出版社发行 各地新华书店经销

*

2022 年 1 月第 一 版 开本: 720×1000 1/16

2025 年 2 月第九次印刷 印张: 14 3/4

字数: 297 000

定价: 45.00 元

(如有印装质量问题，我社负责调换)

前　言

PREFACE

数学方法渗透并支配着一切自然科学的理论分支. 它愈来愈成为衡量科学成就的主要标志了.

——John von Neumann

党的二十大报告提出:“加强基础学科、新兴学科、交叉学科建设, 加快建设中国特色、世界一流的大学和优势学科.”历史发展表明, 世界科技强国都是科学基础雄厚的国家, 都是在重要科技领域处于领先行列的国家, 都在解决人类面临的重大挑战、基本科学问题、开辟新的科学领域方向、构建新的科学理论体系上作出引领性贡献. 而数学是一切科学的基础, 可以说人类的每一次重大进步背后都是数学在后面强有力地支撑. 数学是一种工具学科, 是学习其他学科的基础. 往往数学上的突破, 会带动很多其他学科的重大突破. 人们越来越认识到高科技本质上是“数学技术”. 2019 年的 1 月, 华为技术有限公司主要创始人兼总裁任正非先生曾经这样回答记者: 在这 30 年里, 我们能够突破, 完全是因为数学有了突破. 不管是手机软件还是手机上面的应用系统, 都是以数学为核心的基础, 是在这个基础上面延伸发展出来的新的设备. 所谓“数学技术”实质上就是数学建模, 所以数学建模越来越受到重视.

数学建模是连接数学与实际问题的桥梁, 是数学科学技术转化的主要途径, 数学建模在科学技术发展中的重要作用越来越受到数学界和工程界的重视. 数学建模课程教学也成为培养人才的主要途径之一被引入大学课堂, 虽然数学建模进入大学教学已有 30 余年的历史, 但是数学建模课程尚无公认的完整严密的教学体系, 也无成熟的标准, 而且不同的学校、不同的教师对课程指导思想的理解有很大的差异. 另外, 数学建模课所讨论问题的实践性、涉猎范围的广泛性、解决问题方法的多样性和对计算机软件的紧密联系性等特点, 决定了它区别于传统的数学教学, 随之而来的教学内容、教学方法、教学模式以及其他各个教学环节也必须改革而与之适应.

本书致力于适应普通本科高校的数学建模教学, 力求做到内容简明扼要、浅显易懂, 时长控制在 48 学时之内, 既让学生学到基本的建模方法, 又有拓展学习的空间. 本书采用了目前比较流行的 Python 语言进行模拟实验, 并附上了部分程序. 目的是希望读者能够掌握一门语言, 为从事软件行业类的工作打下基础.

本书得到了国家级一流课程、山东省一流课程、烟台大学教务处和烟台大学数学与信息科学学院的大力支持, 在此一并表示感谢.

我们衷心希望本书能对推动数学建模的教学研究与改革, 能对数学建模人才的培养作出微薄的贡献. 由于编者水平有限, 书中难免会存在一些不足之处, 恳请读者不吝赐教!

编 者

2023 年 6 月修改

目　录

CONTENTS

第 1 章　数学建模概述

CHAPTER

半个多世纪以来, 随着计算机技术的迅速发展, 数学的应用不仅在工程技术、自然科学等领域发挥着越来越重要的作用, 而且以空前的广度和深度向经济、管理、金融、生物、医学、环境、地质、人口、交通等新的领域渗透, 所谓数学技术已经成为当代高新技术的重要组成部分.

数学是研究现实世界数量关系和空间形式的科学, 在它产生和发展的历史长河中, 一直是和各种各样的应用问题紧密相关的. 数学的特点不仅在于概念的抽象性、逻辑的严密性、结论的明确性和体系的完整性, 而且在于它应用的广泛性. 自从 20 世纪以来, 随着科学技术的迅速发展和计算机的日益普及, 人们对各种问题的要求越来越精确, 使得数学的应用越来越广泛和深入, 特别是在 21 世纪这个知识经济时代, 数学科学的地位会发生巨大的变化, 它正在从国家经济和科技的后备走到前沿. 经济发展的全球化、计算机的迅猛发展、数学理论与方法的不断扩充, 使得数学已经成为当代高科技的一个重要组成部分和思想库, 数学已经成为一种能够普遍实施的技术.

人们越来越认识到高科技本质上是“数学技术”. 2019 年 1 月, 华为技术有限公司主要创始人、总裁任正非先生曾这样回答记者：在这 30 年里, 我们能够突破, 完全是因为数学有了突破. 不管是手机软件还是手机上面的应用系统, 都是以数学为核心的基础, 是在这个基础上面延伸发展出来的新的设备. 所谓“数学技术”实质上就是数学建模, 所以数学建模越来越受到重视. 在高校人才培养过程中, 数学建模教学已成为应用型本科数学人才培养的有效途径, 对培养综合型、创新型、技能型的人才具有非常重要的意义.

1.1　数学模型与数学建模

数学模型 (mathematical model), 通常是指对于现实世界中的一个特定对象, 为了某一特殊目的, 根据其特有的内在规律和外部条件, 进行一些必要的合理的简化假设, 运用适当的数学方法和工具得到的一个数学结构. 这种数学结构是借助于数学符号刻画出来的某种系统的纯关系结构. 从广义理解, 数学模型包括数学中的各种概念、各种公式和各种理论. 因为它们都是由现实世界的原型抽象出来的, 从这种意义上讲, 整个数学也可以说是一门关于数学模型的科学. 从狭义理解, 数学模型只指那些反映了特定问题或特定的具体事物系统的数学关系结构, 这种意义上也可理解为联系一个系统中各变量间内在关系的数学表达.

数学建模 (mathematical modeling), 是指构建所研究的数学模型并进行求解, 然后将求解结果应用于实际问题的全过程. 具体来说, 就是针对某种研究对象和研究目的, 依据其内在规律, 进行抽象简化和合理假设, 确立某种数学结构, 建立数学模型, 选择适当的数学方法和工具对数学模型进行求解, 然后根据求解结果去分析实际问题, 以供人们作为预测、决策和控制的科学依据.

1.2　数学建模的发展概况

数学建模是在 20 世纪 70 年代由西方欧美国家大学率先开设的, 我国在 80 年代初将数学建模引入课堂, 国内第一本数学建模教材在 1987 年出版. 经过 30 多年的发展, 教育部已将数学建模课程列为数学类专业的必修课程, 并作为选修课程鼓励高校面向理工科大学生开设. 数学建模课程的开设, 为培养学生利用数学方法分析、解决实际问题的能力开辟了一条有效的途径, 对培养大学生创新实践能力和提高综合素质, 都起到了很好的作用.

大学生数学建模竞赛最早是 1985 年在美国出现的, 1989 年在几位从事数学建模教育的教师的组织和推动下, 我国几所大学的学生开始参加美国的竞赛, 而且积极性越来越高, 近几年参赛校数、队数占到相当大的比例. 可以说, 数学建模竞赛是在美国诞生, 在中国开花、结果的. 1992 年由中国工业与应用数学学会组织举办了我国 10 个城市的大学生数学建模联赛, 共有 74 所院校的 314 队参加. 教育部领导及时发现, 并扶植、培育了这一新生事物, 决定从 1994 年起由教育部高教司和中国工业与应用数学学会共同主办全国大学生数学建模竞赛, 每年一届, 是首批列入 “高校学科竞赛排行榜” 的 19 项竞赛之一. 目前全国大学生数学建模竞赛是全国高校规模最大的课外科技活动之一. 本竞赛每年 9 月中旬的第二个周末举行, 竞赛面向全国高等院校的学生, 不分专业 (但竞赛分本科、专科两组, 本科组竞赛所有大学生均可参加, 专科组竞赛只有专科生 (包括高职、高专生) 可以参加).

全国大学生数学建模竞赛旨在激励学生学习数学的积极性, 提高学生建立数学模型和运用计算机技术解决实际问题的综合能力, 鼓励广大学生踊跃参加课外科技活动, 开拓知识面, 培养创造精神及合作意识, 推动大学数学教学体系、教学内容和方法的改革. 竞赛题目一般来源于科学与工程技术、人文与社会科学 (含经济管理) 等领域经过适当简化加工的实际问题, 不要求参赛者预先掌握深入的专门知识, 只需要学过高等数学基础课程. 题目有较大的灵活性供参赛者发挥其创造能力. 参赛者应根据题目要求, 完成一篇包括模型的假设、建立和求解、计算方法的设计和计算机实现、结果的分析和检验、模型的改进等方面的论文 (即答卷). 竞赛评奖以假设的合理性、建模的创造性、结果的正确性和文字表述的清晰程度为主要标准.

全国大学生数学建模竞赛的竞赛宗旨：创新意识, 团队精神, 重在参与, 公平竞争. 其指导原则：扩大受益面, 保证公平性, 推动教学改革, 促进科学研究, 增进国际交流.

1.3 数学建模的一般过程或步骤

数学建模是利用数学方法解决实际问题的一种实践. 即通过抽象、简化、假设、引进变量等处理过程后, 将实际问题用数学方式表达, 建立起数学模型, 然后运用先进的数学方法及计算机技术进行求解.建立数学模型的方法和步骤并没有一定的模式, 但一个理想的模型应能反映系统的全部重要特征：模型的可靠性、实用性和普适性. 在实际过程中用哪一种方法建模主要由我们对研究对象的了解程度和建模目的来决定. 但是无论实际问题如何变化, 数学建模的一般过程或步骤都遵循着一定的规律, 了解这些过程和步骤有助于我们理解和进行数学建模.

(1) **模型准备** 了解问题的实际背景、已具备的数据条件和必要的信息, 明确建模的目的和要求, 搜集有关的信息, 弄清现实对象的主要特征, 形成明确清晰的数学问题, 即提出问题. 然后查阅相关的研究文献, 了解关于相关问题的研究状况和进展, 针对所研究问题的国内外研究现状, 初步确定模型的类别和可能的建模方法.

(2) **模型假设** 在提出问题的基础上, 根据建模问题的特征和建模目的, 找出研究问题所涉及的因素, 以及各因素之间的关系和应遵循的规律, 抓住问题的关键和本质, 忽略一些无关的和次要的因素, 作出必要合理的简化假设. 模型假设的目的是为了简化模型的复杂度, 但过分简化的假设可能会造成模型失真, 而模型因素考虑过多, 则会增加建模的复杂度和计算成本, 甚至可能会因为考虑因素过多而无法求解. 模型假设一般遵循两个原则：

① 简化原则 抓住主要矛盾, 舍弃次要因素, 方便数学处理和模型建立;

② 贴近原则 贴近实际, 要贴合问题的实际.

这两个原则是相互制约的, 既要合情合理又要便于数学模型建立. 因此, 模型假设的合理性就十分重要, 是检验模型优劣的重要依据.

(3) **模型建立** 根据模型假设和问题涉及的因素, 引入相关数学符号和记号, 用数学语言表述其元素和元素之间的关系, 形成数学关系表达式, 抽象出包含变量、常量等的数学模型, 如优化模型、微分方程模型、差分方程模型、图论模型等等.

(4) **模型求解**　对抽象出的数学模型, 利用相关的数学和计算机方法进行求解. 综合利用数学解析方法、数值算法、数学软件和计算机编程等技巧, 求出模型的解. 现实中的数学模型种类繁多, 一般情况下很难得到模型的解析解, 大多是利用计算机辅助软件得到其数值解, 即离散的近似解. 因此数值分析、计算方法和软件编程等能力的培养, 是数学建模求解的基本要求.

(5) **模型分析**　模型分析主要包括模型的可靠性、参数的稳定性或灵敏性、结果的合理性和可操作性、假设的强健性等. 对模型的求解结果进行数学上的分析, "横看成岭侧成峰, 远近高低各不同", 能否对模型求解结果作出细致精当的分析, 决定了所建模型能否达到更高的档次.

(6) **模型检验**　把模型求解和分析的结果翻译回到现实问题, 并用实际的现象、数据与之比较, 检验模型的合理性和适用性. 模型检验是确定模型的正确性、有效性和可信性的研究与测试过程. 一般包括两个方面：一是验证所建模型即是建模者构想中的模型; 二是验证所建模型能够反映真实系统的行为特征. 一般有四类情况：① 模型结构适合性检验：量纲一致性、方程式极端条件检验、模型界限是否合适. ② 模型行为适合性检验：参数灵敏度、结构灵敏度. ③ 模型结构与实际系统一致性检验：外观检验、参数含义及其数值. ④ 模型行为与实际系统一致性检验：模型行为是否能重现参考模式、模型的极端行为、极端条件下的模拟、统计学方法的检验. 以上各类检验需要综合加以运用, 具体情况具体分析.

(7) **模型应用**　把模型求解结果应用到实际问题, 给出问题的解决方案, 根据实际问题的建模目的, 提出相应的对策或建议等. 一个好的模型给出的计算结果, 应该具有一定的可操作性.

1.4　数学建模的方法

数学建模问题一般都有明确的实际背景, 已知一些信息, 这些信息可以是一组实测数据或模拟数据, 也可以是若干参数、图形图像、视频数据等, 或者仅给出一些定性描述, 依据这些信息建立数学模型. 建立数学模型的方法有很多, 但从基本解法上可以分为以下五类.

(1) **机理分析方法**　机理分析是通过对系统内部原因 (机理) 的分析研究, 从而找出其发展变化规律的一种科学研究方法. 主要是根据实际问题中的客观事实进行推理分析, 确定其因果关系, 用已知数据确定模型中的参数, 或者直接用已知参数进行计算, 从而建立数学模型.

(2) **结构分析方法** 结构分析方法是通过分析和确立事物 (或系统) 内部各组成要素之间的关系及联系方式进而认识事物 (或系统) 整体特性的一种科学分析方法. 首先确定一个合理的模型结构, 如优化、微分、差分、图与网络等模型结构, 建立数学模型, 或对模型进行模拟计算.

(3) **直观分析方法** 利用已知数据, 作出直观图形, 通过对图形、数据进行分析, 建立函数关系, 即经验公式, 然后利用已知数据对函数表达式中的参数进行估计, 从而建立函数关系模型, 并利用函数表达式进行计算, 同时对计算结果和观测值进行比较, 以验证模型的正确性.

(4) **数值分析方法** 对已知数据进行数据拟合、插值, 从而建立函数关系, 据此建立数学模型. 常见的数值建模方法有插值方法、差分方法、曲线拟合、回归分析方法等.

(5) **数学分析方法** 数学分析方法是一种运用数学方法对可以定量化的决策问题进行研究, 解决决策中的数量关系的决策分析方法. 从模型化角度看, 每一种数学手段都包括了解决决策问题的具体数学模型, 用 "现成" 的数学方法建立模型, 如图论、微分方程、差分方程、规划论、排队论、概率统计方法等.

在实际建模过程中, 根据问题的实际背景和已知信息选择恰当的方法, 尽量使用 "现成" 的数学方法, 各类方法之间没有绝对的界限. 如果已知信息不明确或不完整, 可以进行适当的补充和舍弃, 也可以先建立最简单的模型, 然后再一步步完善和改进.

1.5 数学建模竞赛论文撰写

撰写科研论文是科学研究的重要组成部分, 是科研成果总结的重要表现形式, 学习撰写科研论文也是大学生科研创新训练的重要内容之一. 数学建模本质是一个完整的科研过程, 数学建模论文则是建模成果的最重要的表现形式. 参加大学生数学建模竞赛, 竞赛论文是评价参赛成果水平的唯一依据. 因此, 如何将自己的参赛成果表达出来, 如何撰写一篇合格的、规范的、高水平的竞赛论文显得十分重要.

全国大学生数学建模竞赛章程规定, 竞赛评奖以假设的合理性、建模的创造性、结果的正确性和文字表述的清晰程度为主要标准, 所以在论文写作中, 应该努力反映出这些特点. 在建模竞赛短短的三天内, 要完成建模的所有工作, 包括论文写作, 因此论文写作的时间是非常紧迫的, 在赛前进行有意识的针对性的论文写作训练是非常必要的, 一方面可以增强良好的掌握时间节奏的能力; 另一方面也可以熟悉建模论文各部分内容的写作方法. 下面以全国大学生数学建模竞赛论文写作为例, 介绍数学建模参赛论文的主要组成部分和写作规范.

(1) **题目** 论文题目是一篇论文给出的涉及论文范围及水平的第一个重要信息. 论文的题目可以用参赛题目命名, 也可以自行命名. 论文题目要求简短精练、高度概括、准确得体、一目了然, 既要准确表达论文内容, 恰当反映所研究的范围和深度, 又要尽可能概括、精练.

(2) **摘要** 摘要写作是整篇论文非常重要的部分, 其作用是使读者不阅读全文即能获得必要的信息, 就能大致判定或了解论文的成果水平. 数学建模论文的摘要应简要介绍问题的内容、背景和研究目的, 做了哪些机理分析, 得到了哪些启示或模型构想, 据此做了哪些假设, 建立了什么样的模型, 使用什么样的方法、算法和数学软件求解, 得到了什么样的结果, 对结果做了哪些分析, 对模型的检验、评价和推广等. 在摘要中一定要突出方法、算法、结论、创新点和特色, 不要有废话, 一定要突出重点, 让人一看就知道这篇论文是关于什么的, 做了什么工作, 用的什么方法, 得到了什么效果, 有什么创新和特色, 一定要短小精悍、字字珠玑、清晰简明.

摘要之后是关键词, 关键词一般为 $3\sim5$ 个, 关键词应选择体现论文研究内容与方法的关键词汇. 题目、摘要和关键词应在同一页, 要求不能超过一页.

(3) **问题重述** 数学建模竞赛论文的第一个组成部分, 主要是对所研究的问题背景、研究目的、已知信息或条件等进行叙述. 撰写这一部分内容时, 不要照抄原题, 应该把握住问题的实际, 尽量用自己的语言叙述问题.

(4) **问题分析** 通过仔细阅读题目和查阅文献资料, 按解决问题的思维过程, 探求问题的本质所在, 找出与建模相关联的所有可能因素, 分析各因素之间可能存在的关系或应满足的规律. 通过分析和合理性论证, 确定主要矛盾和关键因素, 忽略次要矛盾和次要因素. 根据分析结果, 初步确定模型的基本结构或建模方法.

(5) **模型假设** 建模时, 要根据问题的特征和建模的目的, 抓住问题的本质, 忽略次要因素, 对问题进行必要的简化, 作出一些合理的假设. 模型假设部分要求用精练、准确的语言列出问题中所给出的假设以及为了解决问题所做的必要的、合理的假设. 假设做得不正确或太简单, 会导致模型无用或错误; 假设做得过分详尽, 试图把复杂对象的众多因素都考虑进去, 会使建模工作艰难甚至做不下去, 因此常常需要在合理和简化之间给出恰当的折中.

(6) **模型建立** 根据假设和模型结构, 应用数学的语言和符号描述对象的内在规律, 给出一个数学结构. 建模时应尽可能采用简单的数学工具, 使建立的模型易于被人理解. 撰写这一部分时, 对所用的变量、符号、计量单位应作解释, 特定的变量和参数应在整篇论文中保持一致, 不能前后各异, 以免造成前后混淆和阅读困难. 此外所建立的模型还应该遵从量纲的齐次性原则, 不同量纲的变量、函数或表达式不可加减. 最后, 模型的表达形式也应尽量具有一般性或可推广性. 为了简单易懂, 可借助适当的图形、表格来描述问题或数据.

(7) **模型求解** 利用各种数学方法和软件包求解数学模型, 包括求解过程的公式推导、算法步骤及计算机编程计算结果 (数据表、图形) 等. 有时需要对求解结果进行数学上的分析, 如结果的误差分析、模型对数据的稳定性或灵敏度分析等. 注意：论文正文中不要出现用于模型求解的计算机程序, 程序应该放在附录部分.

(8) **模型检验** 把求解和分析结果翻译回到实际问题, 与实际的现象、数据比较, 检验模型的合理性和适用性. 如果结果与实际不符, 应该返回到模型假设上, 进一步修改、补充假设, 重新建模求解. 最后把求解结果应用到所研究的问题上, 回答或解释所研究的问题及研究的结论. 这一步对确定所建模型是否真的有用十分关键.

(9) **模型推广** 好的数学模型应该具有普适性, 可以解决一大类问题. 将该问题的模型推广到解决更多的类似问题, 或讨论给出该模型的更一般情况下的解法, 或指出可能的深化、推广及进一步研究的建议.

(10) **参考文献** 文献引用是考察参赛学生科研素养与学风端正程度的重要依据之一. 在正文中提及或直接引用的材料或原始数据, 应当注明出处, 并将相应的出版物列举在参考文献中. 参考文献一般应列举参考序号、作者姓名、论文题目或出版物名称、出版日期、出版单位、页码等. 参赛时, 一般会给出具体的参考文献引用规范, 应仔细阅读并严格按照规范写作.

(11) **附录** 附录是正文的补充, 一些重要的、与正文有关而又不便于编入正文的内容都可以在附录中一一列出, 如计算机程序源文件、更多的计算结果或数据、图表等.

以上步骤并不是一个严格的标准, 但一般是可以接受的. 各步没有固定的规则和明显的界限, 需要我们充分发挥分析、抽象、推理、洞察和想象能力, 建模主要依靠团队的智慧和合作, 而不是依靠固定的规则和标准.

学习数学建模, 首先应从学习、分析、评价、改造前人所做的模型开始, 弄懂问题模型, 分析他们所应用的方法, 评价他们的优缺点, 并试图去加以改进. 其次是模拟, 亲自动手完整地做几个案例, 积累建模的经验, 提高建模能力.

本课程以建模的知识点和典型案例为基础, 试图将不同类型的数学建模方法介绍给大家, 并提供典型的案例分析, 辅以大量的实训, 拓宽学生的视野, 培养学生的意识, 提高学生建模和解决实际问题的能力.

1.6 思考与练习

1. 什么是数学模型和数学建模?

2. 数学建模的一般步骤是什么?
3. 学习数学建模的目的是什么?
4. 简述数学模型的方法和分类.
5. 如何进行大学生数学建模竞赛论文的写作?

第1章程序和数据

第 2 章 Python 使用入门

CHAPTER

Python 是一种面向对象的解释型计算机编程语言. Python 语言具有通用性、高效性、跨平台移植性和安全性, 广泛应用于科学计算、自然语言处理、图形图像处理、游戏开发、Web 应用等方面, 在全球范围内拥有众多开发者专业社群.

2.1 Python 概述

2.1.1 Python 开发环境安装与配置

除了 Python 官方安装包自带的 IDLE, 还有 Anaconda, PyCharm, Eclipse 等大量开发环境.

1. Python 安装

Python 可用于微软 Windows、苹果 MacOS 和开源 Linux 三大操作系统. 建议到网站 http://winpython.github.io/下载 WinPython3.8 版本, 例如下载文件 WinPython64-3.8.9.0.exe, 双击该文件, 把文件解压到某个目录后, 就可以直接运行 Python 了, 并且包括 cvxpy(优化库) 等常用的数学建模库基本上都安装好了, 不需要在命令行下运行 pip 单独进行每个库的安装.

例如把 WinPython64-3.8.9.0.exe 解压到 D:\Program Files\Python38\WPy-64-3890 目录, 该目录下文件夹和文件名如图 2.1 所示. 双击该目录下文件 IDLEX.exe 就可以打开通常的 Python 开发环境; 双击 JupyterNotebook.exe 就可以打开 Jupyter Notebook 开发环境; 双击 Spyder.exe 就可以打开 Spyder 开发环境. 双击 WinPython Command Prompt.exe 就可以进入命令行, 在命令行中使用 pip 安装一些新的 Python 第三方库, 或者卸载一些不需要的 Python 第三方库.

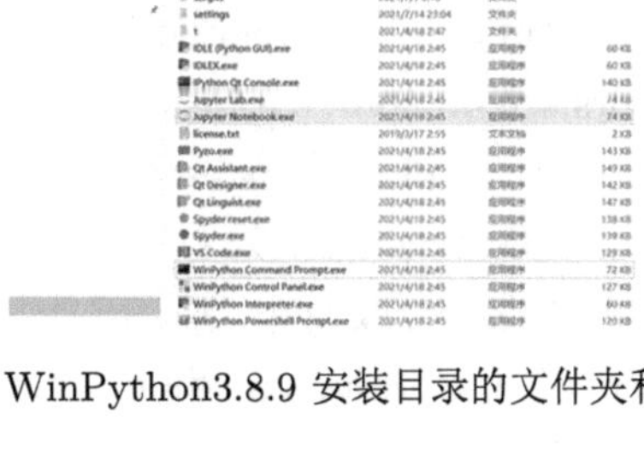

图 2.1 WinPython3.8.9 安装目录的文件夹和文件名

使用文件 WinPython64-3.8.9.0.exe 解压后包含的常用库如表 2.1 所示.

表 2.1　WinPython3.8.9 包含的常用库

库名	库说明	版本号
numpy+mkl	科学计算和数据分析的基础库	1.20.2
SciPy	NumPy 基础上的科学计算库	1.6.2
SymPy	符号计算库	1.8
Pandas	NumPy 基础上的数据分析库	1.2.4
Matplotlib	数据可视化库	3.4.1
Scikit-learn	机器学习库	0.24.1
Statsmodels	SciPy 统计函数的补充库	0.12.2
NetworkX	图论和复杂网络库	2.5.1
cvxpy	凸优化库	1.1.12
NLTK	自然语言库	3.6.1
PIL	数字图像处理库	(Pillow)8.2.0

2. 使用 pip 安装其他的第三方库

Python 自带的 pip 工具是管理扩展库的主要方式, 支持 Python 扩展库的安装、升级和卸载等操作. 常用的 pip 命令的使用方法如表 2.2 所示.

表 2.2　常用 pip 命令的使用方法

pip 命令示例	说明
pip list	列出已安装模块及其版本号
pip install SomePackage[==version]	在线安装 SomePackage 模块的指定版本
pip install SomePackage.whl	通过 whl 文件离线安装扩展库
pip install package1 package2 ...	依次 (在线) 安装 package1, package2 等扩展模块
pip install -U SomePackage	升级 SomePackage 模块
pip uninstall SomePackage[==version]	卸载 SomePackage 模块

例如联网安装 TensorFlow 库, 在命令行下输入:

pip install tensorflow

使用 pip 联网安装第三方库时, 实际上使用的是国外网站的源文件, 安装速度慢, 甚至经常由于 timeout 等原因中断. 为了提高在线安装的速度, 可以将下载库的源头切换至国内镜像源.

国内的一些主要镜像源有

清华大学: https://pypi.tuna.tsinghua.edu.cn/simple/

阿里云: http://mirrors.aliyun.com/pypi/simple/

中国科学技术大学: https://pypi.mirrors.ustc.edu.cn/simple/

当我们要临时使用这些镜像源的时候, 只要在平时的 pip 安装中加入-i 和源的 url, 例如使用清华大学的镜像去升级 scipy 库, 在命令行中输入:

pip install -i https://pypi.tuna.tsinghua.edu.cn/simple/ -U scipy

有些扩展库安装时要求本机已安装相应版本的 C/C++, 或者有些扩展库暂时还没有与本机 Python 版本对应的官方版本, 这时可以从 http://www.lfd.uci.edu/~gohlke/pythonlibs/下载对应的.whl 文件, 然后离线同样在命令行中使用 pip 命令进行安装. 例如, cvxpy 优化库, 需要 numpy+mkl 库作为基础库, 先把对应的文件 (如 numpy-1.21.0+mkl-cp38-cp38-win_amd64.whl) 下载下来, 然后在命令行中运行

pip install numpy-1.21.0+mkl-cp38-cp38-win_amd64.whl

3. Anaconda

Anaconda 集成了大量常用的扩展库, 并提供 Jupyter Notebook 和 Spyder 两个开发环境, 得到了广大初学者和教学、科研人员的喜爱, 是目前比较流行的 Python 开发环境之一. 从官方网站 https://www.anaconda.com/download/下载合适版本并安装, 然后启动 Jupyter Notebook 或 Spyder 即可.

1) Jupyter Notebook

启动 Jupyter Notebook 会打开一个网页, 在该网页右上角单击菜单 “New”, 然后选择 “Python 3” 打开一个新窗口, 即可编写和运行 Python 代码, 如图 2.2 所示. 另外, 还可以选择 “File”→“Download as” 命令将当前代码以及运行结果保存为不同形式的文件, 方便日后学习和演示.

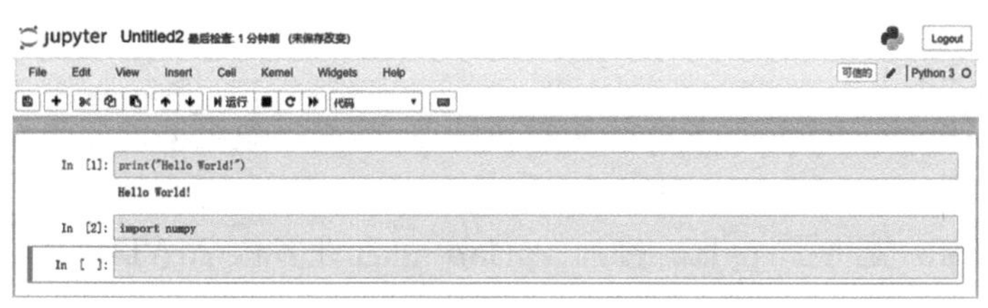

图 2.2 Jupyter Notebook 运行界面

2) Spyder

Anaconda 自带的集成开发环境 Spyder 同时提供了交互式开发界面和程序编写与运行界面, 以及程序调试和项目管理功能, 使用非常方便.

在成功地安装了 Anaconda 之后, 可以执行下述命令安装 Python 库:

conda install SomePackage

已经安装过的库可以通过执行下述命令升级:

conda update SomePackage

2.1.2 Python 核心工具库

Python 有几万个第三方库, 下载这些库文件推荐下面两个网址:

➢ https://pypi.org/;

➢ https://www.lfd.uci.edu/~gohlke/pythonlibs/.

下面介绍网站 https://www.scipy.org/上的 6 个核心工具库, 该网站上也有这些核心工具库的使用说明.

1) NumPy

NumPy 是 Python 用于科学计算的基础工具库. 它主要包含 4 大功能:

✧ 强大的多维数组对象;

✧ 复杂的函数功能;

✧ 集成 C/C++ 和 Fortran 代码的工具;

✧ 有用的线性代数、傅里叶变换和随机数功能等.

Python 社区采用的一般惯例是导入 NumPy 工具库时, 建议改变其名称为 np:

```
import numpy as np
```

这样的库或模块引用方法将贯穿本书.

2) SciPy

SciPy 完善了 NumPy 的功能, 提供了文件输入、输出功能, 为多种应用提供了大量工具和算法, 如基本函数、特殊函数、积分、优化、插值、傅里叶变换、信号处理、线性代数、稀疏特征值、稀疏图、数据结构、数理统计和多维图像处理等.

3) Matplotlib

Matplotlib 是一个包含各种绘图模块的库, 能根据数组创建高质量的图形, 并交互式地显示它们.

Matplotlib 提供了 pylab 接口, pylab 包含许多像 MATLAB 一样的绘图组件.

使用如下命令, 可以轻松导入可视化所需要的模块:

import matplotlib.pyplot as plt 或者 import pylab as plt

4) IPython

IPython 满足了 Python 交互式 shell 命令的需要, 它是基于 shell, Web 浏览器和应用程序接口的 Python 版本, 具有图形化集成、自定义指令、丰富的历史记录和并行计算等增强功能. 它通过脚本、数据和相应结果清晰又有效地说明了各种操作.

5) SymPy

SymPy 是一个 Python 的科学计算库, 用一套强大的符号计算体系完成诸如多项式求值、求极限、解方程、求积分、微分方程、级数展开、矩阵运算等等计算问题. 虽然 MATLAB 的类似科学计算能力也很强大, 但是 Python 以其语法简单、易上手、异常丰富的第三方库生态, 可以更优雅地解决日常遇到的各种计算问题.

6) Pandas

Pandas 工具库能处理 NumPy 和 SciPy 所不能处理的问题. 由于其特有的数据结构, Pandas 可以处理包含不同类型数据的复杂表格 (这是 NumPy 数组无法做到的) 和时间序列. Pandas 可以轻松又顺利地加载各种形式的数据. 然后, 可随意对数据进行切片、切块、处理缺失元素、添加、重命名、聚合、整形和可视化等操作.

通常, pandas 库的导入名称为 pd:

import pandas as pd

2.1.3 Python 编程规范

Python 非常重视代码的可读性, 对代码布局和排版有更加严格的要求. 这里重点介绍 Python 对代码编写的一些共同的要求、规范和一些常用的代码优化建议, 最好在开始编写第一段代码的时候就要遵循这些规范和建议, 养成一个好的习惯.

(1) 严格使用缩进来体现代码的逻辑从属关系. Python 对代码缩进是硬性要求的, 这一点必须时刻注意. 在函数定义、类定义、选择结构、循环结构、with 语句等结构中, 对应的函数体或语句块都必须有相应的缩进, 并且一般以 4 个空格为一个缩进单位.

(2) 每个 import 语句只导入一个模块, 最好按标准库、扩展库、自定义库的顺序依次导入. 尽量避免导入整个库, 最好只导入确实需要使用的对象.

(3) 最好在每个类、函数定义和一段完整的功能代码之后增加一个空行, 在运算符两侧各增加一个空格, 逗号后面增加一个空格.

(4) 尽量不要写过长的语句. 如果语句过长, 可以考虑拆分成多个短一些的语句, 以保证代码具有较好的可读性. 如果语句确实太长而超过屏幕宽度, 最好使用续行符 “\”, 或者使用圆括号把多行代码括起来表示一条语句.

(5) 书写复杂的表达式时, 建议在适当的位置加上括号, 这样可以使得各种运算的隶属关系和顺序更加明确.

(6) 对关键代码和重要的业务逻辑代码进行必要的注释. 在 Python 中有两种常用的注释形式: # 和三引号. # 用于单行注释, 三引号常用于大段说明性文本的注释.

(7) 冒号是 Python 的一种语句规则, 具有特殊的含义. 在 Python 中, 冒号和缩进通常配合使用, 用来区分语句之间的层次关系. 例如, if 和 while 等控制语句以及函数定义、类定义等语句后面要紧跟冒号 “: ”, 然后在新的一行中缩进 4 个空格, 输入语句主体.

(8) 在 Python 中, 程序中的第一行可执行语句或 Python 解释器提示符后的第一列开始, 前面不能有任何空格, 否则会产生错误. 每个语句以回车符结束. 可以在同一行中使用多条语句, 语句之间使用分号 ";" 分隔.

2.2 Python 基本数据类型

Python 中有 6 种标准的数据类型：number(数字)、string(字符串)、list(列表)、tuple(元组)、set(集合) 和 dictionary(字典). 本节将简要介绍这 6 种数据类型.

2.2.1 数字

Python 数字数据类型用于存储数值. Python 支持以下 4 种不同的数值类型.

(1) **整型** (int)　也称为整数, 包含正整数或负整数, 不带小数点. Python 整型是没有限制大小的.

(2) **浮点型** (float)　浮点型由整数部分与小数部分组成, 浮点型也可以使用科学计数法表示.

(3) **复数型** (complex)　复数由实数部分和虚数部分构成, 可以用 a + bj, 或者 complex(a, b) 表示, 复数的实部 a 和虚部 b 都是浮点型.

(4) **布尔型** (bool)　Python 中, 把 True 和 False 定义成关键字, 但它们的值还是 1 和 0.

有时需要对数据类型进行转换, 数据类型的转换只需要将数据类型作为函数名即可. 数据类型转换函数如下.

(1) int(x) 将 x 转换为一个整数.

(2) float(x) 将 x 转换为一个浮点数.

(3)complex(x, y) 将 x 和 y 转换为一个复数, 实数部分为 x, 虚数部分为 y. x 和 y 是数字表达式.

2.2.2 字符串

Python 中的字符串用单引号 (') 或双引号 (") 括起来. 创建字符串只要为变量分配一个值即可, 例如,

```
str1 = "Hello World!"
```

Python 访问字符串, 可以使用方括号 ([ ]) 来截取字符串, 基本语法如下：

变量 [头下标: 尾下标]

其中下标最小的索引值以 0 为开始值, −1 为从末尾的开始位置. Python 中的字符串有两种索引方式, 从左往右以 0 开始, 从右往左以 −1 开始.

例 2.1 字符串操作示例.

```
#程序文件ex2_1.py
str1 = "Hello World!"
print(str1)          #输出字符串
print(str1[0:-1]) #输出第一个到倒数第2个的所有字符
print(str1[-1])      #输出字符串的最后一个字符
print(str1[2:5])  #输出从第三个开始到第五个的字符
print(str1[2:])      #输出从第三个开始的所有字符
print(str1*2)        #输出字符串两次
```

除了可以使用内置函数和运算符对字符串进行操作, Python 字符串对象自身还提供了大量方法用于字符串的检测、替换和排版等操作. 需要注意的是, 字符串对象是不可变的, 所以字符串对象提供的涉及字符串 “修改” 的方法都是返回修改后的新字符串, 并不对原始字符串做任何修改.

1) find(), rfind(), index(), rindex(), count()

find() 和 rfind() 方法分别用来查找一个字符串在另一个字符串指定的范围中首次和最后一次出现的位置, 如果不存在则返回 −1;index() 和 rindex() 方法用来返回一个字符串在另一个字符串指定范围中首次和最后一次出现的位置, 如果不存在则抛出异常;count() 方法用来返回一个字符串在另一个字符串中出现的次数, 如果不存在则返回 0.

2) split(), rsplit()

字符串对象的 split() 和 rsplit() 方法分别用来以指定字符为分隔符, 从字符串左端和右端开始将其分割成多个字符串, 并返回包含分隔结果的列表.

对于 split() 和 rsplit() 方法, 如果不指定分隔符, 则字符串中的任何空白字符 (包括空格、换行符、制表符等) 的连续出现都将被认为是分隔符, 并且自动删除字符串两侧的空白字符, 返回包含最终分隔结果的列表.

3) join()

字符串的 join() 方法用来将列表中多个字符串进行连接, 并在相邻两个字符串之间插入指定字符, 返回新字符串.

4) strip(), rstrip(), lstrip()

这几个方法分别用来删除两端、右端或左端连续的空白字符或指定字符.

5) startswith(), endswith()

这两个方法用来判断字符串是否以指定字符串开始或结束, 可以接收两个整数参数来限定字符串的检测范围.

另外, 这两个方法还可以接收一个字符串元组作为参数来表示前缀或后缀.

例 2.2　统计下列五行字符串中字符 a, c, g, t 出现的频数.

(1) aggcacggaaaaacgggaataacggaggaggacttggcacggcattacacggagg;

(2) cggaggacaaacgggatggcggtattggaggtggcggactgttcgggga;

(3) gggacggatacggattctggccacggacggaaaggaggacacggcggacataca;

(4) atggataacggaaacaaaccagacaaacttcggtagaaatacagaagctta;

(5) cggctggcggacaacggactggcggattccaaaaacggaggaggcggacggaggc.

把上述五行复制到一个纯文本数据文件 data2_2.txt 中, 编写如下程序：

```
#程序文件ex2_2.py
import numpy as np
a=[]
with open('data2_2.txt') as f:
    for (i, s) in enumerate(f):
        a.append([s.count('a'), s.count('c'),
                  s.count('g'),s.count('t')])
b=np.array(a); print(b)
```

2.2.3 列表

列表 (list) 是 Python 中使用最频繁的数据类型. 列表可以完成大多数集合类的数据结构的实现. 列表中元素的类型可以不相同, 它支持数字、字符串, 甚至可以包含其他列表 (嵌套).

列表是写在方括号 ([ ]) 里、用逗号分隔开的元素列表. 和字符串一样, 列表同样可以被索引和截取, 列表被截取后返回一个包含所需元素的新列表.

列表截取的语法格式如下：

变量 [头下标: 尾下标]

索引值的取值和字符串类似, 其中下标最小的索引值以 0 为开始值, 以 -1 为从末尾的开始位置. Python 中的列表有两种索引方式, 从左往右以 0 开始, 从右往左以 -1 开始.

与 Python 字符串不同的是, 列表中的元素是可以改变的.

例 2.3　列表操作示例.

```
#程序文件ex2_3.py
L = ['abc', 12, 3.45, 'Python', 2.789]
print(L)      #输出完整列表
print(L[0])  #输出列表的第一个元素
L[0] = 'a'   #修改列表的第一个元素
L[1:3] = ['b', 'Hello']  #修改列表的第二、三元素
print(L)
```

```
L[2:4] = []  #删除列表的第三、四元素
print(L)
```

列表推导式可以使用非常简洁的方式对列表或其他可迭代对象的元素进行遍历、过滤或再次计算, 快速生成满足特定需求的新列表. 列表推导式的语法形式为

[expression for expr1 in sequence1 if condition1
    for expr2 in sequence2 if condition2
    ......
    for exprN in sequenceN if conditionN]

列表推导式在逻辑上等价于一个循环语句, 只是形式上更加简洁.

例 2.4 使用列表推导式实现嵌套列表的平铺.

基本思路 先遍历列表中嵌套的子列表, 然后再遍历子列表中的元素并提取出来作为最终列表中的元素.

```
#程序文件ex2_4.py
a=[[1,2,3],[4,5,6],[7,8,9]]
d=[c for b in a for c in b]
print(d)
```

例 2.5 在列表推导式中使用 if 过滤不符合条件的元素.

基本思路 在列表推导式中可以使用 if 子句对列表中的元素进行筛选, 只在结果列表中保留符合条件的元素.

(1) 下面的代码可以列出 D:\Programs\Python\Python37 文件夹下所有的 exe 文件和 py 文件, 其中 os.listdir() 用来列出指定文件夹中所有文件和子文件夹清单, 字符串方法 endswith() 用来测试字符串是否以指定的字符串结束.

```
#程序文件ex2_5_1.py
import os
fn=[filename for filename in
    os.listdir('D:\Programs\Python\Python37')
    if filename.endswith(('.exe','.py'))]
print(fn)
```

(2) 使用列表推导式查找数组中最大元素的所有位置.

```
#程序文件ex2_5_2.py
from numpy.random import randint
import numpy as np
a=randint(10,20,16)  #生成16个[10,20)上的随机整数
ma=max(a)
ind1=[index for index,value in enumerate(a) if value==ma]
```

```
ind2=np.where(a==ma)  #第二种方法求最大值的地址
print(ind1); print(ind2[0])
```

2.2.4 元组

元组 (tuple) 是一个不可改变的列表. 不可改变意味着它不能被修改. 元组只是逗号分隔的对象序列 (不带括号的列表). 为了增加代码的可读性, 通常将元组放在一对圆括号中:

```
my_tuple=1,2,3     #第一个元组
my_tuple=(1,2,3)    #与上面相同
singleton=1,        #逗号表明该对象是一个元组
```

元组与列表类似, 关于元组同样需要做三点说明.

(1) 元组通过英文状态下的圆括号构成, 即 (). a=() 表示 a 为空元组, b1=(9,) 表示 b1 为只有一个元素 9 的元组;b2=(9) 表示 b2 为整数 9.

(2) 元组仍然是一种序列, 所以几种获取列表元素的索引方法同样可以使用到元组对象中.

(3) 与列表最大的区别是, 元组不再是一种可变类型的数据结构.

由于元组只是存储数据的不可变容器, 因此其只有两种可用的 "方法", 分别是 count 和 index, 它们的功能与列表中的 count 和 index 方法完全一样.

例 2.6　元组操作示例.

```
#程序文件ex2_6.py
T = ('abc', 12, 3.45, 'Python', 2.789)
print(T)         #输出完整元组
print(T[-1])     #输出元组的最后一个元素
print(T[1:3])    #输出元组的第二、三元素
```

2.2.5 集合

集合 (set) 是一个无序不重复元素的序列. 基本功能是进行成员关系测试和删除重复元素.

在 Python 中, 创建集合有两种方式: 一种是用一对大括号将多个用逗号分隔的数据括起来; 另一类是使用 set() 函数, 该函数可以将字符串、列表、元组等类型的数据转换成集合类型的数据.

创建一个空集合必须用 set() 而不是 {}, 因为 {} 是用来创建一个空字典.

集合中不能有相同元素, 如果在创建集合时有重复元素, Python 会自动删除重复的元素. 集合的这个特性非常有用, 例如, 要删除列表中大量重复的元素, 可以先用 set() 函数将列表转换成集合, 再用 list() 函数将集合转换成列表, 操作效率非常高.

例 2.7 集合操作示例.

```
#程序文件ex2_7.py
student = {'Tom', 'Jim', 'Mary', 'Tom', 'Jack', 'Rose'}
print(student)
a = set('abcdabc')
print(a)  #每次输出是不一样的, 如输出: {'d', 'b', 'a', 'c'}
```

2.2.6 字典

字典 (dictionary) 是 Python 中另一个非常有用的内置数据类型. 前面介绍的列表是有序的对象集合, 字典是无序的对象集合. 两者的区别在于: 字典中的元素是通过键来存取的, 而不是通过索引值存取的.

字典是一种映射类型, 字典用 "{}" 标识, 它是一个无序的键 (key): 值 (value) 对集合. 在同一个字典中, 键必须是唯一的, 但是值则不必唯一, 值可以取任何数据类型, 但键必须是不可变的, 如字符串、数字或元组.

例 2.8 字典操作示例.

```
#程序文件ex2_8.py
dict1 ={'Alice': '123', 'Beth': '456', 'Cecil': 'abc'}
print(dict1['Alice'])  #输出123
dict1['new'] = 'Hello'  #增加新的键值对
dict1['Alice'] = '1234' #修改已有键值对
dict2 = {'abc': 123, 456: 78.9}
print(dict2[456])       #输出78.9
```

字典对象提供了一个 get() 方法用来返回指定 "键" 对应的 "值", 并且允许指定该键不存在时返回特定的 "值".

例 2.9 字典的 get() 方法使用示例.

```
#程序文件ex2_9.py
Dict={'age':18,'score':[98,97],'name':'Zhang','sex':'male'}
print(Dict['age'])          #输出18
print(Dict.get('age'))      #输出18
print(Dict.get('address','Not Exists.'))  #输出No Exists.
print(Dict['address'])      #出错
```

可以对字典对象进行迭代或者遍历, 默认是遍历字典的 "键", 如果需要遍历字典的元素必须使用字典对象的 items() 方法明确说明, 如果需要遍历字典的 "值", 则必须使用字典对象的 values() 方法明确说明.

例 2.10 字典元素的访问示例.

```
#程序文件ex2_10.py
Dict={'age':18, 'score':[98,97], 'name':'Zhang', 'sex':'male'}
for item in Dict:              #遍历输出字典的“键”
    print(item)
print("----------" )
for item in Dict.items():       #遍历输出字典的元素
    print(item)
print("----------")
for value in Dict.values():  #遍历输出字典的值
    print(value)
```

例 2.11 首先生成包含 1000 个随机字符的字符串, 然后统计每个字符的出现次数, 注意 get() 方法的应用.

基本思路 在 Python 标准库 string 中, ascii_letters 表示英文大小写字符, digits 表示 10 个数字字符. 本例中使用字典存储每个字符的出现次数, 其中键表示字符, 对应的值表示出现次数. 在生成随机字符串时使用了生成器表达式, ''.join(...) 的作用是使用空字符把参数中的字符串连接起来成为一个长字符串. 最后使用 for 循环遍历该长字符串中的每个字符, 把每个已出现字符的次数加 1, 如果是第一次出现, 则已出现次数为 0.

```
#程序文件ex2_11_1.py
import string
import random
x=string.ascii_letters+string.digits
y=''.join([random.choice(x) for i in range(1000)])
#choice()用于从多个元素中随机选择一个
d=dict()  #构造空字典
for ch in y:
    d[ch]=d.get(ch,0)+1;
for k,v in sorted(d.items()):
    print(k,':',v)
```

我们也可以利用 collections 模块的 Counter() 方法直接作出统计, 程序如下:

```
#程序文件ex2_11_2.py
import string, random, collections  #依次加载三个模块
x=string.ascii_letters+string.digits
y=''.join([random.choice(x) for i in range(1000)])
count=collections.Counter(y)
for k,v in sorted(count.items()):
    print(k, ':', v)
```

2.3 函　数

在 Python 语言中, 函数是一组相关联的、能够完成特定任务的语句模块, 分内置函数、第三方模块函数和自定义函数. 内置函数是 Python 系统自带的函数, 模块函数是 NumPy 等库中的函数. 下面先介绍自定义函数.

2.3.1 自定义函数

1. 函数定义及调用

Python 中定义函数的语法如下:

def functionName(formalParameters):

    functionBody

(1) functionName 是函数名, 可以是任何有效的 Python 标识符.

(2) formalParameters 是形式参数 (简称形参) 列表, 在调用该函数时通过给形参赋值来传递调用值, 形参可以有多个、一个或零个参数组成, 当有多个参数时各个参数由逗号分隔; 圆括号是必不可少的, 即使没有参数也不能没有它. 括号外面的冒号也不能少.

(3) functionBody 是函数体, 是函数每次被调用时执行的一组语句, 可以由一个语句或多个语句组成. 函数体一定要注意缩进.

函数通常使用三个单引号'''...'''来注释说明函数; 函数体内容不可为空, 可用 pass 来表示空语句. 在函数调用时, 函数名后面括号中的变量名称称为实际参数 (简称实参). 定义函数时需要注意以下两点.

(1) 函数定义必须放在函数调用前, 否则编译器由于找不到该函数而报错.

(2) 返回值不是必需的, 如果没有 return 语句, 则 Python 默认返回值 None.

例 2.12　分别编写求 $n!$ 和输出斐波那契数列的函数, 并调用两个函数进行测试.

编写的两个函数及调用程序如下:

```
#程序文件ex2_12_1.py
def factorial(n):  #定义阶乘函数
    r = 1
    while n > 1:
        r *= n
        n -= 1
    return r
def fib(n):   #定义输出斐波那契数列函数
    a, b = 1, 1
    while a < n:
```

```
        print(a, end='  ')
        a, b = b, a+b

print('%d!=%d'%(5,factorial(5)))
fib(200)
```

我们也可以先编写求阶乘和输出斐波那契数列的两个函数, 并保存在文件 ex2_12_2.py 中, 供其他程序调用.

```
#程序文件ex2_12_2.py
def factorial(n):  #定义阶乘函数
    r = 1
    while n > 1:
        r *= n
        n -= 1
    return r
def fib(n):   #定义输出斐波那契数列函数
    a, b = 1, 1
    while a < n:
        print(a, end='  ')
        a, b = b, a+b
```

编写调用上面两个函数的程序如下:

```
#程序文件ex2_12_3.py
from ex2_12_2 import factorial, fib

print('%d!=%d'%(5,factorial(5)))
fib(200)
```

例 2.13　数据分组.

```
#程序文件ex2_13.py
def bifurcate_by(L, fn):
    return [[x for x in L if fn(x)],
            [x for x in L if not fn(x)]]
s=bifurcate_by(['beep', 'boop', 'foo', 'bar'], lambda x: x[0] == 'b')
print(s)
```

2. 匿名函数

所谓匿名函数, 是指不以 def 语句定义的没有名称的函数, 它在使用时临时声明、立刻执行, 其特点是执行效率高.

Python 使用 lambda 来创建匿名函数, 它是一个可以接收任意多个参数并且返回单个表达式值的函数, 其语法格式为

lambda [arg1, arg2, ···, argn]: expression

例 2.14 用匿名函数, 求三个数的乘积及列表元素的值.

```
#程序文件ex2_14.py
f=lambda x, y, z: x*y*z
L=lambda x: [x**2, x**3, x**4]
print(f(3,4,5)); print(L(2))
```

2.3.2 模块的导入与使用

随着程序的变大及代码的增多, 为了更好地维护程序, 一般会把代码进行分类, 分别放在不同的文件中. 公共类、函数都可以放在独立的文件中, 这样其他多个程序都可以使用, 而不必把这些公共的类、函数等在每个程序中复制一份, 这样独立的文件就叫做模块.

标准库中有与时间相关的 time, datetime 模块, 随机数的 random 模块, 与操作系统交互的 os 模块, 对 Python 解释器相关操作的 sys 模块, 数学计算的 math 模块等几十个模块.

1. 标准库与扩展库中对象的导入与使用

Python 标准库和扩展库中的对象必须先导入才能使用, 导入方式如下.

✧ import 模块名 [as 别名]

✧ from 模块名 import 对象名 [as 别名]

✧ from 模块名 import *

1) import 模块名 [as 别名]

使用 import 模块名 [as 别名] 这种方式将模块导入以后, 使用时需要在对象之前加上模块名作为前缀, 必须以 "模块名. 对象名" 的形式进行访问. 如果模块名字很长, 可以为导入的模块设置一个别名, 然后使用 "别名. 对象名" 的方式来使用其中的对象.

例 2.15 加载模块示例.

```
#程序文件ex2_15.py
import math                    #导入标准库math
import random                  #导入标准库random
import numpy.random as nr      #导入numpy库中的random模块
a=math.gcd(12,21)              #计算最大公约数, a=3
b=random.randint(0,2)          #获得[0,2]区间上的随机整数
```

```
c=nr.randint(0,2,(4,3))       #获得[0,2)区间上的4×3随机整数矩阵
print(a); print(b); print(c) #输出a,b,c的值
```

2) from 模块名 import 对象名 [as 别名]

使用 from 模块名 import 对象名 [as 别名] 方式仅导入明确指定的对象, 并且可以为导入的对象起一个别名. 这种导入方式可以减少查询次数, 提高访问速度, 同时也可以减少程序员需要输入的代码量, 不需要使用模块名作为前缀.

例 2.16 导入模块示例.

```
#程序文件ex2_16.py
from random import sample
from numpy.random import randint
a=sample(range(10),5)  #在[0,9]区间上选择不重复的5个整数
b=randint(0,10,5)      #在[0,9]区间上生成5个随机整数
print(a); print(b)
```

3) from 模块名 import *

使用 from 模块名 import * 方式可以一次导入模块中的所有对象, 简单粗暴, 写起来也比较省事, 可以直接使用模块中的所有对象而不需要再使用模块名作为前缀, 但一般并不推荐这样使用.

例 2.17 导入模块示例.

```
#程序文件ex2_17.py
from math import *
a=sin(3)          #求正弦值
b=pi              #常数π
c=e               #常数e
d=radians(180)    #把角度转换为弧度
print(a); print(b); print(c); print(d)
```

2. 自定义函数的导入

在 Python 中, 每个包含函数的 Python 文件都可以作为一个模块使用, 其模块名就是文件名. 下面我们给出例 2.12 中两个函数的另外调用方式.

例 2.18 (续例 2.12) 调入自定义函数 factorial() 和 fib(), 计算 6!, 输出 300 以内的斐波那契数列.

```
#程序文件ex2_18.py
from ex2_12_2 import *
print(factorial(6))
fib(300)
```

2.3.3 Python 常用内置函数用法

内置函数不需要额外导入任何模块即可直接使用, 具有非常快的运行速度, 推荐优先使用. 使用下面的语句可以查看所有内置函数和内置对象.

dir(__builtins__)

使用 help(函数名) 可以查看某个函数的用法. 常用的内置函数及其功能简要说明如表 2.3 所示.

表 2.3　Python 常用内置函数

abs(x)	返回实数 x 的绝对值或复数 x 的模
chr(x)	返回 Unicode 编码为 x 的字符
enumerate(iterable[,start])	返回包含元素形式为 (0,iterable[0]), (1,iterable[1]), (2,iterable[2]) 等的迭代器对象,start 表示索引的起始值
eval(s)	计算并返回字符串 s 中表达式的值
filter(func,iterable)	用于过滤序列. 以一个返回 True 或者 False 的函数 func 为条件, 以可迭代对象的每个元素作为参数进行判断, 过滤掉函数 func 返回 False 的元素
hash(obj)	返回对象 obj 的哈希值
help(obj)	返回对象 obj 的帮助信息
len(obj)	返回对象 obj 包含的元素个数
map(func,*iterables)	返回包含若干函数值的 map 对象, 函数 func 的参数分别来自于 iterables 指定的一个或多个迭代对象
max(iterable) max(arg1,arg2,..., argn)	返回可迭代对象或多个参数中的最大值
min(iterable) min(arg1,arg2,..., argn)	返回可迭代对象或多个参数中的最小值
ord(x)	返回一个字符 x 的 Unicode 编码
pow(x,y[,z])	计算 x 的 y 次幂; 如果给定参数 z, 则再对结果取模, 最终结果等于 pow(x,y)%z
range(stop) range(start,stop[,step])	返回 range 对象, 其中包括 [0,stop) 上的整数或 [start,stop) 上以 step 为步长的整数
reversed(seq)	返回参数 seq 序列的逆向序列的迭代器对象
round(x[, 小数位数])	对 x 进行四舍五入, 若不指定小数位数, 则返回整数
sorted(iterable,key=None, reverse=False)	返回排序后的列表, 其中 iterable 表示要排序的序列或迭代对象, key 用来指定排序规则, reverse 用来指定升序或降序
str(obj)	把对象 obj 直接转换为字符串
sum(x,start=0)	返回序列 x 中所有元素之和, 要求序列 x 中所有元素支持加法运算
zip(seq1[,seq2,...])	返回 zip 对象, 其中元素为 (seq1[i],seq2[i], · · ·) 形式的元组, 最终结果中包含的元素个数取决于所有参数序列或可迭代对象中最短的那个

下面我们给出几个内置函数的应用举例.

1. 排序

sorted() 可以对列表、元组、字典、集合或其他可迭代对象进行排序并返回新列表, 支持使用 key 参数指定排序规则.

例 2.19 sorted() 使用示例.

```
#程序文件ex2_19.py
import numpy.random as nr
x1=list(range(9,21))
nr.shuffle(x1)          #shuffle()用来随机打乱顺序
x2=sorted(x1)           #按照从小到大排序
x3=sorted(x1,reverse=True)  #按照从大到小排序
x4=sorted(x1,key=lambda item:len(str(item)))  #以指定的规则排序
print(x1); print(x2); print(x3); print(x4)
```

2. 枚举

enumerate() 函数用来枚举可迭代对象中的元素, 返回可迭代的 enumerate 对象, 其中每个都是包含索引和值的元组. 在使用时, 既可以把 enumerate 对象转换为列表、元组、集合, 也可以使用 for 循环直接遍历其中的元素.

例 2.20 enumerate() 函数使用示例.

```
#程序文件ex2_20.py
x1="abcde"
x2=list(enumerate(x1))
for ind,ch in enumerate(x1): print(ch)
```

3. map() 函数

函数 map(func, *iterables) 把一个函数 func 依次映射到一个可迭代对象 iterables 的每个元素上, 并返回一个可迭代的 map 对象作为结果, map 对象中每个元素是 iterables 中元素经过函数 func 处理后的结果.

例 2.21 map() 函数使用示例.

```
#程序文件ex2_21.py
import random
x=random.randint(1e5,1e8)  #生成一个随机整数
y=list(map(int,str(x)))     #提出每位上的数字
z=list(map(lambda x,y: x%2==1 and y%2==0, [1,3,2,4,1],[3,2,1,2]))
print(x); print(y); print(z)
```

4. filter() 函数

内置函数 filter() 将一个单参数函数作用到一个序列上, 返回该序列中使得该函数返回值为 True 的那些元素组成的 filter 对象, 如果指定函数为 None, 则返回序列中等价于 True 的元素, 可以把 filter 对象转换为列表、元组、集合, 也可以直接使用 for 循环遍历其中的元素.

例 2.22 filter() 函数使用示例.

```
#程序文件ex2_22.py
a = filter(lambda x: x>10,[1,11,2,45,7,6,13])
b = filter(lambda x: x.isalnum(),['abc', 'xy12', '***'])
#isalnum()是测试是否为字母或数字的方法
print(list(a)); print(list(b))
```

例 2.23 过滤非重复值.

```
#程序文件ex2_23.py
def filter_non_unique(L):
    return [item for item in L if L.count(item) == 1]
a=filter_non_unique([1, 2, 2, 3, 4, 4, 5])
print(a)
```

5. zip() 函数

zip() 函数用来把多个可迭代对象中对应位置上的元素压缩在一起, 返回一个可迭代的 zip 对象, 其中每个元素都是包含原来多个可迭代对象对应位置上元素的元组, 最终结果中包含的元素个数取决于所有参数序列或可迭代对象中最短的那个.

例 2.24 zip() 函数使用示例.

```
#程序文件ex2_24.py
s1=[str(x)+str(y) for x,y in zip(['v']*4,range(1,5))]
s2=list(zip('abcd',range(4)))
print(s1); print(s2)
```

2.4 NumPy 库

2.4.1 NumPy 的基本使用

标准安装的 Python 中用列表保存的一组值, 可以用来当作数组使用, 但是由于列表的元素可以是任意对象, 因此列表中所保存的是对象的指针. 这样为了保存一个简单的 [1, 2, 3], 需要有 3 个指针和 3 个整数对象. 对于数值运算来说, 这种结构显然比较浪费内存和 CPU 的计算时间.

此外, Python 还提供了一个 array 模块. array 对象和列表不同, 它直接保存数值, 和 C 语言的一维数组比较类似. 但是由于它不支持多维, 也没有各种运算函数, 因此也不适合做数值运算.

NumPy 的诞生弥补了这些不足, NumPy 提供了两种基本的对象: ndarray(N-dimensional array object) 存储单一数据类型的多维数组;ufunc(universal function object) 能够对数组进行处理的函数.

1. 函数的导入

在使用 NumPy 之前, 首先必须导入该函数库, 导入方式如下:

import numpy as np

2. 数组的创建

(1) 使用 array 将列表或元组转换为 ndarray 数组.

(2) 使用 arange 在给定区间内创建等差数组, 其调用格式为

arange(start=None, stop=None, step=None, dtpye=None)

生成区间 [start, stop) 上步长间隔为 step 的等差数组.

(3) 使用 linspace 在给定区间内创建间隔相等的数组. 其调用格式为

linspace(start, stop, num=50, endpoint=True)

生成区间 [start, stop] 上间隔相等的 num 个数据的等差数组, num 的默认值为 50.

(4) 使用 logspace 在给定区间上生成等比数组. 其调用格式为

logspace(start, stop, num=50, endpoint=True, base=10.0)

默认生成区间 $[10^{\text{start}}, 10^{\text{stop}}]$ 上的 50 个数据的等比数组.

例 2.25 数组生成示例 1.

```
#程序文件ex2_25.py
import numpy as np
a = np.array([1, 2, 3, 4])
b = np.array([[1, 2, 3], [4, 5, 6]])
c = np.arange(1,5)          #生成数组[1, 2, 3, 4]
d = np.linspace(1, 4, 4)  #生成数组[1, 2, 3, 4]
e = np.logspace(1, 3, 3, base=2)  #生成数组[2, 4, 8]
```

注 2.1 为了节省篇幅，上述程序中没有输出语句，读者想看输出结果，可以在命令窗口直接输入变量名，看输出结果.

(5) 使用 ones, zeros, empty 和 ones_like 等系列函数.

例 2.26 数组生成示例 2.

```
#程序文件ex2_26.py
import numpy as np
a = np.ones(4, dtype=int)       #输出[1, 1, 1, 1]
b = np.ones((4,), dtype=int)    #同a
c= np.ones((4,1))               #输出4行1列的数组
d = np.zeros(4)                 #输出[0, 0, 0, 0]
e = np.empty(3)                 #生成3个元素的空数组行向量
f = np.eye(3)                   #生成3阶单位阵
g = np.eye(3, k=1)  #生成第k对角线的元素为1, 其他元素为0的3阶方阵
h = np.zeros_like(a)            #生成与a同维数的全0数组
```

3. 数组元素的索引

NumPy 中的 array 数组与 Python 基础数据结构列表的区别是：列表中的元素可以是不同的数据类型, 而 array 数组只允许存储相同的数据类型.

(1) 对于一维数组来说, Python 原生的列表和 NumPy 的数组的切片操作都是相同的, 无非是记住一个规则：列表名 (或数组名)[start: end: step], 但不包括索引 end 对应的值.

(2) 二维数据列表元素的引用方式为 a[i][j];array 数组元素的引用方式还可以为 a[i,j].

(3) NumPy 比一般的 Python 序列提供更多的索引方式. 除了用整数和切片的一般索引外, 数组还可以用布尔索引及花式索引.

例 2.27 数组元素的索引示例.

```
#程序文件ex2_27.py
import numpy as np
a = np.arange(16).reshape(4,4)  #生成4行4列的数组
b = a[1][2]    #输出6
c = a[1, 2]    #同b
d = a[1:2, 2:3]  #输出[[6]]
x = np.array([0, 1, 2, 1])
print(a[x==1])  #输出a的第2、4行
```

2.4.2 矩阵合并与分割

1. 矩阵的合并

在实际应用中, 经常需要合并矩阵, 可以用 vstack([A, B]) 和 hstack([A, B]) 实现不同轴上的合并. vstack() 是一个将矩阵上下合并的函数, 而 hstack() 则是左右合并的函数.

例 2.28 矩阵合并示例.

```
#程序文件ex2_28.py
import numpy as np
a = np.arange(16).reshape(4,4)  #生成4行4列的数组
b = np.floor(5*np.random.random((2, 4)))
c = np.ceil(6*np.random.random((4, 2)))
d = np.vstack([a, b])  #上下合并矩阵
e = np.hstack([a, c])  #左右合并矩阵
```

2. 矩阵的分割

vsplit(a, m) 把 a 平均分成 m 个行向量, hsplit(a, n) 把 a 平均分成 n 个列向量.

例 2.29 矩阵分割示例.

```
#程序文件ex2_29.py
import numpy as np
a = np.arange(16).reshape(4,4)  #生成4行4列的数组
b = np.vsplit(a, 2)             #行分割
print('行分割: \n',b[0], b[1])
c = np.hsplit(a, 4)             #列分割
print('列分割: \n', c[0], '\n', c[1],
      '\n', c[2], '\n', c[3])
```

2.4.3 矩阵运算与线性代数

Python 中的线性代数运算主要使用 numpy.linalg 模块, 其常用函数见表 2.4.

表 2.4 numpy.linalg 常用函数

函数	说明
norm	求向量或矩阵的范数
inv	求矩阵的逆阵
pinv	求矩阵的广义逆阵
solve	求解线性方程组
det	求矩阵的行列式
lstsq	最小二乘法求解超定线性方程组
eig	求矩阵的特征值和特征向量
eigvals	求矩阵的特征值
svd	矩阵的奇异值分解
qr	矩阵的 QR 分解

下面给出部分函数的应用示例.

1. 范数计算

计算范数的函数 norm 的调用格式如下：

norm(x, ord=None, axis=None, keepdims=False)

其中：

x: 表示要度量的向量或矩阵;

ord: 表示范数的种类, 例如 1 范数, 2 范数, ∞ 范数.

axis: axis=1 表示按行向量处理, 求多个行向量的范数;axis=0 表示按列向量处理, 求多个列向量的范数;axis=None 表示矩阵范数.

keepdims: 是否保持矩阵的二维特性. True 表示保持矩阵的二维特性, False 则相反.

例 2.30 求

$$\begin{bmatrix} 0 & 3 & 4 \\ 1 & 6 & 4 \end{bmatrix}$$

的各个行向量的 2 范数, 各个列向量的 2 范数和矩阵 2 范数.

```
#程序文件ex2_30.py
import numpy as np
a = np.array([[0, 3, 4],
              [1, 6, 4]])
b = np.linalg.norm(a, axis=1)  #求行向量2范数
c = np.linalg.norm(a, axis=0)  #求列向量2范数
d = np.linalg.norm(a)   #求矩阵2范数
print('行向量2范数为: ', np.round(b, 4))
print('列向量2范数为: ', np.round(c, 4))
print('矩阵2范数为: ', round(d, 4))
```

2. 求解线性方程组的唯一解

例 2.31 求线性方程组

$$\begin{cases} 3x+y=9, \\ x+2y=8. \end{cases}$$

```
#程序文件ex2_31.py
import numpy as np
a = np.array([[3, 1], [1, 2]])
b = np.array([9, 8])
x1 = np.linalg.inv(a) @ b  #第一种解法
#上面语句中@表示矩阵乘法
```

```
x2 = np.linalg.solve(a, b) #第二种解法
print(x1); print(x2)
```

求得 $x=2,\ y=3$.

3. 求超定线性方程组的最小二乘解

例 2.32　求线性方程组

$$\begin{cases} 3x+y=9, \\ x+2y=8, \\ x+y=6. \end{cases}$$

```
#程序文件ex2_32.py
import numpy as np
a = np.array([[3, 1], [1, 2], [1, 1]])
b = np.array([9, 8, 6])
x = np.linalg.pinv(a) @ b
print(np.round(x, 4))
```

求得的最小二乘解为 $x=2,\ y=3.1667$.

2.5　Pandas 库

Pandas 库是在 NumPy 库基础上开发的一种数据分析工具.

2.5.1　Pandas 基本操作

Pandas 主要提供了 3 种数据结构:

✧ Series：带标签的一维数组.

✧ DataFrame：带标签且大小可变的二维表格结构.

✧ Panel：带标签且大小可变的三维数组.

这里我们主要介绍 Pandas 的 DataFrame 数据结构.

1. 生成二维数组

例 2.33　生成服从标准正态分布的 24×8 随机数据阵, 并保存为 DataFrame 数据结构.

```
#程序文件ex2_33.py
import pandas as pd
import numpy as np
dates=pd.date_range(start='20191101',end='20191124',freq='D')
a1=pd.DataFrame(np.random.randn(24,4), index=dates, columns=list('ABCD'))
a2=pd.DataFrame(np.random.randn(24,4))
```

2. 读写文件

在处理实际数据时, 经常需要从不同类型的文件中读取数据, 这里简单介绍使用 Pandas 直接从 Excel 和 CSV 文件中读取数据以及把 DataFrame 对象中的数据保存至 Excel 和 CSV 文件中的方法.

例 2.34 数据写入文件示例.

```
#程序文件ex2_34_1.py
import pandas as pd
import numpy as np
dates=pd.date_range(start='20191101', end='20191124', freq='D')
a1=pd.DataFrame(np.random.randn(24,4), index=dates, columns=list('ABCD'))
a2=pd.DataFrame(np.random.randn(24,4))
a1.to_excel('data2_34_1.xlsx')
a2.to_csv('data2_34_2.csv')
f=pd.ExcelWriter('data2_34_3.xlsx')  #创建文件对象
a1.to_excel(f,"Sheet1")  #把a1写入Excel文件
a2.to_excel(f,"Sheet2")  #把a2写入另一个表单中
f.save()
```

如果写入数据时, 不包含行索引, Python 程序如下:

```
#程序文件ex2_34_2.py
import pandas as pd
import numpy as np
dates=pd.date_range(start='20191101',  end='20191124',  freq='D')
a1=pd.DataFrame(np.random.randn(24,4), index=dates, columns=list('ABCD'))
a2=pd.DataFrame(np.random.randn(24,4))
a1.to_excel('data2_34_4.xlsx', index=False)  #不包括行索引
a2.to_csv('data2_34_5.csv', index=False)  #不包括行索引
f=pd.ExcelWriter('data2_34_6.xlsx')  #创建文件对象
a1.to_excel(f,"Sheet1", index=False)  #把a1写入Excel文件
a2.to_excel(f,"Sheet2", index=False)  #把a2写入另一个表单中
f.save()
```

例 2.35 从文件中读入数据示例.

```
#程序文件ex_35.py
import pandas as pd
a=pd.read_csv("data2_34_2.csv", usecols=list(range(1,5)))
b=pd.read_excel("data2_34_3.xlsx", "Sheet2", usecols=list(range(1,5)))
```

2.5.2 数据的一些预处理

1. 拆分、合并和分组计算

通过切片操作可以实现数据拆分, 可用来计算特定范围内数据的分布情况, 连接则是相反的操作, 可以把多个 DataFrame 对象合并为一个 DataFrame 对象.

在进行数据处理和分析时, 经常需要按照某一列对原始数据进行分组, 而该列数值相同的行中其他列进行求和、求平均等操作, 这可以通过 groupby() 方法、sum() 方法和 mean() 方法等来实现.

例 2.36 DataFrame 数据的分析、合并和分组计算示例.

```
#程序文件ex2_36.py
import pandas as pd
import numpy as np
d=pd.DataFrame(np.random.randint(1,6,(10,4)), columns=list("ABCD"))
d1=d[:4]  #获取前4行数据
d2=d[4:]  #获取第5行以后的数据
dd=pd.concat([d1,d2])   #数据行合并
s1=d.groupby('A').mean()       #数据分组求均值
s2=d.groupby('A').apply(sum)  #数据分组求和
```

2. 数据的选取与清洗

对 DataFrame 进行选取, 要从 3 个层次考虑：行列、区域、单元格.

(1) 选用中括号 [ ] 选取行列.

(2) 使用行和列的名称进行标签定位的 df.loc[ ].

(3) 使用整型索引 (绝对位置索引) 的 df.iloc[ ].

在数据预处理中, 需要对缺失值等进行一些特殊处理.

例 2.37 DataFrame 数据操作示例.

```
#程序文件ex2_37.py
import pandas as pd
import numpy as np
a = pd.DataFrame(np.random.randint(1,6,(5,3)),
                 index=['a', 'b', 'c', 'd', 'e'],
                 columns=['one', 'two', 'three'])
a.loc['a', 'one'] = np.nan  #修改第1行第1列的数据
b = a.iloc[1:3, 0:2].values  #提取第2、3行, 第1、2列数据
a['four'] = 'bar'  #增加第4列数据
a2 = a.reindex(['a', 'b', 'c', 'd', 'e', 'f'])
a3 = a2.dropna()  #删除有不确定值的行
```

2.6 文件内容操作

2.6.1 文件操作基本知识

无论是文本文件还是二进制文件, 其操作流程基本都是一致的, 首先打开文件并创建文件对象, 然后通过该文件对象对文件进行读取、写入、删除和修改等操作, 最后关闭并保存文件内容.

1. 内置函数 open()

Python 内置函数 open() 可以指定模式打开指定文件并创建文件对象, 该函数的完整的用法如下：

open(file, mode='r', buffering=−1, encoding=None, errors=None,
    newline=None, closefd=True, opener=None)

内置函数 open() 的主要参数介绍如下.

✧ 参数 file 指定要打开或创建的文件名称, 如果该文件不在当前目录中, 可以使用相对路径或绝对路径.

✧ 参数 mode 指定打开文件的处理方式, 其取值范围见表 2.5.

✧ 参数 encoding 指定对文本进行编码和解码的方式, 只适用于文本模式, 可以使用 Python 支持的任何格式, 如 GBK, UTF-8, CP936 等.

表 2.5 文件打开模式

模式	说明
r	读模式 (默认模式, 可省略), 如果文件不存在则抛出异常
w	写模式, 如果文件已存在, 先清空原有内容
x	写模式, 创建新文件, 如果文件已存在则抛出异常
a	追加模式, 不覆盖文件中原有内容
b	二进制模式 (可与其他模式组合使用), 使用二进制模式打开文件时不允许指定 encoding 参数
t	文本模式 (默认模式, 可省略)
+	读、写模式 (可与其他模式组合使用)

2. 文件对象常用方法

如果执行正常, open() 函数返回 1 个可迭代的文件对象, 通过该文件对象可以对文件进行读写操作, 文件对象常用方法如表 2.6 所示.

表 2.6 文件对象常用方法

方法	功能说明
close()	把缓冲区的内容写入文件, 同时关闭文件, 并释放文件对象

续表

方法	功能说明
read([size])	从文本文件中读取 size 个字符作为结果返回, 或从二进制文件中读取指定数量的字节并返回, 如果省略 size 则表示读取所有内容
readline()	从文本文件中读取一行内容作为结果返回
readlines()	把文本文件中的每行文本作为一个字符串存入列表中, 返回该列表, 对于大文件会占用较多内存, 不建议使用
seek(offset[,whence])	把文件指针移动到指定位置, offset 表示相对于 whence 的偏移量. whence 为 0 表示从文件头开始计算, 1 表示从当前位置开始计算, 2 表示从文件尾开始计算, 默认为 0
tell()	返回文件指针的当前位置
write(s)	把字符串 s 的内容写入文件
writelines(s)	把字符串列表写入文本文件, 不添加换行符

3. 上下文管理语句 with

在实际应用中, 读写文件应优先考虑使用上下文管理语句 with, 关键字 with 可以自动管理资源, 确保不管使用过程中是否发生异常都会执行必要的 “清理” 操作, 释放资源, 比如文件使用后自动关闭. with 语句的用法如下:

with open(filename, mode, encoding) as fp: # 通过文件对象 fp 读写文件内容

2.6.2 文本文件操作

例 2.38 遍历文件 data2_2.txt 中的所有行, 统计每一行中字符的个数.

```
#程序文件ex2_38.py
with open('data2_2.txt') as fp:
    L1=[]; L2=[];
    for line in fp:
        L1.append(len(line))
        L2.append(len(line.strip()))  #去掉换行符
data = [str(num)+'\t' for num in L2]  #转换为字符串
print(L1); print(L2)
with open('data2_38.txt', 'w') as fp2:
    fp2.writelines(data)
```

例 2.39 随机产生一个数据矩阵, 把它存入具有不同分隔符格式的文本文件中, 再把数据从文本文件中提取出来.

```
#程序文件ex2_39.py
import numpy as np
a=np.random.rand(6,8)  #生成6×8的[0,1)上均匀分布的随机数矩阵
```

```
np.savetxt("data2_39_1.txt", a)  #存成以制表符分隔的文本文件
np.savetxt("data2_39_2.csv", a, delimiter=',')  #存成以逗号分隔的文本文件
b=np.loadtxt("data2_39_1.txt")   #加载空格分隔的文本文件
c=np.loadtxt("data2_39_2.csv", delimiter=',')  #加载csv文件
```

2.7 SciPy 库

2.7.1 SciPy 简介

SciPy 是在 NumPy 库的基础上增加了众多的数学、科学以及工程计算中常用函数的库. SciPy 库依赖于 NumPy, 提供了便捷且快速的 n 维数组操作. SciPy 库与 NumPy 数组一起工作, 提供了许多友好和高效的处理方法, 它包括了统计、优化、线性代数模块、傅里叶变换、信号、图像处理和常微分方程的求解等, 功能十分强大.

SciPy 被组织成覆盖不同科学计算领域的模块, 具体见表 2.7.

表 2.7 SciPy 模块功能表

模块	功能
scipy.cluster	聚类分析等
scipy.constants	物理和数学常数
scipy.fftpack	傅里叶变换
scipy.integrate	积分
scipy.interpolate	插值
scipy.io	数据输入和输出
scipy.linalg	线性代数
scipy.ndimage	n 维图像
scipy.odr	正交距离回归
scipy.optimize	优化
scipy.signal	信号处理
scipy.sparse	稀疏矩阵
scipy.spatial	空间数据结构和算法
scipy.special	特殊函数
scipy.stats	统计

2.7.2 SciPy 基本操作

SciPy 功能强大, 下面列举一些 SciPy 的基础功能.

1. 求解非线性方程 (组)

Scipy.optimize 模块的 fsolve 和 root 不仅可以求解非线性方程的解, 而且也可以求解非线性方程组的解. 它们的调用格式为

from scipy.optimize import fsolve

from scipy.optimize import root

例 2.40 求方程

$$x^{980}-5.01x^{979}+7.398x^{978}-3.388x^{977}-x^3+5.01x^2-7.398x+3.388=0$$

在给定初值 1.5 附近的一个实根.

```
#程序文件ex2_40.py
from scipy.optimize import fsolve, root
fx = lambda x:     x**980-5.01*x**979+7.398*x**978\
    -3.388*x**977-x**3+5.01*x**2-7.398*x+3.388
x1 = fsolve(fx, 1.5, maxfev=4000)  #函数调用4000次
x2 = root(fx, 1.5)
print(x1,'\n','-------------'); print(x2)
```

fsolve 或 root 求解非线性方程组时, 首先把非线性方程组写成

$$F(\boldsymbol{x})=0$$

的形式, 其中 $\boldsymbol{x}$ 为向量, $F(\boldsymbol{x})$ 为向量函数.

例 2.41 求方程组

$$\begin{cases} x_1^2+x_2^2=1, \\ x_1=x_2 \end{cases}$$

的一组数值解.

```
#程序文件ex2_41.py
from scipy.optimize import fsolve, root
fx = lambda x: [x[0]**2+x[1]**2-1,x[0]-x[1]]
s1 = fsolve(fx, [1, 1])
s2 = root(fx, [1, 1])
print(s1,'\n','--------------'); print(s2)
```

2. 积分

scipy.integrate 模块提供了多种积分模式. 积分主要分为以下两类：一种是对给定函数的数值积分, 见表 2.8. 另一种是对给定离散点的数值积分, 函数有 trapz.

表 2.8 scipy.integrate 模块的数值积分函数

函数	说明
quad(func, a, b, args)	计算一重积分
dblquad(func, a, b, gfun, hfun, args)	计算二重数值积分
tplquad(func, a, b, gfun, hfun, qfun, rfun)	计算三重数值积分
nquad(func, ranges, args)	计算多变量积分

例 2.42 分别计算 $a=2$, $b=1$; $a=2$, $b=10$ 时, $I(a,b)=\int_0^1(ax^2+bx)\mathrm{d}x$ 的值.

解 $a=2$, $b=1$ 时, 积分值为 1.6667, 积分值的绝对误差为 1.2953×10^{-14}. $a=2$, $b=10$ 时, 积分值为 5.6667, 积分值的绝对误差为 6.2913×10^{-14}.

计算的 Python 程序如下：

```
#程序文件ex2_42.py
from scipy.integrate import quad
def fun42(x, a, b):
    return a*x**2+b*x
I1 = quad(fun42, 0, 1, args=(2, 1))
I2 = quad(fun42, 0, 1, args=(2, 10))
print(I1); print(I2)
```

3. 最小二乘解

对于非线性方程组

$$\begin{cases} f_1(\boldsymbol{x})=0, \\ f_2(\boldsymbol{x})=0, \\ \quad\cdots\cdots \\ f_n(\boldsymbol{x})=0, \end{cases} \tag{2.1}$$

其中 $\boldsymbol{x}$ 为 m 维向量, 一般地, $n>m$, 且方程组 (2.1) 是矛盾方程组, 有时需要求方程组 (2.1) 的最小二乘解, 即求下面的多元函数

$$\delta(\boldsymbol{x})=\sum_{i=1}^{n}f_i^2(\boldsymbol{x}) \tag{2.2}$$

的最小值. scipy.optimize 模块求非线性方程组最小二乘解的函数的调用格式为

from scipy.optimize import least_squares

least_squares(fun,x0)

其中 fun 是定义向量函数

$$\begin{bmatrix} f_1(\boldsymbol{x}) & f_2(\boldsymbol{x}) & \cdots & f_n(\boldsymbol{x}) \end{bmatrix}^{\mathrm{T}}$$

的匿名函数的返回值, x0 为 $\boldsymbol{x}$ 的初始值.

例 2.43 已知 4 个观测站的位置坐标 $(x_i,y_i)(i=1,2,3,4)$, 每个观测站都探测到距未知信号的距离 $d_i(i=1,2,3,4)$, 已知数据见表 2.9, 试定位未知信号的位置坐标 (x,y).

表 2.9 观测站的位置坐标及探测到的距离

	1	2	3	4
x_i	245	164	192	232
y_i	442	480	281	300
d_i	126.2204	120.7509	90.1854	101.4021

解 未知信号的位置坐标 (x,y) 满足非线性方程组

$$\begin{cases} \sqrt{(x_1-x)^2+(y_1-y)^2}-d_1=0, \\ \sqrt{(x_2-x)^2+(y_2-y)^2}-d_2=0, \\ \sqrt{(x_3-x)^2+(y_3-y)^2}-d_3=0, \\ \sqrt{(x_4-x)^2+(y_4-y)^2}-d_4=0. \end{cases} \tag{2.3}$$

显然方程组 (2.3) 是一个矛盾方程组, 必须求方程组 (2.3) 的最小二乘解. 可以把问题转化为求如下多元函数:

$$\delta(x,y)=\sum_{i=1}^{4}\left(\sqrt{(x_i-x)^2+(y_i-y)^2}-d_i\right)^2$$

的最小点问题.

利用 Python 的 scicy.optimize.least_squares 函数求得 $x=149.5089$, $y=359.9848$.

计算的 Python 程序如下:

```
#程序文件ex2_43.py
from scipy.optimize import least_squares
import numpy as np
a=np.loadtxt('data2_43.txt')
x0=a[0]; y0=a[1]; d=a[2]
fx=lambda x: np.sqrt((x0-x[0])**2+(y0-x[1])**2)-d
xy=least_squares(fx, np.random.rand(2))
print(xy)
```

2.8 SymPy 库

符号运算又称计算机代数, 通俗地讲就是用计算机推导数学公式, 如对表达式进行因式分解、化简、微分、积分、解代数方程、求解常微分方程等. 与数值运算相比, 符号计算存在以下的特点: ① 运算以推理方式进行, 因此不受截断误差和累积误差问题的影响; ② 符号计算的速度比较慢.

在 SymPy 库中, 定义符号变量或符号函数的命令如下:

import sympy as sp

x, y, z=sp.symbols('x, y, z') # 或 x,y,z=sp.symbols('x y z') 定义符号变量 x, y, z

f, g = sp.symbols('f, g', cls=sp.Function) # 定义符号函数

也可以使用 var 函数定义符号变量或符号函数, 具体格式如下:

import sympy as sp

sp.var('x, y, z')

sp.var('a b c') # 中间分隔符更换为空格

sp.var('f, g', cls=sp.Function) # 定义符号函数

SymPy 符号运算库能够解简单的线性方程、非线性方程及简单的代数方程组.

在 SymPy 中, 提供了 solve 函数求解符号代数方程或方程组, 其调用格式如下:

S=solve(f, *symbols) #f 为符号方程 (组), symbols 为符号变量.

例 2.44 利用 solve 求下列符号代数方程的解.

$$ax^2+bx+c=0, \quad 其中x为未知数.$$

```
#程序文件ex2_44.py
import sympy as sp
a,b,c,x=sp.symbols('a,b,c,x')
x0=sp.solve(a*x**2+b*x+c,x)
print(x0)
```

例 2.45 求方程组

$$\begin{cases} x_1^2+x_2^2=1, \\ x_1=x_2 \end{cases}$$

的符号解.

```
#程序文件ex2_45_1.py
import sympy as sp
x1,x2=sp.symbols('x1,x2')
s=sp.solve([x1**2+x2**2-1,x1-x2],[x1,x2])
print(s)
```

或者使用符号数组, 编写如下 Python 程序:

```
#程序文件ex2_45_2.py
import sympy as sp
x = sp.symbols('x:2')  #定义符号数组
```

```
s = sp.solve([x[0]**2+x[1]**2-1,x[0]-x[1]], x)
print(s)
```

SymPy 库的其他功能我们就不介绍了.

2.9　matplotlib 库

Python 扩展库 matplotlib 依赖于扩展库 numpy 和标准库 tkinter, 可以绘制多种形式的图形, 包括折线图、散点图、饼状图、柱状图、雷达图等.

Python 扩展库 matplotlib 包括 pylab, pyplot 等绘图模块以及大量用于字体、颜色、图例等图形元素的管理与控制的模块. 其中 pylab 和 pyplot 模块提供了类似于 MATLAB 的绘图接口, 支持线条样式、字体属性、轴属性以及其他属性的管理和控制, 可以使用非常简洁的代码绘制出各种优美的图案.

使用 pylab 或 pyplot 绘图的一般过程为：首先读入数据, 然后根据实际需要绘制折线图、散点图、柱状图、雷达图或三维曲线和曲面, 接下来设置轴和图形属性, 最后显示或保存绘图结果.

2.9.1　二维绘图

1. 折线图

例 2.46　已知某店铺商品的销售量如表 2.10 所示. 画出商品销售趋势图.

表 2.10　钻石和铂金销售数据

月份	1 月	2 月	3 月	4 月	5 月	6 月
钻石销量	13	10	27	33	30	45
铂金销量	1	10	7	26	20	25

```
#程序文件ex2_46.py
import pandas as pd
import pylab as plt
plt.rc('font',family='SimHei')  #用来正常显示中文标签
plt.rc('font',size=16)  #设置显示字体大小
a=pd.read_excel("data2_46.xlsx", header=None)
b=a.values  #提取其中的数据
x=b[0]; y=b[1:].astype(float)
plt.plot(x,y[0],'-*b',label='钻石')
plt.plot(x,y[1],'--dr',label='铂金')
plt.xlabel('月份'); plt.ylabel('每月销量')
plt.legend(loc='upper left')
plt.grid(); plt.show()
```

所画的图形如图 2.3 所示.

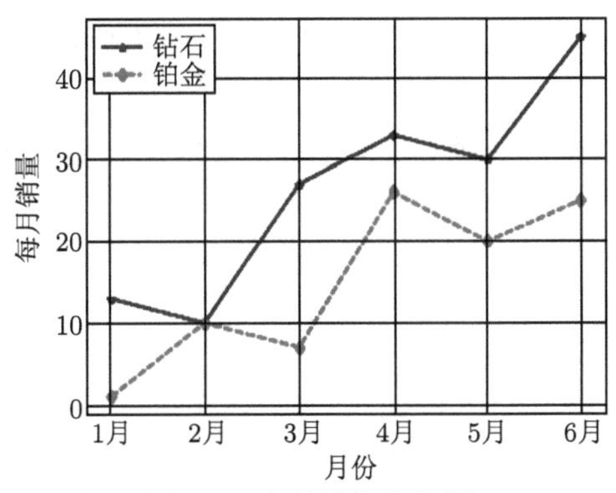

图 2.3 商品销售趋势图

2. Pandas 结合 matplotlib 进行数据可视化

在 Pandas 中, 可以通过 DataFrame 对象的 plot() 方法自动调用 matplotlib 的绘图功能, 实现数据可视化.

例 2.47(续例 2.46) 画出表 2.9 销售数据的柱状图.

```
#程序文件ex2_47.py
import pandas as pd
import pylab as plt
plt.rc('font',family='SimHei')  #用来正常显示中文标签
plt.rc('font',size=16)  #设置显示字体大小
a=pd.read_excel("data2_46.xlsx",header=None)
b=a.T; b.plot(kind='bar')
plt.legend(['钻石', '铂金']);
plt.xticks(range(6), b[0], rotation=0)
plt.show()
```

所画的柱状图如图 2.4 所示.

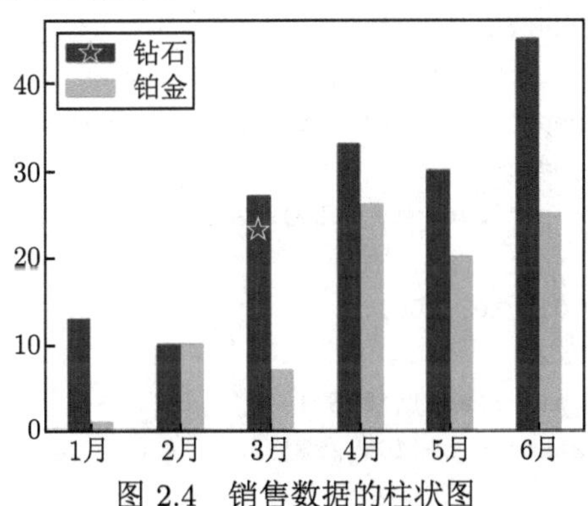

图 2.4 销售数据的柱状图

3. 子图

在进行数据可视化或科学计算可视化时, 经常需要把多个结果绘制到一个窗口中方便比较.

例 2.48　把一个窗口分成 3 个子窗口, 分别绘制如下 3 个子图:

(1) 一个柱状图;

(2) 一个饼图;

(3) 曲线 $y = \sin(10x)/x$.

所绘制的图形如图 2.5 所示.

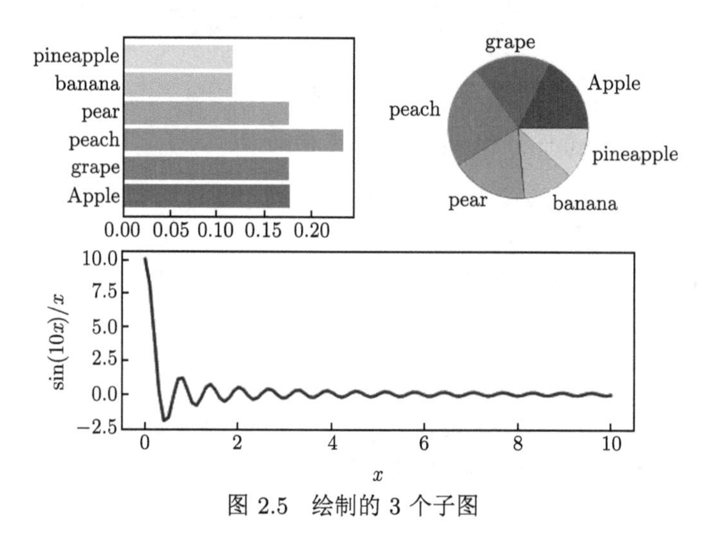

图 2.5　绘制的 3 个子图

```
#程序文件ex2_48.py
import pylab as plt
import numpy as np
plt.rc('text', usetex=True)  #调用tex字库
y1=np.random.randint(2, 5, 6);
y1=y1/sum(y1); plt.subplot(2, 2, 1);
str=['Apple', 'grape', 'peach', 'pear', 'banana', 'pineapple']
plt.barh(str,y1)  #水平条形图
plt.subplot(222); plt.pie(y1, labels=str)  #饼图
plt.subplot(212)
x2=np.linspace(0.01, 10, 100);
y2=np.sin(10*x2)/x2
plt.plot(x2,y2); plt.xlabel('$x$')
plt.ylabel('$\\mathrm{sin}(10x)/x$')
plt.show()
```

注 2.2 要使用 LaTeX 格式需要安装 LaTeX 的两个宏包 basic-miktex-2.9.7021-x64 和 gs926aw64. 否则把上面的语句 rc('text', usetex = True) 注释掉.

2.9.2 三维绘图

1. 三维曲线

例 2.49 画出三维曲线 $x = s^2\sin s$, $y = s^2\cos s$, $z = s(s \in [-50, 50])$ 的图形.

所画图形如图 2.6 所示.

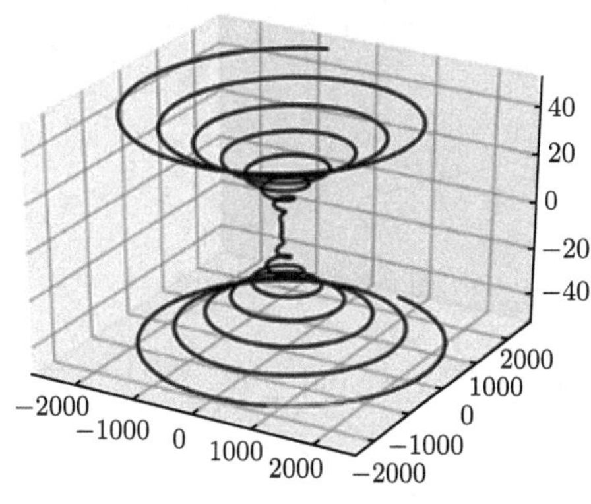

图 2.6 三维曲线图

```
#程序文件ex2_49.py
import pylab as plt
import numpy as np
ax=plt.axes(projection='3d')  #设置三维图形模式
z=np.linspace(-50, 50, 1000)
x=z**2*np.sin(z); y=z**2*np.cos(z)
ax.plot(x, y, z, 'k'); plt.show()
```

2. 三维曲面图

例 2.50 画出三维曲面图 $z = 50\sin(x + y)$.

所画的图形如图 2.7 所示.

```
#程序文件ex2_50.py
import pylab as plt
import numpy as np
x=np.linspace(-4,4,100);
x,y=np.meshgrid(x,x)
z=50*np.sin(x+y);
```

```
ax=plt.axes(projection='3d')
ax.plot_surface(x, y, z, color='y')
plt.show()
```

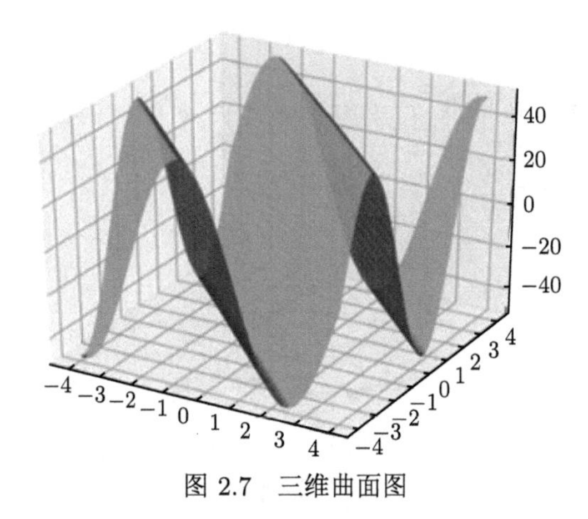

图 2.7 三维曲面图

例 2.51 画出三维表面图 $z=\sin\left(\sqrt{x^2+y^2}\right)$.
所画的图形如图 2.8 所示.

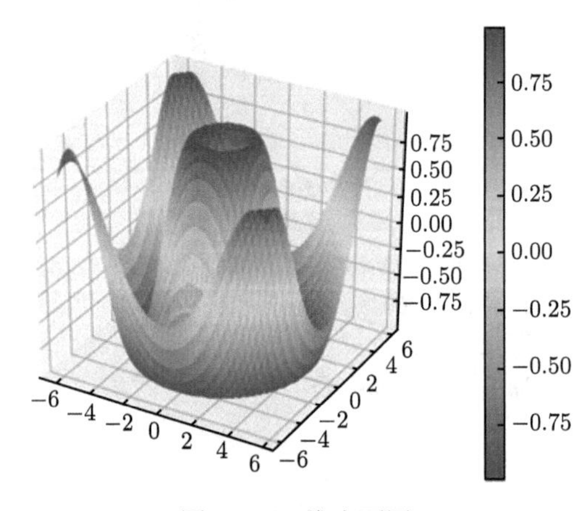

图 2.8 三维表面图

```
#程序文件ex2_51.py
import pylab as plt
import numpy as np
ax = plt.axes(projection='3d')
X = np.arange(-6, 6, 0.25)
Y = np.arange(-6, 6, 0.25)
```

```
X, Y = np.meshgrid(X, Y)
Z = np.sin(np.sqrt(X**2 + Y**2))
surf = ax.plot_surface(X, Y, Z, cmap='coolwarm')
plt.colorbar(surf); plt.show()
```

2.10 思考与练习

1. 在同一个图形界面上画出如下 3 个函数的图形并进行标注.

$$y=\mathrm{ch}x,\quad y=\mathrm{sh}x,\quad y=\frac{1}{2}\mathrm{e}^{x}.$$

2. 画出 Γ 函数 $\Gamma(x)=\int_0^{+\infty}\mathrm{e}^{-t}t^{x-1}\mathrm{d}t$ 的图形.

3. 在同一个图形界面中分别画出 6 条曲线

$$y=kx^2+2k,\quad k=1,2,\cdots,6.$$

4. 把屏幕分成 2 行 3 列 6 个子窗口, 每个子窗口画一条曲线, 画出曲线

$$y=kx^2+2k,\quad k=1,2,\cdots,6.$$

5. 分别画出下列二次曲面.

(1) 单叶双曲面 $\dfrac{x^2}{4}+\dfrac{y^2}{10}-\dfrac{z^2}{8}=1$;

(2) 椭圆抛物面 $\dfrac{x^2}{4}+\dfrac{y^2}{6}=z$.

6. 附件 1：区域高程数据.xlsx 给出了某区域 43.65 × 58.2 (km) 的高程数据, 画出该区域的三维网格图和等高线图, 在 A (30, 0) 和 B (43, 30)(km) 点处建立了两个基地, 在等高线图上标注出这两个点.

附件1：区域高程数据

7. 先判断下列线性方程组解的情况, 然后求对应的唯一解、最小二乘解或最小范数解.

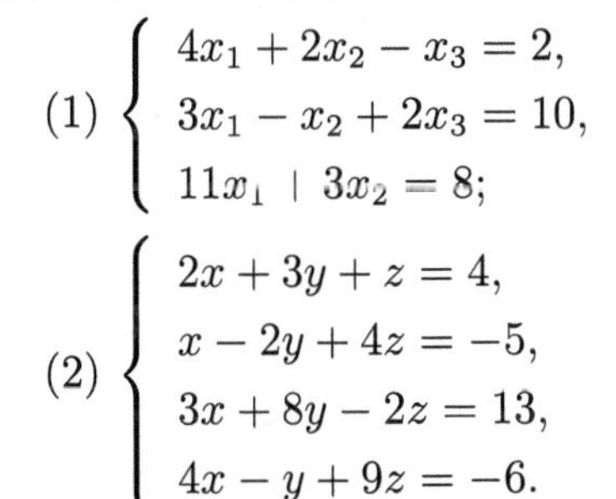

(1) $\begin{cases}4x_1+2x_2-x_3=2,\\3x_1-x_2+2x_3=10,\\11x_1+3x_2=8;\end{cases}$

(2) $\begin{cases}2x+3y+z=4,\\x-2y+4z=-5,\\3x+8y-2z=13,\\4x-y+9z=-6.\end{cases}$

8. 求方程组的符号解和数值解.

$$\begin{cases} x^2 - y - x = 3, \\ x + 3y = 2. \end{cases}$$

9. 已知 $f(x) = (|x+1| - |x-1|)/2 + \sin x$, $g(x) = (|x+3| - |x-3|)/2 + \cos x$, 求下列方程组的数值解.

$$\begin{cases} 2x_1 = 3f(y_1) + 4g(y_2) - 1, \\ 3x_2 = 2f(y_1) + 6g(y_2) - 2, \\ y_1 = f(x_1) + 3g(x_2) - 3, \\ 5y_2 = 4f(x_1) + 6g(x_2) - 1. \end{cases}$$

10. 已知 $f(x) = (|x+1| - |x-1|)/2 + \sin x$, $g(x) = (|x+3| - |x-3|)/2 + \cos x$, 求下列超定 (矛盾) 方程组的最小二乘解.

$$\begin{cases} 2x_1 = 3f(y_1) + 4g(y_2) - 1, \\ 3x_2 = 2f(y_1) + 6g(y_2) - 2, \\ y_1 = f(x_1) + 3g(x_2) - 3, \\ 5y_2 = 4f(x_1) + 6g(x_2) - 1, \\ x_1 + y_1 = f(y_2) + g(x_2) - 2, \\ x_2 - 3y_2 = 2f(x_1) - 10g(y_1) - 5. \end{cases}$$

第 3 章　插值与拟合

CHAPTER

在科学与工程计算中, 经常会遇到譬如野外地质勘探、地下水水位检测、地形地貌测绘、医学断层图像扫描等问题, 这类问题可以归纳为给定一批数据点, 需要确定满足特定要求的曲线或曲面. 如果要求曲线 (面) 通过所给所有数据点, 这就是插值问题. 插值问题要求在离散数据的基础上补插连续函数, 使得这条连续曲线通过全部给定的离散数据点. 插值是离散函数逼近的重要方法, 利用它可通过函数在有限个点处的取值状况, 估算出函数在其他点处的近似值.

在大部分的实际观察或实验中, 由于采样点位设置、采样方式、测试方法、仪器精度等因素, 不可避免地会存在不同程度的观测误差或实验误差, 甚至可能会有个别错误数据. 如果使用插值方法不但会把观测误差保留下来, 而且插值曲线也不一定能表示实验数据的客观规律. 如果不要求曲线 (面) 通过所有的数据点, 而是要求反映对象整体的变化趋势, 可得到更简单实用的近似函数, 这就是数据拟合, 也称为曲线拟合或曲面拟合. 函数插值和曲线拟合都是要根据一组数据构造一个函数作为近似, 由于近似的要求不同, 二者在数学方法上是完全不同的.

3.1　一维插值

3.1.1　问题提法

插值法是一种古老的数学方法, 它来自生产实践, 早在一千多年前的隋唐时期在制定历法时就广泛应用了二次插值, 隋朝刘焯 (公元 6 世纪) 将等距节点二次插值应用于天文计算. 但插值理论却是在 17 世纪微积分产生以后才逐步发展的, 牛顿 (Newton) 的等距节点插值公式和均差插值公式都是当时的重要成果. 近几十年由于计算机的使用和航空、造船、精密机械加工等实际问题的需要, 使插值法在理论上和实践上得到进一步发展, 获得广泛的应用, 成为计算机图形学的基础.

若已知函数 $y = f(x)$ 定义在区间 $[a, b]$ 上, 在 $n + 1$ 个互不相同的观测点 $x_0, x_1, \cdots, x_n$ 处的函数值 (或观测值) 为 $y_0, y_1, \cdots, y_n$, 寻求一个近似函数 (即近似曲线) $\varphi(x)$, 使之满足

$$\varphi(x_i) = y_i, \quad i = 0, 1, 2, \cdots, n. \tag{3.1}$$

则称 $\varphi(x)$ 为 $f(x)$ 的一个**插值函数**, $f(x)$ 为被插函数, 点 x_i 为插值节点, (3.1) 式

称为**插值条件**, 区间 $[a,b]$ 称为插值区间. 如果插值节点都在区间 $[a,b]$ 内, 则称为内插, 否则称为外插 (或外推).

注 3.1　插值方法一般用于插值区间内部点的函数值估计, 利用该方法进行趋势外推预测时, 可进行短期预测, 对中长期并不适用.

用 $\varphi(x)$ 的值作为 $f(x)$ 的近似值, 不仅希望 $\varphi(x)$ 能较好地逼近 $f(x)$, 而且还希望它计算简单. 由于代数多项式具有数值计算和理论分析方便的优点, 所以本章主要介绍代数插值, 即插值函数为代数多项式, 该方法也称为多项式插值. 即求一个次数不超过 n 次的插值多项式

$$P_n(x)=a_nx^n+a_{n-1}x^{n-1}+\cdots+a_1x+a_0, \tag{3.2}$$

满足条件

$$P_n(x_i)=y_i,\quad i=0,1,2,\cdots,n. \tag{3.3}$$

插值多项式 $P_n(x)$ 有 $n+1$ 个待定系数, 利用待定系数法, 由插值条件 (3.3) 恰好可以得到 $n+1$ 个方程

$$\begin{cases} a_nx_0^n+a_{n-1}x_0^{n-1}+\cdots+a_1x_0+a_0=y_0, \\ a_nx_1^n+a_{n-1}x_1^{n-1}+\cdots+a_1x_1+a_0=y_1, \\ \cdots\cdots \\ a_nx_n^n+a_{n-1}x_n^{n-1}+\cdots+a_1x_n+a_0=y_n. \end{cases} \tag{3.4}$$

记此方程的系数矩阵为 A, 则

$$\det(A)=\begin{vmatrix} 1 & x_0 & x_0^2 & \cdots & x_0^n \\ 1 & x_1 & x_1^2 & \cdots & x_1^n \\ \vdots & & \vdots & & \vdots \\ 1 & x_n & x_n^2 & \cdots & x_n^n \end{vmatrix}=\prod_{i=1}^{n}\prod_{j=0}^{i-1}(x_i-x_j)$$

为著名的范德蒙德 (Vandermonde) 行列式, 当 $x_0,x_1,\cdots,x_n$ 互不相同时, 行列式 $\det(A)\neq 0$. 根据解线性方程组的克拉默 (Cramer) 法则, 方程组的解存在且唯一. 唯一性说明, 不论用何种方法来构造, 也不论用何种形式来表示插值多项式, 只要满足插值条件 (3.3), 其结果都是相互恒等的. 当插值节点逐渐增多时, 多项式的次数会逐渐增高, 线性方程组会变成病态方程组, 求解结果也变得不可靠. 待定系数法无法直接构造出插值多项式的表达式, 插值多项式的次数每提高一次, 都要重新求解, 从而影响了方法的推广.

定理 3.1　满足插值条件 (3.3) 的次数不超过 n 的多项式存在且唯一.

3.1.2 Lagrange 插值

为了构造满足插值条件 (3.3) 的便于使用的插值多项式 $P_n(x)$, 我们引入拉格朗日 (Lagrange) 插值多项式, 先考察几种简单情形, 然后再推广到一般形式.

1. Lagrange 线性插值

线性插值是代数插值的最简单形式. 已知函数 $y=f(x)$ 在互异的两个点 x_0 和 x_1 处的函数值 y_0 和 y_1, 欲求一个次数不超过 1 的多项式 $y=P_1(x)$, 使其满足

$$P_1(x_0)=y_0, \quad P_1(x_1)=y_1.$$

由定理 3.1 知, $P_1(x)$ 存在且唯一. 利用点斜式很容易地写出过两点 (x_0,y_0) 和 (x_1,y_1) 的直线方程

$$P_1(x)=y_0+\frac{y_1-y_0}{x_1-x_0}(x-x_0),$$

进一步, 有

$$P_1(x)=\frac{x-x_1}{x_0-x_1}y_0+\frac{x-x_0}{x_1-x_0}y_1, \tag{3.5}$$

称 $P_1(x)$ 为 Lagrange 线性插值或一次插值.

为了便于推广, 引入如下记号:

$$l_0(x)=\frac{x-x_1}{x_0-x_1}, \quad l_1(x)=\frac{x-x_0}{x_1-x_0},$$

则可将 (3.5) 式改写为

$$P_1(x)=l_0(x)y_0+l_1(x)y_1,$$

其中 $l_0(x)$ 和 $l_1(x)$ 满足

$$l_0(x_0)=1, \quad l_0(x_1)=0; \quad l_1(x_0)=0, \quad l_1(x_1)=1; \quad l_0(x)+l_1(x)=1.$$

我们称 $l_0(x)$ 和 $l_1(x)$ 为 Lagrange 线性插值或一次插值的**基函数**.

例 3.1 已知 $\sqrt{100}=10$, $\sqrt{121}=11$, 求 $\sqrt{115}$ 的值.

解 这里 $x_0=100, y_0=10, x_1=121, y_1=11$, 利用 Lagrange 线性插值公式 (3.5) 有

$$P_1(x)=\frac{x-121}{100-121}\times 10+\frac{x-100}{121-100}\times 11,$$

故 $\sqrt{115} \approx P_1(115) = 10.7143$.

计算的 Python 程序如下：

```
#程序文件ex3_1.py
import numpy as np
x0 = np.array([100, 121])
y0 = np.array([10, 11])
q0 = lambda x: x-x0[1]
q1 = lambda x: x-x0[0]
y =q0(115)/q0(x0[0])*y0[0] + q1(115)/q1(x0[1])*y0[1]
print(np.round(y,4))
```

2. Lagrange 二次插值 (抛物线插值)

已知函数 $y = f(x)$ 在互异的三个点 x_0, x_1 和 x_2 处的函数值分别为 y_0, y_1 和 y_2, 欲求一个次数不超过 2 的多项式 $y = P_2(x)$, 使其满足

$$P_2(x_0) = y_0, \quad P_2(x_1) = y_1, \quad P_2(x_2) = y_2. \tag{3.6}$$

根据定理 3.1, $P_2(x)$ 存在且唯一. 类似线性插值构造在点 x_0, x_1 和 x_2 处的插值基函数 $l_0(x)$, $l_1(x)$ 和 $l_2(x)$, 使其分别满足如下条件：

$$\begin{aligned} &l_0(x_0) = 1, \quad l_0(x_1) = 0, \quad l_0(x_2) = 0; \\ &l_1(x_0) = 0, \quad l_1(x_1) = 1, \quad l_1(x_2) = 0; \\ &l_2(x_0) = 0, \quad l_2(x_1) = 0, \quad l_2(x_2) = 1. \end{aligned} \tag{3.7}$$

由上述条件很容易推出 $l_0(x)$, $l_1(x)$ 和 $l_2(x)$ 的表达式. 例如, 由于 x_1, x_2 是 $l_0(x)$ 的两个零点, 故设 $l_0(x) = c(x-x_1)(x-x_2)$, 其中 c 为待定系数, 又由于 $l_0(x_0) = 1$, 可求得 $c = \dfrac{1}{(x_0 - x_1)(x_0 - x_2)}$, 从而得到 $l_0(x)$ 的表达式为

$$l_0(x) = \frac{(x - x_1)(x - x_2)}{(x_0 - x_1)(x_0 - x_2)}.$$

同理可得

$$l_1(x) = \frac{(x - x_0)(x - x_2)}{(x_1 - x_0)(x_1 - x_2)}, \quad l_2(x) = \frac{(x - x_0)(x - x_1)}{(x_2 - x_0)(x_2 - x_1)}.$$

于是我们得到 Lagrange 二次插值多项式为

$$P_2(x) = l_0(x)y_0 + l_1(x)y_1 + l_2(x)y_2. \tag{3.8}$$

例 3.2 已知 $\sqrt{100}=10$, $\sqrt{121}=11$, $\sqrt{144}=12$, 求 $\sqrt{115}$ 的值.

解 这里 $x_0=100, y_0=10, x_1=121, y_1=11, x_2=144, y_2=12$, 利用 Lagrange 线性插值公式 (3.8) 有

$$P_2(x)=\frac{x-121}{100-121}\cdot\frac{x-144}{100-144}\cdot 10+\frac{x-100}{121-100}\cdot\frac{x-144}{121-144}\cdot 11+\frac{x-100}{144-100}\cdot\frac{x-121}{144-121}\cdot 12,$$

故 $\sqrt{115}\approx P_2(115)=10.7228$.

实际上, $\sqrt{115}\approx 10.723805294763608$.

计算的 Python 程序如下：

```
#程序文件ex3_2.py
import numpy as np
x0 = np.array([100, 121, 144])
y0 = np.array([10, 11, 12])
q0 = lambda x: (x-x0[1])*(x-x0[2])
q1 = lambda x: (x-x0[0])*(x-x0[2])
q2 = lambda x: (x-x0[0])*(x-x0[1])
y =q0(115)/q0(x0[0])*y0[0] + \
q1(115)/q1(x0[1])*y0[1] + \
q2(115)/q2(x0[2])*y0[2]
print(np.round(y,4))
print(np.sqrt(115))
```

3. n 次 Lagrange 插值

将 $n=1,2$ 时的插值多项式推广到一般情形, 可以得到 n 次 Lagrange 插值多项式：

$$P_n(x)=l_0(x)y_0+l_1(x)y_1+\cdots+l_n(x)y_n=\sum_{k=0}^{n}l_k(x)y_k, \tag{3.9}$$

其中

$$l_k(x)=\frac{(x-x_0)\cdots(x-x_{k-1})(x-x_{k+1})\cdots(x-x_n)}{(x_k-x_0)\cdots(x_k-x_{k-1})(x_k-x_{k+1})\cdots(x_k-x_n)} \tag{3.10}$$

是关于节点 x_k $(k=0,1,\cdots,n)$ 的插值基函数, 且满足

$$l_k(x_i)=\begin{cases}1, & i=k,\\ 0, & i\neq k,\end{cases} \quad i,k=0,1,\cdots,n.$$

显然 $l_k(x)$ 线性无关, 均为次数不超过 n 的多项式. 故其线性组合 $P_n(x)$ 亦为次数不超过 n 的多项式, 且满足插值条件

$$P_n(x_k) = y_k, \quad k = 0, 1, \cdots, n.$$

故称 (3.9) 式 $P_n(x)$ 为 n 次 Lagrange 插值多项式.

为了便于书写, 引入记号

$$\omega(x) = (x - x_0)(x - x_1)\cdots(x - x_n).$$

求 $\omega(x)$ 在 x_k 处的导数, 可得

$$\omega'(x_k) = (x_k - x_0)\cdots(x_k - x_{k-1})(x_k - x_{k+1})\cdots(x_k - x_n).$$

于是 n 次 Lagrange 插值多项式也可写为

$$P_n(x) = \sum_{k=0}^{n} \frac{\omega(x)}{(x - x_k)\omega'(x_k)} y_k. \tag{3.11}$$

4. 插值余项与误差估计

为了研究用多项式 $P_n(x)$ 近似函数 $f(x)$ 时的误差, 记

$$R_n(x) = f(x) - P_n(x),$$

称为插值多项式 $P_n(x)$ 的截断误差, 也称为**插值余项**.

以下不加证明地给出插值余项的误差估计定理.

定理 3.2 设 $f(x)$ 的 $n+1$ 阶导数 $f^{(n+1)}(x)$ 在区间 $[a, b]$ 上存在, 则对任何 $x \in [a, b]$, 有插值余项

$$R_n(x) = f(x) - P_n(x) = \frac{f^{(n+1)}(\xi)}{(n+1)!}\omega(x), \tag{3.12}$$

其中 $\xi \in [a, b]$ 且依赖于 x, $\omega(x) = (x - x_0)(x - x_1)\cdots(x - x_n)$.

Lagrange 插值采用直接构造的思想, 方法直观、易理解, 编程容易实现. 其插值公式及其误差估计定理在数值积分、数值微分等数值方法的算法设计及误差估计中有着广泛而重要的应用.

3.1.3 分段插值

用多项式作插值函数, 随着插值节点 (或插值条件) 的增加, 插值多项式次数也相应增加, 高次插值不但计算复杂且往往效果不理想, 甚至可能会产生龙格 (Runge) 震荡现象.

在计算方法中, 利用多项式对某一函数作近似逼近, 计算相应的函数值, 一般情况下, 多项式的次数越多, 需要的数据就越多, 而预测也就越准确. 然而, 插值次数越高, 插值结果越偏离原函数的现象称为**龙格现象**.

例 3.3 在区间 $[-5, 5]$ 上, 用 $n+1$ 个等距节点作多项式 $P_n(x)$, 使得它在节点处的值与函数 $y = 1/(1+x^2)$ 在对应节点处的值相等, 考察 $n = 2, 4, 6, 8, 10$ 时, 多项式的次数与逼近误差的关系, 如图 3.1 和图 3.2 所示.

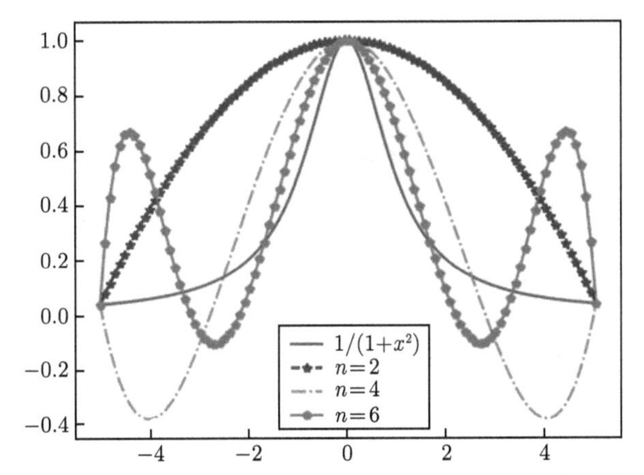

图 3.1 当 $n = 2, 4, 6$ 时 Lagrange 插值与函数的图形比较

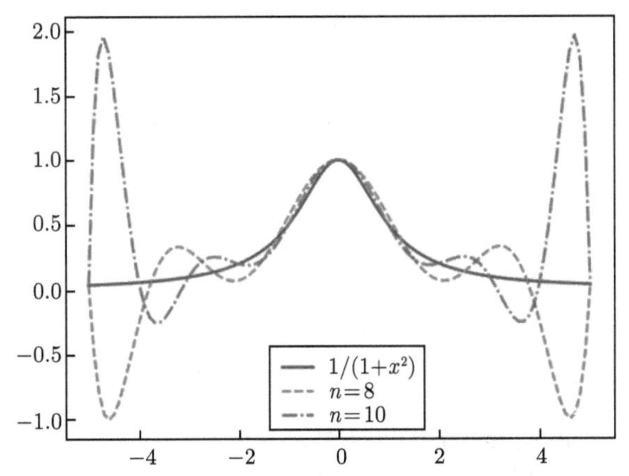

图 3.2 当 $n = 8, 10$ 时 Lagrange 插值与函数的图形比较

从图 3.1 和图 3.2 可以看到, 当节点的个数增加时, Lagrange 多项式插值逼近函数 $y = 1/(1+x^2)$ 不但没有变得更好, 反而变得更加失真, 震荡现象非常严重. 这就迫使我们探求其他一些更稳定、高效的插值格式.

画图 3.1 的 Python 程序如下:

```
#程序文件ex3_3_1.py
import numpy as np
import pylab as plt
from scipy.interpolate import lagrange
y = lambda x: 1/(1+x**2)
x0 = np.linspace(-5, 5, 100)
x1 = np.linspace(-5, 5, 3)
x2 = np.linspace(-5, 5, 5)
x3 = np.linspace(-5, 5, 7)
y1 = lagrange(x1, y(x1))  #插值二次多项式
y2 = lagrange(x2, y(x2))  #插值四次多项式
y3 = lagrange(x3, y(x3))  #插值六次多项式
plt.rc('text', usetex=True)    #使用LaTeX字体
plt.plot(x0, y(x0))
plt.plot(x0, np.polyval(y1,x0), '--*b')
plt.plot(x0, np.polyval(y2, x0), '-.')
plt.plot(x0, np.polyval(y3, x0), '-p')
plt.legend(['$1/(1+x^2)$', '$n=2$', '$n=4$', '$n=6$'])
plt.show()
```

1. 分段线性插值

由于高次等距插值的收敛性和精度没有保证, 当节点较多时可以采取分段低次插值多项式逼近. 分段插值的基本思想是把插值区间剖分成若干个子区间, 在每一个子区间上用低次多项式进行插值 (如线性插值或二次插值等), 则在整个区间上就得到一个分段插值函数. 在分段插值中, 用得较多的是分段线性插值. 设函数 $y=f(x)$ 在区间 $[a,b]$ 上有 $n+1$ 个节点

$$a=x_0<x_1<\cdots<x_n=b,$$

其函数值分别为

$$f(x_0)=y_0,\ f(x_1)=y_1,\cdots,\ f(x_n)=y_n.$$

于是得到 $n+1$ 个数据点 (x_i,y_i), 连接相邻两点 $(x_{i-1},y_{i-1}),(x_i,y_i)$ 得 n 条线段, 它们组成一条折线, 把区间 $[a,b]$ 上这条折线表示的函数称为关于这 $n+1$ 个数据点的分段线性插值函数, 即为 $L(x)$. 它有如下性质.

(1) $L(x)$ 可以用分段函数表示, $L(x_i)=y_i$, 在区间 $[a,b]$ 上 $L(x)$ 连续.

(2) $L(x)$ 在第 i 个子区间 $[x_{i-1},x_i]$ 上的表达式为

$$L(x)=\frac{x-x_i}{x_{i-1}-x_i}y_{i-1}+\frac{x-x_{i-1}}{x_i-x_{i-1}}y_i,\quad x_{i-1}\leqslant x\leqslant x_i.$$

因此对分段线性插值, 可以定义插值基函数为

$$l_0(x)=\begin{cases}\dfrac{x-x_1}{x_0-x_1}, & x\in[x_0,x_1],\\ 0, & \text{其他},\end{cases}$$

$$l_i(x)=\begin{cases}\dfrac{x-x_{i-1}}{x_i-x_{i-1}}, & x\in[x_{i-1},x_i],\\ \dfrac{x-x_{i+1}}{x_i-x_{i+1}}, & x\in[x_i,x_{i+1}], \quad i=1,2,\cdots,n-1,\\ 0, & \text{其他},\end{cases}$$

$$l_n(x)=\begin{cases}\dfrac{x-x_{n-1}}{x_n-x_{n-1}}, & x\in[x_{n-1},x_n],\\ 0, & \text{其他}.\end{cases}$$

显然, 对于任一节点 x_i, 其对应的基函数为 $l_i(x)$ $(i=0,1,2,\cdots,n)$ 满足

$$l_i(x_j)=\begin{cases}1, & j=i,\\ 0, & j\neq i,\end{cases}\qquad j=0,1,2,\cdots,n.$$

于是分段线性插值多项式可以写为

$$L(x)=\sum_{k=0}^{n}l_k(x)y_k. \tag{3.13}$$

对于分段线性插值的余项, 有如下定理.

定理 3.3 设给定插值节点 $a=x_0<x_1<\cdots<x_n=b$ 及节点上的函数值 $f(x_i)=y_i$, 且 $f''(x)$ 在 $[a,b]$ 上存在, 则对任意的 $x\in[a,b]$, 有

$$|R_n(x)|=|f(x)-L(x)|\leqslant\frac{M_2h^2}{8},$$

其中 $M_2=\max\limits_{1\leqslant i\leqslant n}\{|f''(x)|\}$, $h=\max\limits_{1\leqslant i\leqslant n}\{|x_i-x_{i-1}|\}$.

2. 三次样条插值

样条插值法是一种以可变样条来作出一条经过一系列点的光滑曲线的数学方法. 插值样条是由一些多项式组成的, 每一个多项式都是由相邻的两个数据点决定的, 这样, 任意两个相邻的多项式以及它们的导数在连接点处都是连续的. 它是为了满足航空、造船、精密机械加工等需要而发展起来的一种函数逼近的重要工具. 三次样条插值 (Cubic Spline Interpolation) 简称 Spline 插值, 是通过一系列形值点的一条光滑曲线, 数学上通过求解三弯矩方程组得出曲线函数组的过程, 三次样条函数具有二阶光滑度 (即二阶导数连续), 从而被广泛应用.

设函数 $y=f(x)$ 在区间 $[a,b]$ 上的 $n+1$ 个节点 $a=x_0<x_1<\cdots<x_n=b$ 处的函数值分别为 $f(x_i)=y_i$, $i=0,1,2,\cdots,n$. 如果分段表示的函数 $S(x)$ 满足如下条件.

(1) $S(x)$ 在每个子区间 $[x_{i-1},x_i]$ 上的表达式 $S_i(x)$ 均为次数不高于 3 的多项式;

(2) 在每个节点处有

$$S_i(x)=y_i=f(x_i),\quad i=0,1,\cdots,n; \tag{3.14}$$

(3) $S(x)$ 在区间 $[a,b]$ 上有连续的二阶导数.

则称 $S(x)$ 为 $f(x)$ 在节点 $x_0,x_1,\cdots,x_n$ 上的三次样条插值函数.

由定义可知 $S(x)$ 在每个小区间 $[x_{i-1},x_i]$ 上是三次多项式, 它有 4 个待定系数, 而 $[a,b]$ 共有 n 个小区间, 故待定参数共有 $4n$ 个, 又由定义给出的条件 $S''(x)$ 连续, 故它在 $[a,b]$ 的内点 $x_1,x_2,\cdots,x_{n-1}$ 上满足条件

$$\begin{cases} S(x_i-0)=S(x_i+0), \\ S'(x_i-0)=S'(x_i+0), \qquad i=1,2,\cdots,n-1. \\ S''(x_i-0)=S''(x_i+0), \end{cases} \tag{3.15}$$

它给出了 $3(n-1)$ 个条件, 此外由 (3.14) 式给出 $n+1$ 个插值条件, 共有 $4(n-2)$ 个条件. 要求得 $4n$ 个参数尚缺 2 个条件, 根据问题的不同情况可以补充相应的边界条件, 通常有以下几种.

(1) 自由边界或自然边界条件: $S''(x_0)=f''(x_0)$, $S''(x_n)=f''(x_n)$, 特别地, 当 $S''(x_0)=S''(x_n)=0$ 时, 被称为自然样条.

(2) 固定边界条件: $S'(x_0)=f'(x_0)$, $S'(x_n)=f'(x_n)$.

(3) 周期边界条件: 当 $y=f(x)$ 是以 $b-a=x_n-x_0$ 为周期的周期函数时, 要求 $S(x)$ 也是周期函数, 故端点要满足 $S'(x_0)=S'(x_n)$, $S''(x_0)=S''(x_n)$.

给出以上任一种边界条件都可以得到两个独立的方程, 从而使得三次样条插值函数存在且唯一. 三次样条插值函数的计算和推导在数值分析或计算方法类的图书中都有介绍, 有兴趣的读者可以查阅相关资料.

3.2　二 维 插 值

二维插值是基于一维插值同样的思想, 但它是对两个变量的函数 $z=f(x,y)$ 进行插值. 二维插值的基本思想是: 给定平面上 $m\times n$ 个互不相同的插值节点

$$(x_i,y_j)\quad i=1,2,\cdots,m,\quad j=1,2,\cdots,n$$

处的观测值 (函数值)z_{ij}, $i=1,2,\cdots,m$, $j=1,2,\cdots,n$, 求一个近似的二元插值曲面函数 $f(x,y)$, 使其通过全部已知节点, 即

$$f(x_i,y_j)=z_{ij},\quad i=1,2,\cdots,m,\quad j=1,2,\cdots,n.$$

要求任意插值节点 (x^*,y^*) $((x^*,y^*)\neq(x_i,y_j))$ 处的函数值, 可以利用插值函数 $f(x,y)$ 求得 $z^*=f(x^*,y^*)$.

常见的二维插值可以分为两种：网格节点插值和散乱数据插值. 网格节点插值适用于数据点为矩形网格节点的情形, 比较规范. 而散乱数据插值适用于一般的数据点, 尤其是数据节点不太规范的情况.

3.2.1 网格节点插值法

为方便起见, 不妨设定

$$a=x_1<x_2<\cdots<x_m<b,\quad c=y_1<y_2<\cdots<y_n<d,$$

则 $[a,b]\times[c,d]$ 构成了平面上的一个矩形插值区域.

显然, 一系列平行直线 $x=x_i, y=y_j$ 将区域 $[a,b]\times[c,d]$ 剖分成 $(m-1)\times(n-1)$ 个子矩形网格, 所有网格的交叉点即构成了 $m\times n$ 个插值节点.

1. 最邻近节点插值

二维或高维情形的最邻近点插值, 即零次多项式插值, 取插值点的函数值为其最邻近插值节点的函数值. 最邻近点插值一般不连续. 具有连续性的最简单的插值是分片线性插值.

2. 分片线性插值

分片线性插值对应于一维情形的分段线性插值. 其基本思想是：若插值点 (x,y) 在矩形网格子区域内, 即 $x_i\leqslant x\leqslant x_{i+1}$, $y_j\leqslant y\leqslant y_{j+1}$, 如图 3.3 所示. 将四个插值点 (矩形的四个顶点) 处的函数值依次简记为

$$f(x_i,y_j)=z_{ij},\quad f(x_{i+1},y_j)=z_{i+1,j},\quad f(x_{i+1},y_{j+1})=z_{i+1,j+1},$$

$$f(x_i,y_{j+1})=z_{i,j+1}.$$

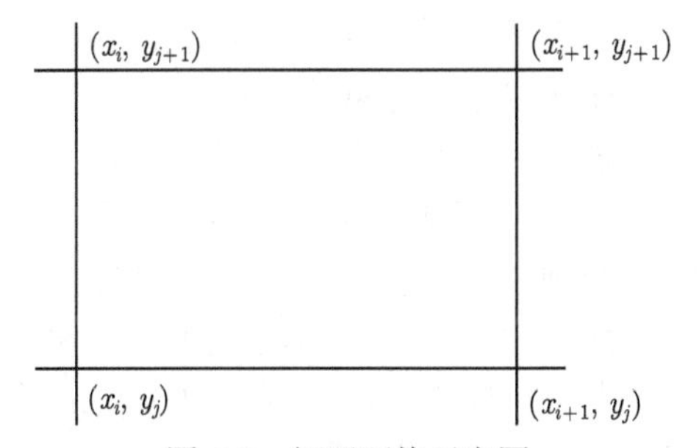

图 3.3 矩形网格示意图

连接两个节点 (x_i, y_j), (x_{i+1}, y_{j+1}) 构成一条直线段, 将该子区域划分为两个三角形区域. 在上三角形区域内, (x, y) 满足

$$y > \frac{y_{j+1} - y_j}{x_{i+1} - x_i}(x - x_i) + y_j,$$

则其插值函数为

$$f(x, y) = z_{ij} + (z_{i+1,j+1} - z_{i,j+1})\frac{x - x_i}{x_{i+1} - x_i} + (z_{i,j+1} - z_{ij})\frac{y - y_j}{y_{j+1} - y_j}.$$

在下三角形区域内, (x, y) 满足

$$y \leqslant \frac{y_{j+1} - y_j}{x_{i+1} - x_i}(x - x_i) + y_j,$$

则其插值函数为

$$f(x, y) = z_{ij} + (z_{i+1,j} - z_{ij})\frac{x - x_i}{x_{i+1} - x_i} + (z_{i+1,j+1} - z_{i+1,j})\frac{y - y_j}{y_{j+1} - y_j}.$$

注 3.2 (x, y) 应该在插值节点所形成的矩形区域的内部. 显然, 分片线性插值是连续的.

3. 双线性插值

双线性插值是由一片一片的空间二次曲面构成的, 双线性插值函数的形式如下:

$$f(x, y) = Axy + Bx + Cy + D = (ax + b)(cy + d).$$

其中有 4 个待定系数, 利用该函数在矩形的 4 个顶点 (插值节点) 的函数值, 得到 4 个代数方程, 正好确定 4 个系数.

3.2.2 散乱数据插值

散乱数据 (scattered data) 指的是在二维平面域或三维空间中随机分布的抽样数据点. 散乱数据主要来源于 3 个方面：一是物理量的测量数据; 二是科学实验所得的数据; 三是科学计算或工程计算的结果数据. 该方法的关键是建立散乱数据的插值曲面. 散乱数据的插值方法已有很多, 最常用的是局部三角曲面插值方法. 这种方法首先要在空间上形成三角形网格, 然后在每个三角形上构造三角曲面片, 它在三角形的三个顶点及其他有关点上满足插值条件, 各曲面片之间为光滑拼接. 不难看出, 三角插值曲面构造的基础是三角网格剖分. 对散乱点进行三角剖分的方法很多, 其优化准则有以下几种, 即 Thiessen 区域准则、最小内角最大准则、圆准则、ABN 准则及 PLC 准则.

散乱数据点的曲面重建一直以来是函数逼近论的一个重要研究内容. 近几年来, 随着计算机辅助设计与图形学的发展, 散乱数据的曲面重建技术得到了广泛的研究和应用, 如基于测距技术的几何模型自动生成、医学成像数据的可视化等, 该技术的发展有力地促进了造型和可视化等技术的高速发展. 散乱数据插值或拟合是指用一个光滑的曲面来逼近或通过这一系列无规则的抽样数据点. 对数学建模课程内容要求来说, 具体插值理论将不再详述, 只要求学生掌握使用散乱数据插值的软件进行求值即可. 有兴趣的同学可以参考其他参考文献进一步学习.

3.3 用 Python 求解插值问题

3.3.1 一维插值 Python 求解

scipy.interpolate 模块的一维插值函数为 interp1d, 其基本调用格式为

interp1d(x, y, kind='linear')

其中 kind 的取值是字符串, 指明插值方法, kind 的取值可以为: 'linear', 'nearest', 'zero', 'slinear', 'quadratic', 'cubic'等, 这里的'zero', 'slinear', 'quadratic'和'cubic'分别指的是 0 阶、1 阶、2 阶和 3 阶样条插值.

例 3.4 在凌晨 1 点至中午 12 点的 11 小时内, 每隔 1 小时测量一次温度, 测得的温度 (单位: °C) 依次为: 5, 8, 9, 15, 25, 29, 31, 30, 22, 25, 27, 24. 试估计每隔 0.1 小时的温度值, 作出温度变化曲线图, 并给出时间为 3.2, 5.6, 7.8, 11.5 时的温度值. 要求: 分别使用分段线性插值和三次样条插值, 并做比较.

解 所画的图形如图 3.4 所示.

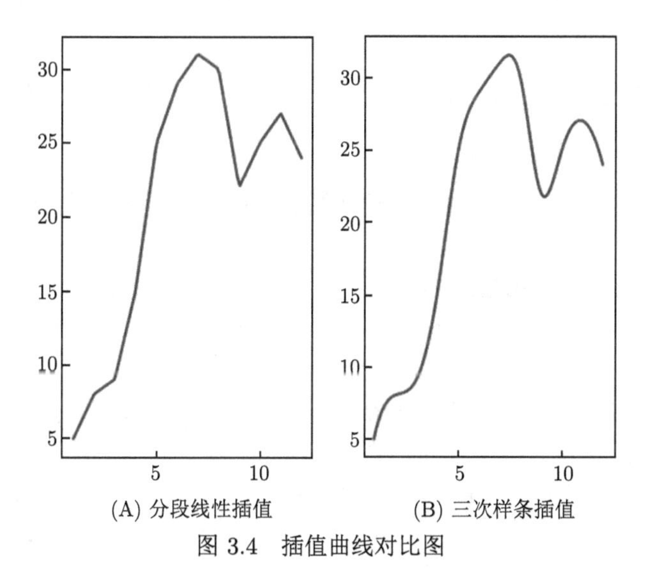

(A) 分段线性插值 (B) 三次样条插值

图 3.4 插值曲线对比图

时间为 3.2, 5.6, 7.8, 11.5 时的温度 (单位：°C) 预测值如表 3.1 所示.

表 3.1 温度预测值对比数据

时间	3.2	5.6	7.8	11.5
分段线性插值	10.2	27.4	30.2	25.5
三次样条插值	9.6734	28.0135	30.9765	26.0798

计算及画图的 Python 程序如下：

```
#程序文件ex3_4.py
import numpy as np
import matplotlib.pyplot as plt
from scipy.interpolate import interp1d
x0 = np.arange(1,13)
y0 = np.array([5, 8, 9, 15, 25, 29, 31, 30, 22, 25, 27, 24])
x1 = np.linspace(1, 12, 101)  #插值点
f1=interp1d(x0, y0); y1=f1(x1);
f2=interp1d(x0, y0,'cubic'); y2=f2(x1)
x2 = np.array([3.2, 5.6, 7.8, 11.5])
yh1 = f1(x2)  #计算线性插值的预测值
yh2 = f2(x2)  #计算三次样条插值的预测值
print('分段插值的预测值：', yh1)
print('三次样条插值的预测值：', np.round(yh2,4))
plt.rc('font',size=16); plt.rc('font',family='SimHei')
plt.subplot(121), plt.plot(x1, y1); plt.xlabel("（A）分段线性插值")
plt.subplot(122); plt.plot(x1, y2); plt.xlabel("（B）三次样条插值")
plt.show()
```

3.3.2 二维插值 Python 求解

1. 插值节点为网格节点

scipy.interpolate 模块有二维插值函数 interp2d, 多维插值函数 interpn, interpnd.

interp2d 的基本调用格式为

interp2d(x, y, z, kind='linear')

其他插值函数的调用格式就不介绍了.

例 3.5 测得平板表面 5*3 网格点处的温度如表 3.2 所示.

试作出平板表面的温度分布曲面 $z = f(x,y)$ 的图形, 并估计在 $f(1.5,1.5)$, $f(1.5,3.5)$, $f(2.5,1.5)$, $f(2.5,4.5)$ 处的温度值.

表 3.2 平板温度数据

y	x				
	1	2	3	4	5
1	82	81	80	82	84
2	79	63	61	65	81
3	84	84	82	85	86

解 已知平板温度和以步长为 0.2 插值后的分布曲面图如图 3.5 所示. 求得 $f(1.5,1.5)=76.25$, $f(1.5,3.5)=84$, $f(2.5,1.5)=82.5$, $f(2.5,4.5)=83$.

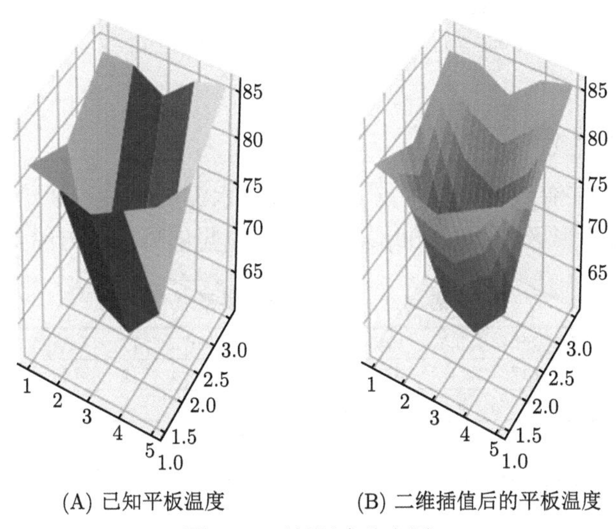

(A) 已知平板温度　(B) 二维插值后的平板温度

图 3.5 平板温度分布图

计算及画图的 Python 程序如下：

```
#程序文件ex3_5.py
import matplotlib.pyplot as plt
import numpy as np
from scipy.interpolate import interp2d
x0 = np.arange(1, 6)
y0 = np.arange(1,4)
z0 = np.array([[82, 81, 80, 82, 84], [79, 63, 61, 65, 81], [84, 84,82,
            85,86]])
f=interp2d(x0, y0, z0)
xn=np.linspace(1,5,21)
yn=np.linspace(1,3,11)
zn=f(xn, yn)
x = np.array([1.5, 1,5, 2.5, 2.5])
```

```
y = np.array([1.5, 3.5, 1.5, 4.5])
z = np.zeros(4)
for i in range(4):
    z[i] = f(x[i], y[i])
print('四个点的温度值分别为: ', z)
X0, Y0 = np.meshgrid(x0, y0)
Xn, Yn = np.meshgrid(xn, yn)
ax1=plt.subplot(121,projection='3d');
ax1.plot_surface(X0, Y0, z0, cmap='viridis')
ax2=plt.subplot(122,projection='3d');
ax2.plot_surface(Xn, Yn, zn, cmap='winter')
plt.show()
```

2. 插值节点为散乱节点

例 3.6　在某海域测得一些点 (x,y) 处的水深 z 由表 3.3 给出, 船的吃水深度为 5 英尺, 在矩形区域 $(75,200)\times(-50,150)$ 里的哪些地方船要避免进入?

表 3.3　某海域水深关系表

x	129	140	103.5	88	185.5	195	105	157.5	107.5	77	81	162	162	117.5
y	7.5	141.5	23	147	22.5	137.5	85.5	−6.5	−81	3	56.5	−66.5	84	−33.5
z	4	8	6	8	6	8	8	9	9	8	8	9	4	9

解　图 3.6 是插值后的海底曲面图.

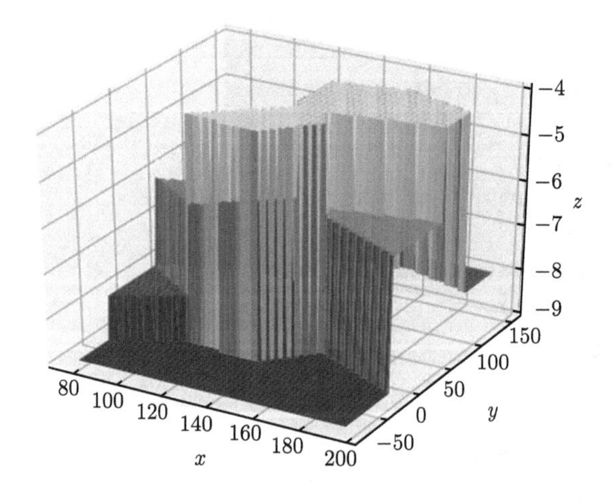

图 3.6　插值后的海底曲面图

计算及画图的 Python 程序如下:

```
#程序文件ex3_6.py
import matplotlib.pyplot as plt
import numpy as np
from scipy.interpolate import griddata
x=np.array([129,140,103.5,88,185.5,195,105,157.5,107.5,77,81,162,162,
           117.5])
y=np.array([7.5,141.5,23,147,22.5,137.5,85.5,-6.5,-81,3,56.5,-66.5,84,
            -33.5])
z=-np.array([4,8,6,8,6,8,8,9,9,8,8,9,4,9])
xy=np.vstack([x,y]).T
xn=np.linspace(x.min(), x.max(), 100)
yn=np.linspace(y.min(), y.max(), 100)
xng, yng = np.meshgrid(xn,yn)  #构造网格节点
zn=griddata(xy, z, (xng, yng), method='nearest')  #最近邻点插值
plt.rc('font',size=16); plt.rc('text',usetex=True)
ax=plt.axes(projection='3d')  #设置三维图形模式
ax.plot_surface(xng, yng, zn,cmap='viridis')
ax.set_xlabel('$x$'); ax.set_ylabel('$y$'); ax.set_zlabel('$z$')
plt.show()
```

3.4 数据拟合

数据拟合又称曲线拟合, 是指已知一组 (二维) 数据, 即平面上 n 个点 (x_i, y_j), $i=1,2,\cdots,n$, 寻求一个函数 (曲线)$y=f(x)$, 使 $f(x)$ 在某种准则下与所有数据点最为接近, 即曲线拟合得最好.

数据拟合与函数插值都是对给定一批数据点, 需确定满足特定要求的曲线或曲面, 但是其解决方案不同. 若要求所求曲线 (面) 通过所给所有数据点, 就是插值问题; 若不要求曲线 (面) 通过所有数据点, 而是要求它反映对象整体的变化趋势, 这就是数据拟合. 函数插值与曲线拟合都是要根据一组数据构造一个函数作为近似, 由于近似的要求不同, 二者的数学方法上是完全不同的.

3.4.1 线性最小二乘拟合

线性最小二乘拟合是解决曲线拟合最常用的方法, 其基本思路是, 令

$$f(x)=a_1r_1(x)+a_2r_2(x)+\cdots+a_mr_m(x), \tag{3.16}$$

其中 $r_k(x)$ 是事先选定的一组函数, $a_k(k=1,2,\cdots,m,\ m<n)$ 是待定系数. 确定系数 $a_k(k=1,2,\cdots,m)$ 的准则为: 使 n 个点 (x_i,y_i) 与曲线 $y=f(x)$ 的距离 δ_i 的平方和最小, 称为最小二乘准则. 这种方法称为线性最小二乘拟合, 即求

$a_k(k=1,2,\cdots,m)$, 使得

$$
\begin{aligned}
J(a_1,a_2,\cdots,a_m) &= \sum_{i=1}^{n}\delta_i^2=\sum_{i=1}^{n}[f(x_i)-y_i]^2 \\
&= \sum_{i=1}^{n}\left[\sum_{k=1}^{m}a_kr_k(x_i)-y_i\right]^2
\end{aligned} \tag{3.17}
$$

最小.

为了求 $a_k(k=1,2,\cdots,m)$ 使 $J(a_1,a_2,\cdots,a_m)$ 达到最小, 只需要利用求极值的必要条件 $\dfrac{\partial J}{\partial a_k}=0(k=1,2,\cdots,m)$, 得到关于 $a_k(k=1,2,\cdots,m)$ 的线性方程组

$$
\begin{cases}
\displaystyle\sum_{i=1}^{n}r_1(x_i)\left(\sum_{k=1}^{m}a_kr_k(x_i)-y_i\right)=0, \\
\qquad\qquad\cdots\cdots \\
\displaystyle\sum_{i=1}^{n}r_m(x_i)\left(\sum_{k=1}^{m}a_kr_k(x_i)-y_i\right)=0.
\end{cases} \tag{3.18}
$$

若令

$$
R=\begin{bmatrix} r_1(x_1) & r_2(x_1) & \cdots & r_m(x_1) \\ r_1(x_2) & r_2(x_2) & \cdots & r_m(x_2) \\ \vdots & \vdots & & \vdots \\ r_1(x_n) & r_2(x_n) & \cdots & r_m(x_n) \end{bmatrix},\quad a=\begin{bmatrix} a_1 \\ a_2 \\ \vdots \\ a_m \end{bmatrix},\quad y=\begin{bmatrix} y_1 \\ y_2 \\ \vdots \\ y_n \end{bmatrix},
$$

则 (3.18) 式可以写成矩阵形式

$$
R^{\mathrm{T}}Ra=R^{\mathrm{T}}y. \tag{3.19}
$$

当 $\{r_1(x),\ r_2(x),\cdots,r_m(x)\}$ 线性无关时, $R^{\mathrm{T}}R$ 可逆, 方程组 (3.19) 有唯一解. 对一组数据 $(x_i,y_i),\ i=1,2,\cdots,n$, 用线性最小二乘法作曲线拟合时, 关键是恰当地选取 $r_1(x),\ r_2(x),\cdots,r_m(x)$. 如果能够通过机理分析, 知道 x 和 y 之间应该有什么样的函数关系, 则 $r_1(x),\ r_2(x),\cdots,r_m(x)$ 就容易确定.

若无法确定 x 和 y 之间的关系, 通常可以利用数据作图, 直观地判断应该用什么样的方法去作拟合. 实际操作中可以在直观判断的基础上, 选几种可能的曲线分别作拟合, 然后比较, 看哪条曲线的最小二乘指标 J 最小.

3.4.2 多项式最小二乘拟合

特别地, 在线性最小二乘法中, 若取基函数 $r_1(x)=1$, $r_2(x)=x,\cdots,r_m(x)=x^{m-1}$, 则此时的线性最小二乘拟合就是多项式拟合问题. 已知平面上 n 个点 (x_i, y_i), $i=1,2,\cdots,n$, 寻求一个次数不超过 $m(m<n)$ 的多项式

$$P_m(x)=a_1x^m+a_2x^{m-1}+\cdots+a_mx+a_{m+1},$$

求 $a_1,a_2,\cdots,a_{m+1}$, 使得

$$J(a_1,a_2,\cdots,a_{m+1})=\sum_{i=1}^{n}(P_m(x_i)-y_i)^2$$

最小.

类似地, 可以利用多元函数极值定理, 可得到唯一求解方程组为式 (3.19) 形式:

$$R^{\mathrm{T}}Ra=R^{\mathrm{T}}y.$$

其中

$$R=\begin{bmatrix} x_1^m & x_1^{m-1} & \cdots & 1 \\ x_2^m & x_2^{m-1} & \cdots & 1 \\ \vdots & \vdots & & \vdots \\ x_n^m & x_n^{m-1} & \cdots & 1 \end{bmatrix},\quad a=\begin{bmatrix} a_1 \\ a_2 \\ \vdots \\ a_{m+1} \end{bmatrix},\quad y=\begin{bmatrix} y_1 \\ y_2 \\ \vdots \\ y_n \end{bmatrix}.$$

3.4.3 非线性最小二乘拟合

非线性最小二乘拟合是以误差的平方和最小为准则来估计非线性静态模型参数的一种参数估计方法. 在最小二乘意义下, 用非线性函数拟合给定观测数据, 称为离散的非线性最小二乘拟合方法. 由于函数的非线性, 所以不能像线性最小二乘法那样用求多元函数极值的办法来得到参数估计值, 而需要采用复杂的优化算法来求解. 常用的算法有两类, 一类是搜索算法, 另一类是迭代算法. 关于非线性最小二乘拟合的理论, 本章不再详细介绍, 本章重点介绍如何利用软件求解.

3.5 用 Python 求解数据拟合问题

3.5.1 线性最小二乘拟合 Python 求解

例 3.7 已知一组实验数据如表 3.4 所示, 试用最小二乘法求它的二次多项式拟合曲线.

表 3.4　实验数据

i	0	1	2	3	4	5	6	7	8
x_i	1	3	4	5	6	7	8	9	10
y_i	10	5	4	2	1	1	2	3	4

解　设拟合的二次多项式为 $P_2(x) = a_2x^2 + a_1x + a_0$, 按照多项式拟合的一般方法, 可得正规方程组为

$$\begin{bmatrix} 9 & 53 & 381 \\ 53 & 381 & 3017 \\ 381 & 3017 & 25317 \end{bmatrix} \begin{bmatrix} a_0 \\ a_1 \\ a_2 \end{bmatrix} = \begin{bmatrix} 32 \\ 147 \\ 1025 \end{bmatrix},$$

解此方程, 得

$$a_0 = 13.4597, \quad a_1 = -3.6053, \quad a_2 = 0.2676.$$

故所求拟合多项式为

$$P_2(x) = 0.2676x^2 - 3.6053x + 13.4597.$$

直接调用库函数的 Python 程序如下:

```
#程序文件ex3_7.py
import numpy as np
x0 = np.array([1, 3, 4, 5, 6, 7, 8, 9, 10])
y0 = np.array([10, 5, 4, 2, 1, 1, 2, 3, 4])
p = np.polyfit(x0, y0, 2)
print('从高次幂到低次幂的系数依次为', np.round(p, 4))
```

3.5.2　非线性最小二乘拟合 Python 求解

非线性最小二乘拟合可以使用 scipy.optimize 模块的 curve_fit 函数, 其调用格式为

```
popt, pcov = curve_fit(func, xdata, ydata)
```

其中 func 是拟合的函数, xdata 是自变量的观测值, ydata 是函数的观测值, 返回值 popt 是拟合的参数, pcov 是参数的协方差矩阵.

例 3.8　已知某种放射性物质衰减的观测数据, 浓度 y 随时间 t 变化情况如表 3.5 所示.

表 3.5 某种放射性物质衰减的观测数据

t	0	0.1	0.2	0.3	0.4	0.5	0.6
y	5.8955	3.5639	2.5173	1.9790	1.8990	1.3938	1.1359
t	0.7	0.8	0.9	1	1.1	1.2	1.3
y	1.0096	1.0343	0.8435	0.6856	0.6100	0.5392	0.3946
t	1.4	1.5	1.6	1.7	1.8	1.9	2.0
y	0.3903	0.5474	0.3459	0.1730	0.2211	0.1704	0.2636

试用表 3.5 的数据拟合出函数 $y(t) = \beta_1 e^{-\lambda_1 t} + \beta_2 e^{-\lambda_2 t}$ 中的参数 $\beta_1, \lambda_1, \beta_2, \lambda_2$.

解 非线性拟合一般只能求得局部最优解, 利用 Python 软件求得参数的拟合值如下：

$$\beta_1 = -124.2715, \quad \beta_2 = 129.3936, \quad \lambda_1 = \lambda_2 = 2.4764.$$

已知数据点的散点图和拟合的曲线如图 3.7 所示.

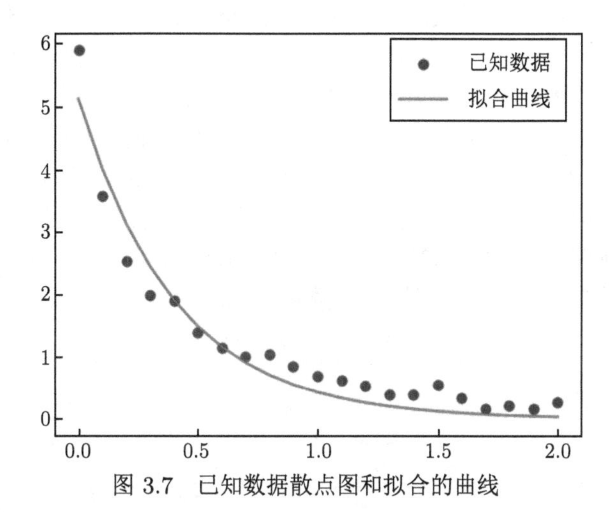

图 3.7 已知数据散点图和拟合的曲线

计算及画图的 Python 程序如下：

```
#程序文件ex3_8.py
import numpy as np
from scipy.optimize import curve_fit
import pylab as plt
a = np.loadtxt('data3_8.txt')
t0 = np.arange(0, 2.1, 0.1)
y0 = a[1::2,:].flatten()
def fun(t, b1, b2, L1, L2):
    return b1*np.exp(-L1*t)+b2*np.exp(-L2*t)
```

```
popt, pcov = curve_fit(fun, t0, y0)
print('b1, b2, L1, L2的拟合值为: ', np.round(popt, 4))
yh = fun(t0, *popt)   #计算已知数据的预测值
plt.rc('font', family='SimHei')
plt.rc('font', size=16)
plt.plot(t0, y0, 'o')
plt.plot(t0, yh)
plt.legend(['已知数据', '拟合曲线']); plt.show()
```

3.6 建模案例

3.6.1 问题的提出

2004 年 6 月至 7 月黄河进行了第三次调水调沙试验, 特别是首次由小浪底、三门峡和万家寨三大水库联合调度, 采用接力式防洪预泄放水, 形成人造洪峰进行调沙试验获得成功. 整个试验期为 20 多天, 小浪底从 6 月 19 日开始预泄放水, 直到 7 月 13 日恢复正常供水结束. 小浪底水利工程按设计拦沙量为 75.5 亿 m^3, 在这之前, 小浪底共积泥沙达 14.15 亿 t. 这次调水调沙试验一个重要目的就是由小浪底上游的三门峡和万家寨水库泄洪, 在小浪底形成人造洪峰, 冲刷小浪底库区沉积的泥沙, 在小浪底水库开闸泄洪以后, 从 6 月 27 日开始三门峡水库和万家寨水库陆续开闸放水, 人造洪峰于 29 日先后到达小浪底, 7 月 3 日达到最大流量 $2700m^3/s$, 使小浪底水库的排沙量也不断地增加. 表 3.6 是由小浪底观测站从 6 月 29 日到 7 月 10 检测到的试验数据.

表 3.6　观测数据

日期	6.29		6.30		7.1		7.2		7.3		7.4	
时间	8:00	20:00	8:00	20:00	8:00	20:00	8:00	20:00	8:00	20:00	8:00	20:00
水流量	1800	1900	2100	2200	2300	2400	2500	2600	2650	2700	2720	2650
含沙量	32	60	75	85	90	98	100	102	108	112	115	116
日期	7.5		7.6		7.7		7.8		7.9		7.10	
时间	8:00	20:00	8:00	20:00	8:00	20:00	8:00	20:00	8:00	20:00	8:00	20:00
水流量	2600	2500	2300	2200	2000	1850	1820	1800	1750	1500	1000	900
含沙量	118	120	118	105	80	60	50	30	26	20	8	5

注: 水流量单位为 m^3/s, 含沙量单位为 kg/m^3.

现在, 根据试验数据建立数学模型研究下面的问题.

(1) 给出估计任意时刻的排沙量及总排沙量的方法;

(2) 确定排沙量与水流量的关系.

3.6.2 模型的建立与求解

已知给定的观测时刻是等间距的, 以 6 月 29 日零时刻开始计时, 各次观测时

刻 (离开始时刻 6 月 29 日零时刻的时间) 分别为

$$t_i = 3600(12i-4), \quad i=1,2,\cdots,24,$$

其中计时单位为秒. 第 1 次观测的时刻 $t_1 = 28800$, 最后一次观测的时刻 $t_{24} = 1022400$.

记第 i $(i=1,2,\cdots,24)$ 次观测时水流量为 v_i, 含沙量为 c_i, 则第 i 次观测时的排沙量为 $y_i = c_i v_i$. 有关的数据见表 3.7.

表 3.7 插值数据对应关系

节点	1	2	3	4	5	6	7	8
时刻	28800	72000	115200	158400	201600	244800	288000	331200
排沙量	57600	114000	157500	187000	207000	235200	250000	265200
节点	9	10	11	12	13	14	15	16
时刻	374400	417600	460800	504000	547200	590400	633600	676800
排沙量	286200	302400	312800	307400	306800	300000	271400	231000
节点	17	18	19	20	21	22	23	24
时刻	720000	763200	806400	849600	892800	936000	979200	1022400
排沙量	160000	111000	91000	54000	45500	30000	8000	4500

注：排沙量单位为 kg.

对于问题 (1), 根据所给问题的试验数据, 要计算任意时刻的排沙量, 就要确定出排沙量随时间变化的规律, 可以通过插值来实现. 考虑到实际中的排沙量应该是时间的连续函数, 为了提高模型的精度, 采用三次样条函数进行插值.

利用 Python 函数, 求出三次样条函数, 得到排沙量 $y=y(t)$ 与时间的关系, 然后进行积分, 就可以得到总的排沙量

$$z = \int_{t_1}^{t_{24}} y(t)\,\mathrm{d}t.$$

最后求得总的排沙量为 1.844×10^8t, 计算的 Python 程序如下：

```
#程序文件anli3_1_1.py
import numpy as np
from scipy.interpolate import interp1d
a = np.loadtxt('data3_9.txt')
liu=a[::2,:].flatten()   #提出水流量并按照顺序变成行向量
sha=a[1::2,:].flatten()  #提出含沙量并按照顺序变成行向量
y = sha * liu   #计算排沙量
i = np.arange(1, 25)
t = (12*i-4)*3600
t1=t[0]; t2=t[-1]
f = interp1d(t, y, 'cubic')  #进行三次样条插值
```

```
tt = np.linspace(t1, t2, 10000)  #取的插值节点
TL = np.trapz(f(tt), tt)   #求总含沙量的数值积分
print('总含沙量为: ', TL)
```

对于问题 (2), 研究排沙量与水流量的关系, 从试验数据可以看出, 开始排沙量是随着水流量的增加而增长, 而后是随着水流量的减少而减少. 显然, 变化规律并非是线性的关系, 为此, 把问题分为两部分, 从开始水流量增加到最大值 $2720\text{m}^3/\text{s}$(即增长的过程) 为第一阶段, 从水流量的最大值到结束为第二阶段, 分别来研究水流量与排沙量的关系.

画出排沙量与水流量的散点图见图 3.8.

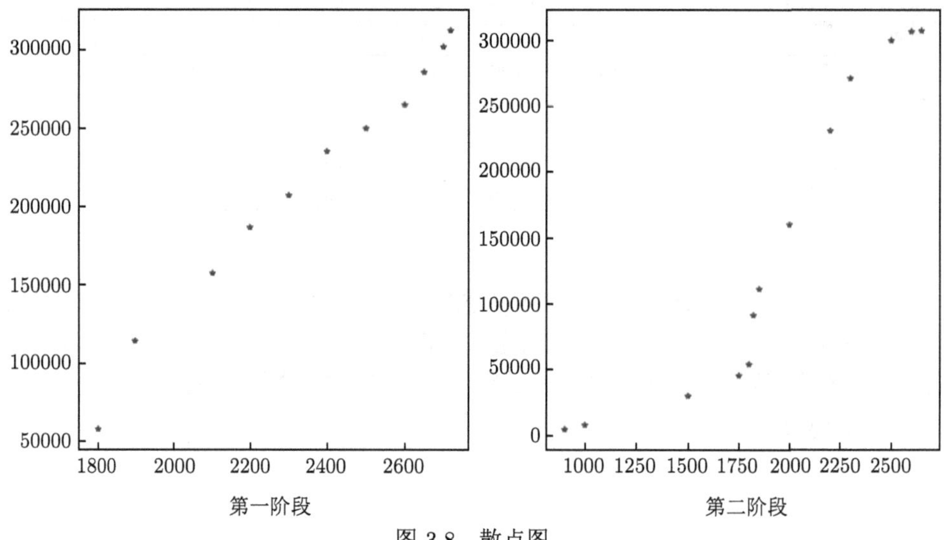

图 3.8　散点图

画散点图的 Python 程序如下:

```
#程序文件anli3_1_2.py
import numpy as np
import pylab as plt
a = np.loadtxt('data3_9.txt')
liu=a[::2,:].flatten()   #提出水流量并按照顺序变成行向量
sha=a[1::2,:].flatten()  #提出含沙量并按照顺序变成行向量
y = sha * liu   #计算排沙量
plt.rc('font', family='SimHei')
plt.rc('font', size=16)
plt.subplot(121); plt.plot(liu[:11], y[:11],'*')
plt.xlabel('第一阶段')
```

```
plt.subplot(122); plt.plot(liu[11:], y[11:],'*')
plt.xlabel('第二阶段'); plt.show()
```

从散点图可以看出, 第一阶段基本上是线性关系. 第一阶段和第二阶段都准备用一次和二次曲线来拟合, 最后通过模型的剩余标准差和简洁性确定选择的模型. 最后求得第一阶段排沙量 y 与水流量 v 之间的预测模型为

$$y = 250.5655v - 373384.4661.$$

第二阶段的预测模型为一个二次多项式

$$y = 0.1067v^2 - 180.4668v + 72421.0982.$$

计算的 Python 程序如下:

```
#程序文件anli3_1_3.py
import numpy as np
a = np.loadtxt('data3_9.txt')
liu=a[::2,:].flatten()   #提出水流量并按照顺序变成行向量
sha=a[1::2,:].flatten()  #提出含沙量并按照顺序变成行向量
y = sha * liu   #计算排沙量
nihe1 = []; rmse1 = np.zeros(2)
nihe2 = []; rmse2 = np.zeros(2)
for i in range(1,3):
    nh1 = np.polyfit(liu[:11], y[:11], i)  #拟合多项式
    print('第一阶段, ', i, '次多项式系数:', nh1)
    yh1 = np.polyval(nh1, liu[:11])  #求预测值
    cha1 = sum((y[:11]-yh1)**2)  #求误差平方和
    rmse1[i-1] = np.sqrt(cha1/(10-i))
print('剩余标准差分别为: ', rmse1)
for i in range(1,3):
    nh2 = np.polyfit(liu[11:], y[11:], i)  #拟合多项式
    print('第二阶段, ', i, '次多项式系数:', nh2)
    yh2 = np.polyval(nh2, liu[11:])  #求预测值
    cha2 = sum((y[11:]-yh2)**2)  #求误差平方和
    rmse2[i-1] = np.sqrt(cha2/(12-i))
print('剩余标准差分别为: ', rmse2)
```

3.7 思考与练习

1. 插值和数据拟合方法都是基于数据的建模方法, 试分析二者之间的联系和区别.

2. 选择一些函数, 在 n 个节点上 (n 不要太大, 如 $5 \sim 11$) 用拉格朗日、分段线性、三次样条三种插值方法, 计算 m 个插值点的函数值 (m 要适中, 如 $50 \sim 100$). 通过数值和图形输出, 将三种插值结果与精确值进行比较. 适当增加 n, 再做比较, 由此作初步分析. 下列函数任选一种.

(1) $y = \sin x, 0 \leqslant x \leqslant 2\pi$;

(2) $y = (1 - x^2)^{1/2}, -1 \leqslant x \leqslant 1$;

(3) $y = \cos^{10} x, -2 \leqslant x \leqslant 2$;

(4) $y = \exp(-x^2), -2 \leqslant x \leqslant 2$.

3. 已知 $f(x)$ 在 1, 3, 5, 7 处的函数值分别为 1, 8, 10, 3, 试求 $f(4)$ 的值.

4. 用电压 $V = 10\text{V}$ 的电池给电容器充电, 电容器上 t 时刻的电压为 $v(t) = V - (V - V_0)\mathrm{e}^{\left(-\frac{t}{\tau}\right)}$, 其中 V_0 是电容器的初始电压, τ 是充电常数. 试由下面一组 t, V 数据确定 V_0 和 τ.

t/s	0.5	1	2	3	4	5	7	9
v/V	6.36	6.48	7.26	8.22	8.66	8.99	9.43	9.63

5. 已知下列数据如下表.

x_i	-1	-0.8	-0.6	-0.4	-0.2	0	0.2	0.4	0.6	0.8	1
y_i	1	1.08	0.98	0.73	0.39	0	-0.39	-0.73	-0.98	-1.08	-1

试求区间 $[-1, 1]$ 上的逼近函数, 并求当 $x = -0.85, 0.1, 0.85$ 处的函数值.

6. 给定一组观测数据如下表, 且已知该数据满足的拟合函数为

$$f(x) = ax + bx^2\mathrm{e}^{-cx} + d.$$

试求满足条件的最小二乘解 a, b, c, d 的值.

x_i	0.1	0.2	0.3	0.4	0.5	0.6	0.7	0.8	0.9	1.0
y_i	2.32	2.64	2.97	3.28	3.6	3.9	4.21	4.51	4.82	5.12

第3章程序和数据

第 4 章 微分方程

CHAPTER

在许多实际问题中, 有时很难找到该问题有关变量之间的函数表达式, 但却容易建立这些变量的微小增量或变化率之间的关系式, 这个关系式就是微分方程. 微分方程是研究函数变化规律的有力工具, 在自然科学及工程、经济、医学、生物、社会、经济管理、人口、交通等多个领域有着广泛的应用.

本章分为三部分：建立微分方程模型, 微分方程模型解法及软件实现, 微分方程综合案例.

4.1 建立微分方程模型

建立微分方程模型要对研究对象作具体分析, 一般有以下四种方法：一是根据规律建模; 二是微元法; 三是模拟近似法; 四是房室建模法.

4.1.1 根据规律建模

在数学、力学、物理、化学等学科中已有许多经过实践检验的规律和定律, 如牛顿运动定律、基尔霍夫电流及电压定律、物质的放射性规律、曲线的切线的性质等, 这些都涉及某些函数的变化率, 我们就可以根据相应的规律, 列出常微分方程.

例 4.1 (日常跟踪问题) 设位于坐标原点的甲舰向位于 x 轴上点 $A(1,0)$ 处的乙舰发射导弹, 导弹始终对准乙舰, 如果乙舰以最大的速度 v(v 是常数) 沿平行于 y 轴的直线行驶, 导弹的速度是 $5v$, 求导弹运行的曲线, 乙舰行驶多远时, 导弹将它击中?

问题分析 根据已知条件 “导弹始终对准乙舰”, 可知这是日常跟踪问题, 因此导弹追踪的弧线的切线指向乙舰.

符号说明 设导弹的轨迹曲线为 $y = y(x)$, 经过时间 t, 导弹位于点 $P(x, y)$, 乙舰位于点 $Q(1, vt)$, 如图 4.1 所示.

模型建立 由于导弹头始终对准乙舰, 故此时直线 PQ 就是导弹的轨迹曲线弧 OP 在点 P 处的切线, 即有 $y' = \dfrac{v_0 t - y}{1 - x}$, 亦即

$$v_0 t = (1 - x)y' + y. \tag{4.1}$$

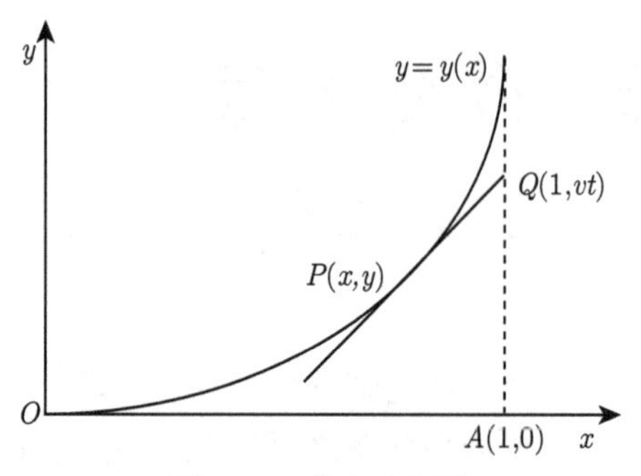

图 4.1　追踪示意图

又根据题意, 弧 OP 的长度为 $|AQ|$ 的 5 倍, 即

$$\int_0^x \sqrt{1+y'^2}\mathrm{d}x = 5v_0 t, \tag{4.2}$$

由此得

$$(1-x)y' + y = \frac{1}{5}\int_0^x \sqrt{1+y'^2}\mathrm{d}x, \tag{4.3}$$

整理得

$$(1-x)y'' = \frac{1}{5}\sqrt{1+y'^2}. \tag{4.4}$$

结合初值条件, 得到该问题的微分方程模型为

$$\begin{cases} (1-x)y'' = \dfrac{1}{5}\sqrt{1+y'^2}, \\ y(0) = 0, \\ y'(0) = 0. \end{cases} \tag{4.5}$$

4.1.2　微元法建模

用微积分的微元分析法建立常微分方程模型, 实际上是寻求一些微元之间的关系式, 在建立这些关系式时也要用到已知的规律或定理, 与第一种方法不同之处在于这里不是直接对未知函数及其导数应用规律和定理来求关系式, 而是对某些微元来应用规律.

例 4.2 (容器漏水问题)　有高 1m 的半球形容器, 水从它的底部小孔流出, 小孔横截面积为 1cm^2. 开始时容器内装满了水, 求水从小孔流出过程中容器里水面的高度 h(水面与孔口中心的距离) 随时间 t 变化的规律.

问题分析及符号说明　由流体力学知识知道, 水从孔口流出的流量 Q (即通过孔口横截面的水的体积 V 对时间 t 的变化率) 可用下列公式

$$Q = \frac{\mathrm{d}V}{\mathrm{d}t} = 0.62S\sqrt{2gh} \tag{4.6}$$

计算, 其中 0.62 为流量系数, S 为孔口横截面积, 现在 $S=1\text{cm}^2$.

模型建立 根据问题分析可得 (注意量纲统一, g 的单位: m^2/s)

$$\frac{\mathrm{d}V}{\mathrm{d}t}=0.62\sqrt{2gh}.$$

设在微小时间间隔 $[t,t+\mathrm{d}t]$ 内, 水面高度由 h 降至 $h+\mathrm{d}h\,(\mathrm{d}h<0)$, 如图 4.2 所示, 由此可得到

$$\mathrm{d}V=-\pi r^2\mathrm{d}h,$$

其中 r 是时刻 t 的水面半径, 右端置负号是由于 $\mathrm{d}h<0$ 而 $\mathrm{d}V>0$ 的缘由.

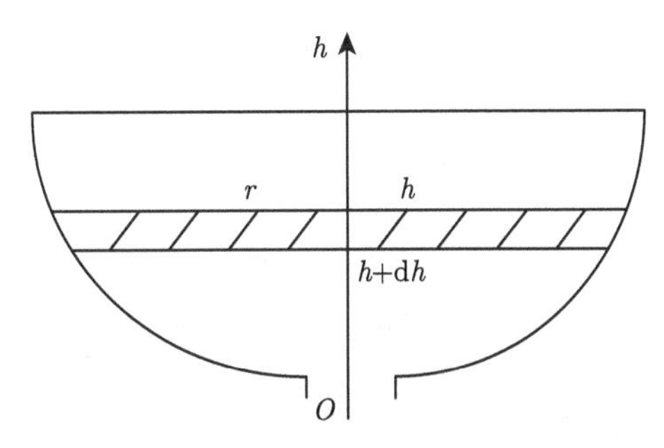

图 4.2 容器漏水示意图

又因

$$r=\sqrt{1^2-(1-h)^2}=\sqrt{2h-h^2},$$

所以上式变成

$$\mathrm{d}V=-\pi(2h-h^2)\mathrm{d}h, \tag{4.7}$$

于是得到未知函数 $h=h(t)$ 应满足的微分方程

$$0.62\sqrt{2gh}\mathrm{d}t=-\pi(2h-h^2)\mathrm{d}h \tag{4.8}$$

结合初始条件, 得到容器漏水问题的微分方程模型为

$$\begin{cases}\dfrac{\mathrm{d}h}{\mathrm{d}t}=\dfrac{0.62\sqrt{2gh}}{-\pi(2h-h^2)},\\ h|_{t=0}=1.\end{cases} \tag{4.9}$$

4.1.3 模拟近似法建模

在社会科学、生物学、医学、经济学等学科的实践中, 常常要用模拟近似法来建立微分方程模型. 这是因为, 上述学科中的一些现象的规律性我们还不是很清楚, 即使有所了解也并不全面, 因此, 要用数学模型进行研究只能在不同的假设下

去模拟实际的现象. 对通过模拟近似所建立的微分方程从数学上求解或分析解的性质, 再去同实际情况作对比, 观察这个模型能否模拟、近似某些实际的现象.

例 4.3 (人口预测问题) 人口问题是当前世界上人们最关心的问题之一, 认识人口数量的变化规律, 作出较准确的预报, 是有效控制人口增长的前提. 下面介绍两个最基本的人口模型.

问题分析及模型假设 人口增长率 r 是常数 (或单位时间内人口的增长量与当时的人口成正比).

模型建立 记时刻 $t=0$ 时人口数为 x_0, 时刻 t 的人口为 $x(t)$, 由于人口数量大, $x(t)$ 可视为连续、可微函数, t 到 $t+\Delta t$ 时间段内人口的增量为

$$x(t+\Delta t)-x(t)=rx(t)\Delta t,$$

于是 $x(t)$ 满足微分方程:

$$\begin{cases} \dfrac{\mathrm{d}x}{\mathrm{d}t}=rx, \\ x(0)=x_0. \end{cases} \tag{4.10}$$

此模型由英国人口学家马尔萨斯 (Malthus, 1766—1834) 于 1798 年提出, 被称为指数增长模型 (马尔萨斯人口模型), 该模型表明: 当 $t\to\infty$ 时, $x(t)\to\infty(r>0)$.

问题再分析及模型假设 该模型的结果说明人口将以指数规律无限增长. 而事实上, 随着人口的增加, 自然资源、环境条件等因素对人口增长的限制作用越来越显著. 如果当人口较少时人口的自然增长率可以看作常数的话, 那么当人口增加到一定数量以后, 这个增长率就要随着人口增加而减少, 于是应该对指数增长模型关于人口净增长率是常数的假设进行修改.

假设人口增长率 r 为人口 x 的减函数, 最简单假定 $r(x)=r-sx, r,s>0$(线性函数), r 为固有增长率. 自然资源和环境条件能容纳的最大人口容量为 x_m.

建立改进后的模型

当 $x=x_m$ 时, 增长率应为 0, 即 $r(x_m)=0$, 于是 $s=\dfrac{r}{x_m}$, 代入 $r(x)=r-sx$, 得 $r(x)=r\left(1-\dfrac{x}{x_m}\right)$. 结合初始条件, 得到人口预测问题的微分方程模型为

$$\begin{cases} \dfrac{\mathrm{d}x}{\mathrm{d}t}=r\left(1-\dfrac{x}{x_m}\right)x, \\ x(0)=x_0. \end{cases} \tag{4.11}$$

此模型被称为阻滞增长模型 (或 Logistic 模型).

4.1.4 房室法建模

建立房室模型是药物动力学研究动态过程的基本步骤之一. 所谓房室是指机体的一部分, 药物在一个房室内呈均匀分布, 即血药浓度是常数, 而在不同房室之

间则按照一定的规律进行药物的转移. 一个机体分为几个房室, 要看不同药物的吸收、分布、排除过程的具体情况, 以及研究对象所要求的精度而定.

例 4.4 (药物在体内分布与排除问题) 药物进入机体后, 在随着血液输送到各个器官和组织的过程中, 不断地被吸收、分布、代谢, 最终排出体外. 药物在血液中的质量浓度称血药浓度, 随时间和空间 (机体的各部分) 而变化. 血药浓度的大小直接影响到药物的疗效, 浓度太低不能达到预期的效果, 浓度太高又可能导致药物中毒、副作用太强或造成浪费. 因此研究药物在体内吸收、分布和排除的动态过程及这些过程与药理反应间的定量关系, 对于新药研制、剂量确定、给药方案设计等药理学和临床医学的发展都具有重要的指导意义和实用价值.

模型假设 对于二室模型, 建立关于两个血液浓度的微分方程描述其动态特性. 为了将问题进一步简化, 得到线性常系数方程, 作如下假设:

(1) 机体分为中心室 (I 室) 和周边室 (II 室), 两个室的容积 (即血液体积或药物分布容积) 在过程中保持不变.

(2) 药物从一室向另一室的转移速率以及向体外的排除速率与该室的血药浓度成正比.

(3) 只有中心室与体外有药物交换, 即药物从体外进入到中心室, 最后又从中心室排出体外, 与转移和排除的数量相比, 药物的吸收可以忽略.

符号说明 $c_i(t)$, $x_i(t)$ 和 V_i 分别表示第 i 室 $(i=1,2)$ 的血药浓度、药量和容积, k_{12} 和 k_{21} 是两室之间药物转移速率系数, k_{13} 是药物从 I 室向体外排除的速率系数, $f_0(t)$ 是给药速率, 由给药方式和剂量确定.

在模型假设下的一种二室模型示意图如图 4.3 所示.

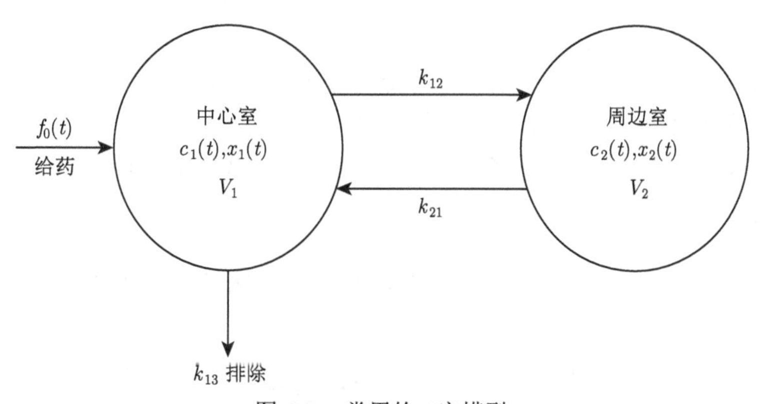

图 4.3 常用的二室模型

模型建立 根据假设条件写出两个房室中药量 $x_1(t), x_2(t)$ 满足的微分方程. $x_1(t)$ 的变化率由 I 室到 II 室的转移 $-k_{12}x_1$ 、I 室向体外的排除 $-k_{13}x_1$ 、II 室

向 I 室的转移 $k_{21}x_2$ 组成. 于是有

$$\begin{cases} \dot{x}_1(t) = -k_{12}x_1 - k_{13}x_1 + k_{21}x_2 + f_0(t), \\ \dot{x}_2(t) = k_{12}x_1 - k_{21}x_2. \end{cases} \tag{4.12}$$

因为 $x_i(t)$ 与血药浓度 $c_i(t)$、房室容积 V_i 之间有关系式

$$x_i(t) = V_i c_i(t), \quad i = 1, 2, \tag{4.13}$$

可得药物在体内分布与排除问题的微分方程模型为

$$\begin{cases} \dot{c}_1(t) = -(k_{12} + k_{13})c_1 + \dfrac{V_2}{V_1}k_{21}c_2 + \dfrac{f_0(t)}{V_1}, \\ \dot{c}_2(t) = \dfrac{V_1}{V_2}k_{12}c_1 - k_{21}c_2. \end{cases} \tag{4.14}$$

在实际的微分方程建模过程中, 也往往是上述方法的综合应用. 不论应用哪种方法, 通常要根据实际情况, 作出一定的假设与简化, 并把模型的理论或计算结果与实际情况进行对照验证, 以修改模型使之更准确地描述实际问题进而达到预测预报的目的.

4.2 微分方程模型的解法

建立微分方程模型只是解决问题的第一步, 通常需要求出方程的解来说明实际现象, 并加以检验. 微分方程模型的解法一般包括三种：解析解、数值解、稳定性分析. 如果能得到解析形式的解固然是便于分析和应用的, 但大多数微分方程是求不出解析解的, 因此数值解法就是非常重要的手段. 如果研究某种意义下稳定状态的特征, 特别是当时间充分长以后动态过程的变化趋势, 可以利用微分方程稳定性理论, 直接研究平衡状态的稳定性.

本节将结合 4.1 节中的例题, 使用 Python 软件求解相应的微分方程模型.

4.2.1 微分方程模型的解析解

例 4.5 求 $y''' - y'' = x, y(1) = 8, y'(1) = 7, y''(2) = 4$ 的解析解.

解 利用 Python 程序求得

$$y = -\frac{x^3}{6} - \frac{x^2}{2} + \left(\frac{17}{2} - 7\mathrm{e}^{-1}\right)x + 7\mathrm{e}^{x-2} + \frac{1}{6}.$$

```
#程序文件ex4_5.py
import sympy as sp
sp.var('x'); y=sp.Function('y')
```

```
eq=y(x).diff(x,3)-y(x).diff(x,2)-x
con={y(1):8, y(x).diff(x).subs(x,1):7,
     y(x).diff(x,2).subs(x,2):4}
s=sp.dsolve(eq, ics=con); print(s.args[1])
```

例 4.6 求微分方程组 $\begin{cases} \dfrac{\mathrm{d}x}{\mathrm{d}t}=2x-3y+3z, \\ \dfrac{\mathrm{d}y}{\mathrm{d}t}=4x-5y+3z, \\ \dfrac{\mathrm{d}z}{\mathrm{d}t}=4x-4y+2z \end{cases}$ 的通解.

解 利用 Python 程序, 求得的通解为

$$\begin{cases} x(t)=c_1\mathrm{e}^{-t}+c_2\mathrm{e}^{2t}, \\ y(t)=c_1\mathrm{e}^{-t}+c_2\mathrm{e}^{2t}+c_3\mathrm{e}^{-2t}, \\ z(t)=c_2\mathrm{e}^{2t}+c_3\mathrm{e}^{-2t}. \end{cases}$$

```
#程序文件ex4_6.py
import sympy as sp
sp.var('t'); x,y,z=sp.var('x,y,z',cls=sp.Function)
eqs=[x(t).diff(t)-2*x(t)+3*y(t)-3*z(t),
     y(t).diff(t)-4*x(t)+5*y(t)-3*z(t),
     z(t).diff(t)-4*x(t)+4*y(t)-2*z(t)]
s=sp.dsolve(eqs); print(s)
```

4.2.2 微分方程模型的数值解

科学研究和工程技术中的问题往往归结为求某个微分方程的定解问题. 微分方程的理论指出, 很多方程的定解问题虽然存在, 但在生产和科研中所处理的微分方程往往很复杂且大多求不出解析解, 因此常求其能满足精度要求的近似解. 微分方程的数值解法常用来求近似解, 由于它提供的算法能通过计算机便捷地实现, 因此近年来得到迅速的发展和广泛的应用.

Python 只能求解一阶常微分方程或方程组的数值解, 高阶常微分方程必须化成一阶方程组, 通常采用龙格-库塔方法求解. scipy.integrate 模块的 odeint 函数求常微分方程的数值解, 其基本调用格式为

```
sol=odeint(func, y0, t)
```

其中 func 是定义微分方程的函数或匿名函数, y0 是初始条件的序列, t 是一个自变量取值的序列 (t 的第一个元素一定为初始时刻), 返回值 sol 是对应于序列 t 中元素的数值解. 如果微分方程组中有 n 个函数, 返回值 sol 是 n 列的矩阵, 第 $i(i=1,2,\cdots,n)$ 列对应于第 i 个函数的数值解.

例 4.7 (种群竞争问题) 有甲、乙两个种群, 它们之间为竞争关系, 在 t 时刻两种群的数量可以分别表示为

$$甲:\ \dot{x}_1(t) = r_1 x_1\left(1 - \frac{x_1}{N_1} - \sigma_1\frac{x_2}{N_2}\right), \quad 乙:\ \dot{x}_2(t) = r_2 x_2\left(1 - \sigma_2\frac{x_1}{N_1} - \frac{x_2}{N_2}\right),$$

其中 r_1, r_2 分别表示种群甲、乙的固有增长率, N_1, N_2 分别表示环境资源容许的种群最大数量, $\sigma_1(\sigma_2)$ 表示单位数量乙 (甲) 消耗的供养甲 (乙) 的食物量为单位数量甲 (乙) 消耗的供养乙 (甲) 的食物量的 $\sigma_1(\sigma_2)$ 倍.

选取 $r_1 = 2.5$, $r_2 = 1.8$, $N_1 = 1.6$, $N_2 = 1$, $x_1(0) = 0.1$, $x_2(0) = 0.1$, 求

(1) $\sigma_1 = 0.25$, $\sigma_2 = 4$;

(2) $\sigma_1 = 4$, $\sigma_2 = 0.25$.

两种情况下的数值解.

解 (1) 编写如下程序:

```
#程序文件ex4_7_1.py
from scipy.integrate import odeint
import pylab as plt
import numpy as np
r1=2.5; r2=1.8; N1=1.6; N2=1; s1=0.25; s2=4
dx=lambda x,t: [r1*x[0]*(1-x[0]/N1-s1*x[1]/N2),
                r2*x[1]*(1-s2*x[0]/N1-x[1]/N2)]
t=np.linspace(0, 8, 50)
x=odeint(dx, [0.1, 0.1], t)
plt.rc('text', usetex=True); plt.rc('font', size=16)
plt.plot(t, x[:,0], 'o-', label='$x_1(t)$')
plt.plot(t, x[:,1], '^-', label='$x_2(t)$')
plt.xlabel('$t$'); plt.legend(); plt.show()
```

如图 4.4 所示.

分析结果, 我们可知, 当 $t \to \infty$ 时, $x_1(t) \to 1.6$, $x_2(t) \to 0$, 即甲种群数量会稳定在环境容许的最大数量, 乙种群最终灭绝.

(2) 当我们取定 $\sigma_1 = 4 > 1$, $\sigma_2 = 0.25 < 1$, $r_1 = 2.5$, $r_2 = 1.8$, $N_1 = 1.6$, $N_2 = 1$, 最终的平衡点应该为 $(0, N_2) = (0, 1)$, 替换以上程序中的 σ_1, σ_2 的值, 得到图 4.5.

分析结果, 我们可知, 当 $t \to \infty$ 时, $x_2(t) \to 1 = N_2$, $x_1(t) \to 0$.

例 4.8 求例 4.1 所建立的模型 $\begin{cases} (1-x)y'' = \dfrac{1}{5}\sqrt{1+y'^2}, \\ y(0) = 0, \\ y'(0) = 0 \end{cases}$ 的数值解.

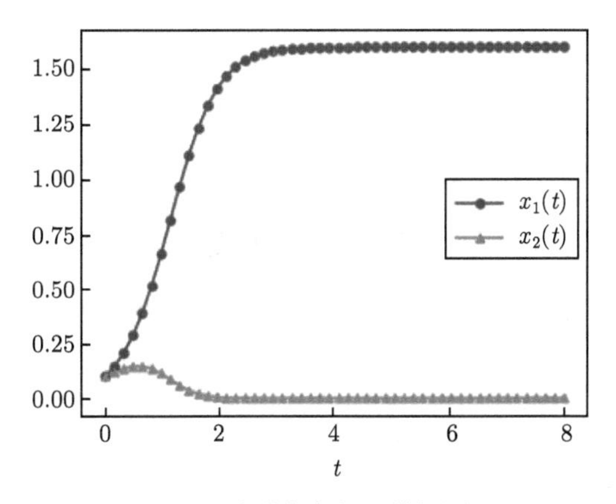

图 4.4 种群竞争问题模拟图一

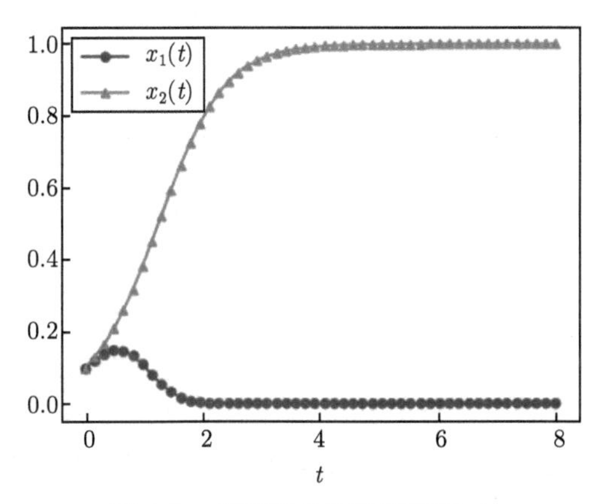

图 4.5 种群竞争问题模拟图二

解 令 $y_1=y, y_2=y_1'$, 将方程化为一阶微分方程组.

$$(1-x)\,y''=\frac{1}{5}\sqrt{1+y^2}\Rightarrow\left\{\begin{array}{l}{y_1}'=y_2,\\ {y_2}'=\dfrac{1}{5}\sqrt{1+{y_1}^2}\Big/(1-x).\end{array}\right.$$

编写程序如下:

```
#程序文件ex4_8.py
from scipy.integrate import odeint
import pylab as plt
import numpy as np

dy=lambda y,x: [y[1], np.sqrt(1+y[0]**2)/5/(1-x)]
x=np.arange(0, 1, 0.0001)
```

```
y=odeint(dy, [0, 0], x)
plt.rc('font', size=16)
plt.plot(x, y[:,0]);
plt.plot([1, 1], [0, 0.2],'--k'); plt.show()
```

结论: 如图 4.6 所示, 导弹大致在 (1, 0.2) 处击中乙舰.

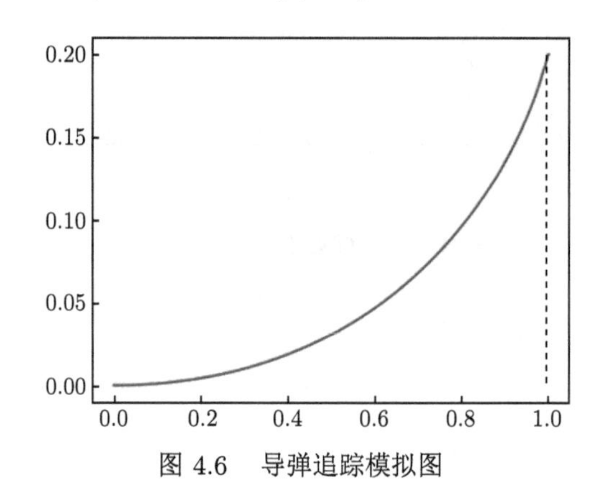

图 4.6　导弹追踪模拟图

4.2.3　微分方程模型的稳定性分析

虽然动态过程的变化规律一般要用微分方程建立的动态模型来描述, 但是对于某些实际问题, 建模的主要目的并不是要寻求动态过程每个瞬时的性态, 而是分析在什么情况下描述过程的变量会越来越接近某些确定的数值, 在什么情况下又会越来越远离这些数值而导致过程不稳定. 为了分析这种稳定与不稳定的规律常常不需要求解微分方程, 可以利用微分方程稳定性理论, 直接研究平衡状态的稳定性即可.

例 4.9 (捕鱼业的持续收获问题)　渔业资源是一种再生资源, 要保持可持续发展, 就要适度开发. 考察一个渔场, 其中的鱼量在天然环境下按一定规律增长, 如果捕捞量恰好等于增长量, 那么渔场鱼量将保持不变, 这个捕捞量就可以持续, 在这里, 我们要建立在捕捞情况下渔场鱼量要遵从的数学模型, 分析渔场鱼量稳定的条件.

由于渔场有其自身的限制, 所以我们假设其有最大容量, 并认为它与人口的增长模型相似. 这样便于模型的假设和建立.

问题提出　研究在捕捞情况下渔场鱼量要遵从的规律, 并讨论在可持续捕捞的条件下如何控制捕捞强度, 使持续产量达到最大.

基本假定及符号说明　记时刻 t 渔场中鱼量为 $x(t)$, 关于 $x(t)$ 的自然增长和人工捕捞作如下假设:

(1) 假设在无捕捞条件下 $x(t)$ 的增长服从 Logistic 规律, 即

$$x'(t) = f(x) = rx\left(1 - \frac{x}{N}\right),$$

其中 r 是固有增长率, N 是环境容许的最大鱼量, $f(x)$ 表示单位时间的增长量.

(2) 单位时间的捕捞量 (即产量) 与渔场鱼量 $x(t)$ 成正比, 比例常数 k 表示单位时间的捕捞率, k 可进一步表示为 E, 其为捕捞强度, 用可以控制的参数如出海渔船数量、渔船的规模、渔网的规格等来度量.

建模分析 单位时间内渔场鱼量的变化 = 自然增长量 − 捕捞量.

模型建立 此时, 在捕捞情况下渔场鱼量满足的方程为

$$x'(t) = f(x) = rx\left(1 - \frac{x}{N}\right) - Ex. \tag{4.15}$$

模型求解 同样, 我们关心渔场的稳定鱼量与保持稳定的条件, 并由此确定最大持续产量. 为此可以直接求方程的平衡点并分析其稳定性.

令

$$f(x) = rx\left(1 - \frac{x}{N}\right) - Ex = 0, \tag{4.16}$$

得到两个平衡点

$$x_0 = N\left(1 - \frac{E}{r}\right), \quad x_1 = 0, \tag{4.17}$$

从而

$$f'(x_0) = E - r, \quad f'(x_1) = r - E. \tag{4.18}$$

所以若 $E < r$(即捕捞率小于固有增长率), 则有 $f'(x_0) < 0, x_0$ 是稳定点; $f'(x_1) > 0, x_1$ 是不稳定点. 若 $E > r$(即捕捞率大于固有增长率), 则结论正好相反.

由于 E 是捕捞率 (此时 $k = E$), r 是固有增长率, 上述分析表明, 只要捕捞适度 ($E < r$), 就可使渔场鱼量稳定在 x_0, 从而获得持续产量 $h(x_0) = Ex_0$; 而当捕捞过度时 ($E > r$), 渔场鱼量将减至 x_1= 0, 当然谈不上获得持续产量了.

根据前面分析, 当捕捞量等于自然增长量时, 可得最大产量. 要使产量最大, 就要使自然增长量达到最大, 由

$$f'(x) = r - \frac{2r}{N}x = 0,$$

得到获得最大持续产量时, 稳定平衡点为

$$x_0^* = \frac{N}{2},$$

且单位时间的最大持续产量为

$$h_m = f(x_0^*) = \frac{rN}{4}.$$

不难算出保持渔场鱼量稳定在 x_0^* 的捕捞强度为

$$E^* = \frac{h_m}{x_0^*} = \frac{r}{2}.$$

综合上述, 产量模型的结论是将捕捞强度控制在 E^*, 或者说使渔场鱼量保持在最大鱼量 N 的一半时, 可以获得最大持续产量. 稳定性分析部分也可以使用程序实现如下.

```
#程序文件ex4_9.py
import sympy as sp
sp.var('x,r,N,E'); y=r*x*(1-x/N)-E*x
dy=y.diff(x); x0=sp.solve(y,x)
y1=dy.subs(x,x0[0]); y2=dy.subs(x,x0[1])
y2=sp.simplify(y2)
print(x0); print('y1=', y1)
print('y2=', y2)
```

程序运行结果:

```
[0, N*(-E + r)/r]
y1= -E + r
y2= E - r
```

4.3 微分方程建模案例

艾滋病又称获得性免疫缺陷综合征, 是由人类免疫缺陷病毒 (HIV) 引起的. 从 1981 年发现以来的 40 年间, 它已经吞噬了 3300 万人的生命, 2019 年有 170 万人被 HIV 感染, 同时有 77 万艾滋病患者死亡. 尤其可虑的是, 全世界约 95% 的艾滋病患者来自防治能力薄弱的发展中国家, 如非洲、南亚、东南亚、中美洲等地. 在我国, 2020 年的评估结果显示, 艾滋病毒感染者和艾滋病人约 105 万, 感染仍呈上升趋势, 新发生的感染以注射吸毒和性传播为主, 发病和死亡依然严重; 感染由高危人群向一般人群扩散; 存在进一步蔓延的危险. 未来我国艾滋病的流行是趋向平稳还是快速增长, 取决于能否大面积地积极开展艾滋病预防活动以及提供有效的治疗.

建立数学模型研究流行病的发展机理和传播过程, 已有一个多世纪的历史, 艾滋病出现以后, 更引起了生物数学家们的注意, 发表了许多文章. 本节介绍两种艾滋病发展模型, 尽量不涉及太多的医学知识及过深的数学方法.

4.3.1 艾滋病发展模型 (一)

为了用数学建模的方法描述、分析从漫长的潜伏期到疾病发作的过程, 我们将研究对象确定为 CD4*T 细胞 (以下简称 T 细胞) 和 HIV 的浓度, T 细胞分为未被 HIV 感染的和已被 HIV 感染的两种, 它们在时刻 t 的浓度分别记作 $T_1(t)$ 和 $T_2(t)$, HIV 的浓度记作 $V(t)$.

T 细胞可由骨髓产生, 由已有的 T 细胞繁殖, 也会由于衰竭而死亡, 在不存在 HIV 的正常情况下, 关于 $T_1(t)$ 的合理、简化的模型可以表示为

$$\frac{\mathrm{d}T_1}{\mathrm{d}t}=f(T_1)=s+rT_1\left(1-\frac{T_1}{T_m}\right)-\mu_1T_1, \tag{4.19}$$

其中 s 是产生新 T 细胞的速率, r 是 T 细胞的最大繁殖率, T_m 是 T 细胞停止繁殖时的浓度, μ_1 是 T 细胞死亡率, (4.19) 式右端第 2 项是假定 T 细胞繁殖服从 Logistic 规律, 并且假定 $\mu_1T_m>s$, 即 $T_1=T_m$ 时的死亡率大于产生率, 否则 T 细胞浓度将超过 T_m. 于是 $f(0)=s>0$, $f(T_m)=s-\mu_1T_m<0$ 并可以得到 $f(T_1)=0$ 在 $[0,T_m]$ 内的根为

$$\overline{T_1}=\frac{T_m}{2r}\left(r-\mu_1+\left[(r-\mu_1)^2+\frac{4sr}{T_m}\right]^{1/2}\right), \tag{4.20}$$

$\overline{T}_1$ 是正常情况下 T 细胞浓度的稳定值.

当 T 细胞受到 HIV 感染时, 未被 HIV 感染的 T 细胞浓度将减少, 所以在 (4.19) 式右端再减去一项 kT_1V, 这是假定 T 细胞与 HIV 相遇而被感染的概率与它们浓度的乘积成正比, 不妨称 k 为感染系数, 这相当于认为 T 细胞和 HIV 的运动是独立的. 于是方程 (4.19) 修正为

$$\frac{\mathrm{d}T_1}{\mathrm{d}t}=s+rT_1\left(1-\frac{T_1}{T_m}\right)-\mu_1T_1-kT_1V. \tag{4.21}$$

kT_1V 项正是已被 HIV 感染的 T 细胞浓度的增长率, 于是 $T_2(t)$ 的方程可表示为

$$\frac{\mathrm{d}T_2}{\mathrm{d}t}=kT_1V-\mu_2T_2, \tag{4.22}$$

其中 μ_2 是被 HIV 感染 T 细胞的死亡率, $1/\mu_2$ 即为它的平均寿命. HIV 由被感染的 T 细胞产生, 假定每个被感染的 T 细胞在存活时段共产生 N 个病毒, 则 HIV 浓度 $V(t)$ 的增长率为 $N\mu_2T_2$, 又设 HIV 的清除率为 μ_V, 于是 $V(t)$ 的方程可表示为

$$\frac{\mathrm{d}V}{\mathrm{d}t}=N\mu_2T_2-\mu_VV. \tag{4.23}$$

实际上, (4.23) 式右端忽略了由于 HIV 侵入 T 细胞而形成的减少率, 即 kT_1V, 当 T 近似视为常数时, 这一项可与 μ_VV 合并成 $\mu_V'V=(\mu_V+kT_1)V$. 在模型 (一) 中保留这个近似, 模型 (二) 再来处理它.

4.3.2 艾滋病发展模型 (二)

免疫学上, 区分处于潜伏期的被感染 T 细胞与处于活性期的被感染 T 细胞是很重要的, 因为只有后者才会被病毒裂解、复制成新的病毒. 下面将潜伏感染和活性感染的 T 细胞浓度分别记作 $T_2(t)$ 和 $T_3(t)$, 模型为

$$\begin{cases} \dfrac{\mathrm{d}T_1}{\mathrm{d}t} = s + rT_1\left(1 - \dfrac{T_1+T_2+T_3}{T_m}\right) - \mu_1 T_1 - k_1 T_1 V, \\ \dfrac{\mathrm{d}T_2}{\mathrm{d}t} = k_1 T_1 V - \mu_1 T_2 - k_2 T_2, \\ \dfrac{\mathrm{d}T_3}{\mathrm{d}t} = k_2 T_2 - \mu_2 T_3, \\ \dfrac{\mathrm{d}V}{\mathrm{d}t} = N\mu_2 T_3 - k_1 T_1 V - \mu_V V. \end{cases} \tag{4.24}$$

与模型 (一) 的 (4.19)~(4.23) 式相比, 这里的 $k_1 = k$, 而 k_2 是 T 细胞由潜伏感染进展到活性感染的速率, 这种进展可能包含各种病原的刺激使潜伏感染 T 细胞分裂; 正常 T 细胞和潜伏感染 T 细胞的死亡率均为 μ_1, 活性感染 T 细胞的死亡率为 μ_2. (4.24) 式与 (4.19)~(4.23) 式的区别是, 把 T_m 作为 T_1, T_2 和 T_3 总的最大浓度, 实际上, 在疾病发作前相当长的时间内, T_1 远大于 T_2 和 T_3, 后者可以忽略.

先求方程 (4.24) 的数值解, 采用一组参数如下：s=10/(mm^3 天), r=0.03/天, T_m= 1500/mm^3 , μ_1=0.02/天, $k_1 = 2.4\times10^{-5}$mm^3/天, $k_2 = 3\times10^{-3}$/天, μ_2=0.24/天, μ_V=2.4/天, N 的数值可以在很大范围内变化.

对于确定这些参数的理由可以大致作这样的说明：健康人 T 细胞浓度的稳定值约为 1000/mm^3, 它可以增加 50%, 所以取 T_m=1500/mm^3. T 细胞的寿命平均约 6 周, 这里死亡率取 μ_1=0.02/天. T 细胞大约 18 小时分裂一次, 而发生分裂的只占 1%左右 (扣除死亡), 即净增长率约 0.01/天, 根据 μ_1 的值取 r=0.03/天. 选择产生新 T 细胞速率 s=10/(mm^3 天), 是考虑到为了抵消正常情况下 T 细胞的死亡 $\mu_1 T_1^*$=20/(mm^3 天), T 细胞的新生与繁殖各占一半. k_1 的确定比较麻烦, 在利用扩散定律考虑 HIV 与 T 细胞相遇定出 k_1 的上界后, 给出 $k_1T_1^*$=10^{-3}/小时, 于是 $k_1 = 2.4\times10^{-5}$mm^3/天. k_2 不会超过 r, 并且只能少部分完成潜伏感染到活性感染的转变, 取 $k_2 = 0.1r$. 由被感染的 T 细胞的平均存活时间为 3~4 天, 给出 $\mu_2 = 0.24$/天. 病毒感染测定发现, HIV 在 37℃ 下经过 4~6 小时有一半失去感染力, 由此设定 μ_V=2.4/天.

这组参数不是唯一的, 但是, s, r, T_m 和 μ_1 的选取要满足在病毒不存在条件下, 正常 T 细胞浓度的稳定值约为 1000/ mm^3.

根据上面的参数并取 N= 600, 1000, 1400, 令初值 $T_1(0) = 1000$, $T_2(0) = T_2(0) = 0$, $V(0) = 10^{-3}$, 编程进行数值计算, 得到正常 T 细胞浓度 $T_1(t)$, 潜伏

感染 T 细胞浓度 $T_2(t)$, 活性感染 T 细胞浓度 $T_3(t)$ 及病毒浓度 $V(t)$ 的图形, 如图 4.7 所示.

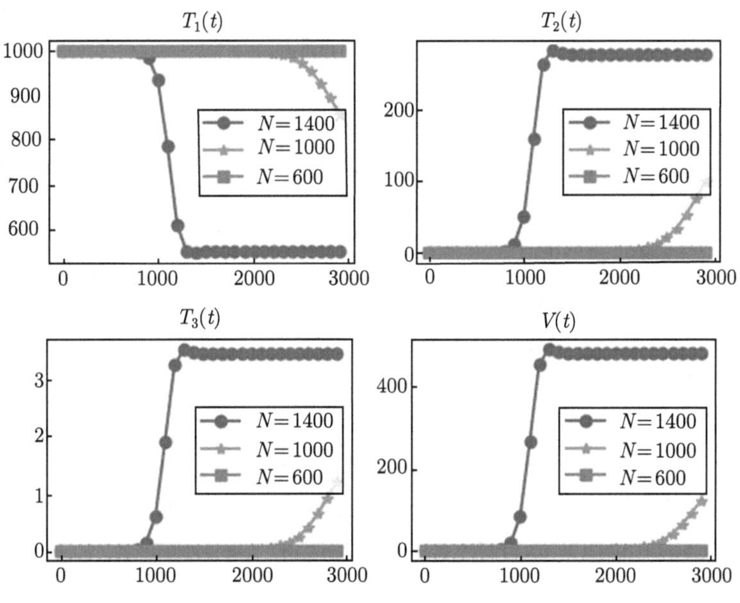

图 4.7 细胞浓度与病毒浓度示意图

程序如下:

```
#程序文件anli4_1.py
from scipy.integrate import odeint
import numpy as np
import pylab as plt

s=10; r=0.03; tm =1500; m1=0.02; m2 =0.24
mv =2.4; k1=2.4e-5; k2=3e-3;
dy=lambda x,t,n: [s+r*x[0]*(1-(x[0]+x[1]+x[2])/tm)-m1*x[0]-k1 *x[0]*x[3],
                  k1*x[0]*x[3]-m1*x[1]-k2 *x[1], k2*x[1]-m2*x[2],
                  n*m2*x[2]-k1 *x[0]*x[3]-mv*x[3]];
t=np.arange(0, 3000, 100); x0=np.array([1000, 0, 0, 1e-3])
s1=odeint(dy, x0, t, args=(1400,))
s2=odeint(dy, x0, t, args=(1000,))
s3=odeint(dy, x0, t, args=(600,))
s=['o-', '*-', 's-']
plt.rc('text', usetex=True)
```

```
def plotfun(s1, s2, s3, i):
    plt.plot(t, s1[:,i-1], s[0], label='$N=1400$')
    plt.plot(t, s2[:,i-1], s[1], label='$N=1000$')
    plt.plot(t, s3[:,i-1], s[2], label='$N=600$')
    plt.legend()

plt.subplots_adjust(hspace=0.3)  #调整子图间上下间隔
plt.subplot(221); plotfun(s1, s2, s3, 1)
plt.title('$T_1(t)$')
plt.subplot(222); plotfun(s1, s2, s3, 2)
plt.title('$T_2(t)$')
plt.subplot(223); plotfun(s1, s2, s3, 3)
plt.title('$T_3(t)$')
plt.subplot(224); plotfun(s1, s2, s3, 4)
plt.title('$V(t)$'); plt.show()
```

从计算结果看, 当每个被感染的 T 细胞在存活时段产生的病毒数 N 较小时 (如 N=600) , $T_1(t)$ 的稳定值为 1000, $V(t)$ 的稳定值是 0; 当 N 较大时则不是这样, $T_1(t)$ 和 $V(t)$ 的稳定值与 N 有关, 需要作进一步的分析.

令方程 (4.24) 右端等于 0, 可以得到两个平衡点, 一个是 $P^{(1)}(\bar{T}_1, 0, 0, 0)$, 这是未感染平衡点; 另一个记作 $P^{(2)}(T_1^*, T_2^*, T_3^*, V^*)$, 其中

$$T_1^* = \frac{\mu_V}{\alpha}, \quad \alpha = \frac{k_1\left[Nk_2 - (k_2+\mu_1)\right]}{k_2+\mu_1},$$

$$V^* = \frac{sT_m\alpha^2 + (r-\mu_1)\mu_V T_m\alpha - r\mu_V^2}{k_1\mu_V T_m(\alpha+\beta\mu_V)}, \quad \beta = \frac{r(k_2+\mu_2)}{\mu_2 T_m(k_2+\mu_1)},$$

$$T_2^* = \frac{\mu_V}{Nk_2 - (k_2+\mu_1)}V^*, \quad T_3^* = \frac{k_2\mu_V}{\left[Nk_2 - (k_2+\mu_1)\right]\mu_2}V^*.$$

这是感染平衡点. 可以看出, 当 N, k_1, k_2 增加时 α 增加, 使 T_1^* 变小而 V^* 变大; 当 μ_V 增加时, 使 T_1^* 变大而 V^* 变小.

由数值解得到的是, N =600 时 $P^{(1)}$ 稳定, N=1000, 1400 时 $P^{(2)}$ 稳定. 因此 $T_1^* \approx 773(N=1000)$, $T_1^* \approx 551(N=1400)$, $V^* \approx 186(N=1000)$, $V^* \approx 481(N=1400)$, 与数值解的结果一致.

4.4 思考与练习

1. 编程练习：使用 Python 软件求解例 4.2, 4.3, 4.4 的微分方程模型.

2. 应用练习：

(1) 1968 年, 介壳虫偶然从澳大利亚传入美国, 威胁着美国的柠檬生产. 随后, 美国又从澳大利亚引入了介壳虫的天然捕食者——澳洲瓢虫. 后来, DDT 被普遍使用来消灭害虫, 柠檬园主想利用 DDT 进一步杀死介壳虫. 谁料, DDT 同样杀死澳洲瓢虫. 结果, 介壳虫增加起来, 澳洲瓢虫反倒减少了. 试建立并分析数学模型解释这个现象.

(2) 白蚁是以木材为食物的, 但它们却不能消化木材纤维, 而是由寄生在它们肠内的披发虫来帮助消化的. 原来, 披发虫能分泌一种消化纤维素的酶. 白蚁的肠内如果没有这种披发虫, 即使吃了很多纤维素, 由于不能消化, 也终将被活活饿死. 对于披发虫来说, 躲在白蚁的肠内, 也实在是最安全保险不过了. 另外, 白蚁肠内还有丰富的纤维素供它们分解利用. 所以白蚁和披发虫谁也离不开谁, 请讨论白蚁和披发虫共处的可能性.

(3) 在某空鱼塘中投放数量为 n_0, 重量为 w_0 的鱼苗. 若不进行捕捞则按照自然规律增长, 如果进行捕捞, 则捕捞量与鱼塘中的鱼数量成正比. 由于喂养引起的每条鱼重量的增加率与鱼的表面积成正比, 由于消耗引起的鱼重量的减少率与鱼重量成正比. 分别建立并求解鱼数量和重量的数学模型.

3. 拓展练习：基于 4.3 节的艾滋病发展模型, 建立艾滋病传播模型并求解. 要求目标人群至少考虑如下五类：易感染人群, 被 HIV 感染的人群, 接种疫苗的人群, 接种疫苗后又被感染的人群, 已患艾滋病的人群.

第 5 章　图与网络优化

CHAPTER

运筹学中把一些研究对象用节点表示, 对象之间的关系用连线边表示. 用点、边的集合构成图. 图论是研究由节点和边所组成图形的数学理论和方法. 图是网络优化的基础, 根据具体研究的网络对象 (如铁路网、电力网、通信网等), 赋予图中各边某个具体的参数, 如时间、流量、费用、距离等, 规定图中各节点代表具体网络中任何一种流动的起点、中转点或终点, 然后利用图论方法来研究各类网络结构和流量的优化分析. 网络优化还包括利用网络图形来描述一项工程中各项作业的进度和结构关系, 以便对工程进度进行优化控制.

5.1　图　　论

5.1.1　从哥尼斯堡七桥问题看图论建模

在 18 世纪, 东普鲁士哥尼斯堡有一条大河, 河中有两个小岛. 全城被大河分割成四块陆地, 河上架有七座桥, 把四块陆地联系起来. 当时许多市民都在思索一个问题：一个散步者能否从某一陆地出发, 不重复地经过每座桥一次, 最后回到原来的出发地. 这就是历史上有名的哥尼斯堡七桥问题. 这个问题似乎不难解决, 所以吸引了许多人来尝试, 但是日复一日谁也没有得出肯定的答案. 于是有人便写信求教当时著名的数学家欧拉 (L. Euler, 1707—1783). 欧拉毕竟是数学家, 他并没有去重复人们已失败了多次的试验, 而是产生了一种直觉的猜想：人们千百次的失败, 也许意味着这样的走法根本就不存在. 于是欧拉把七桥问题进行了数学的抽象. 用 A, B, C, D 四个点表示四块陆地 (图 5.1(a)), 用两点间的一条线表示连接两块陆地之间的一座桥, 就得到如图 5.1 所示的一个由四个点和七条线组成的图形 (图 5.1(b)).

于是, 七桥问题就转化为一个抽象图形是否可以“一笔画”的问题. 什么叫“一笔画”呢？那就是笔不准离开纸, 一口气画成整个图形, 且每一条线只许画一次, 不得重复. 这样的图形能不能一笔画呢？1736 年欧拉证明了, 答案是否定的. 为什么呢？因为除了起点和终点之外, 我们把其余的点称为中间点. 如果一个图可以一笔画的话, 对于每一个中间点来说, 当画笔沿某条线到达这一点时, 必定要沿另一条线离开这点, 并且进入这点几次, 就要离开这点几次, 一进一出, 两两配对, 所以从这点发出的线必然要是偶数条. 因此, 一个图形能否一笔画就有了一个判别规则: 一个可以一笔画的图形最多只能有两个点 (起点和终点) 与奇数条线相连.

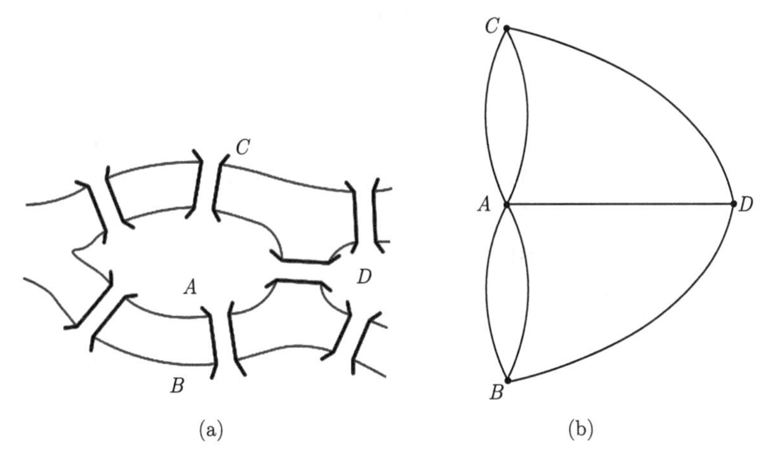

图 5.1 哥尼斯堡七桥问题

再看抽象图形 (图 5.1(b)), 图中的四个点都是与奇数条 (三条或五条) 线相连的, 根据判别规则, 是不能一笔画的, 从而证明了七桥问题所要求的走法是不存在的. 曾经难倒许多人的七桥问题, 经过欧拉这样转化, 简单而圆满地解决了.

5.1.2 图的基本概念

直观地讲, 对于平面上的 n 个点, 把其中的一些点用曲线或直线连接起来, 不考虑点的位置与连线曲直长短, 这样形成的一个关系结构就是一个图.

定义 5.1 构成一个图有两个关键要素, 即顶点和连接顶点之间的边, 记为 $G=(V,E)$, V 是以上述点为元素的顶点集, E 是以上述连线为元素的边集. 各条边都加上方向的图称为**有向图**, 否则称为**无向图**. 如果有的边有方向, 有的边无方向, 则称为**混合图**.

一个**无向图** G 是由非空顶点集 V 和边集 E 按一定的对应关系构成的连接结构, 其中非空集合 $V=\{v_1,v_2,\cdots,v_n\}$ 为 G 的**顶点集**, V 中的元素称为 G 的**顶点**, 其元素的个数为**顶点数**; 非空集合 $E=\{e_1,e_2,\cdots,e_m\}$ 为 G 的**边集**, E 中的元素称 G 的边, 其元素的个数为图 G 的**边数**.

图 G 的每一条边是由连接 G 中两个顶点而得的一条线 (可以是直线、曲线或任意形状的线), 因此与 G 的顶点对相对应, 通常记作 $e_k=(v_i,v_j)$. 其中, 顶点 v_i,v_j 称为边 e_k 的两个**端点**, 有时也说边 e_k 与顶点 v_i,v_j **关联**.

对无向图来说, 对应一条边的顶点对表示是无序的, 即 (v_i,v_j) 和 (v_j,v_i) 表示同一条边 e_k. 有公共端点的两条边称为**邻边**. 同样, 同一条边 e_k 的两个端点 v_i

和 v_j 称为是**相邻的顶点**.

如果一条边的两个端点是同一个顶点, 则称这条边为**环**. 如果有两条边或多条边的端点是同一对顶点, 则称这些边为**平行边或重边**. 没有环也没有平行边的图称为**简单图** (如果不特别说明, 本章中我们提到的图均指简单图).

在图论中, 一个图可以用平面上的一个图形直观地来表示：每个顶点用平面上的一个点表示, 而每条边用连接它的端点的一条线来表示. 值得注意的是, 图论中的图是不按比例尺画的, 顶点的位置, 边的长短和形状都具有随意性, 只要能正确地表示出顶点及其顶点之间的相互连接关系即可. 也就是说, 同一个图可以用平面上的不同画法来表示. 如图 5.2 的 (a) 和 (b) 所示表示的是同一个图, 但它们表面上看起来差别很大.

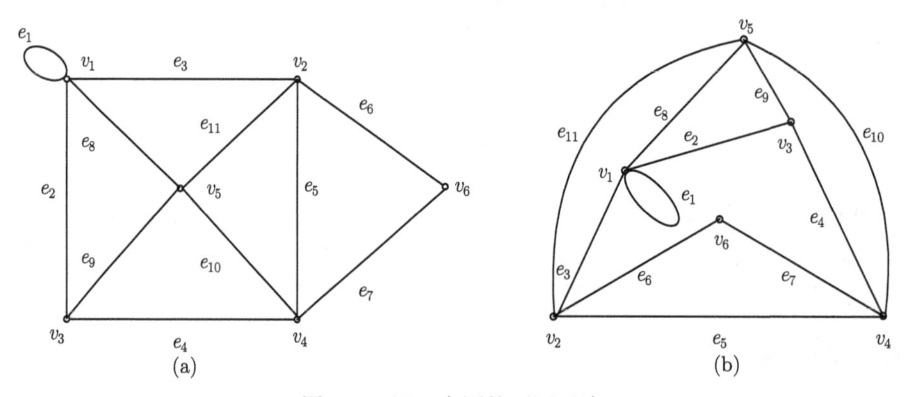

图 5.2 同一个图的不同画法

带有方向的边称为**有向边**, 又称为**弧**. 如果给图的每条边规定一个方向, 我们就得到**有向图**. 有向图通常记为 $D = (V, A)$. 其中 A 是图中弧的集合, 每一条弧与一个有序的顶点对相对应. 与无向图类似, 也记为 $a_k = (v_i, v_j)$ 表示弧的方向自顶点 v_i 指向 v_j, v_i 称为弧 a_k 的**始端**, v_j 称为弧 a_k 的**末端或终端**. 与无向图不同, 在有向图情形下, (v_i, v_j) 与 (v_j, v_i) 表示不同的弧. 平面上, 有向图的图形表示方法与无向图基本一样, 只需在每一条弧的末端加一个箭头方向就可以了.

定义 5.2 若在图 G 中的各边 e_k 都赋值一个实数 $w(e_k)$, 称为边 e_k 的**权**, 把每条边赋以权值的图称为**赋权图**, 也称为一个**网络**, 记为 $G = (V, E, W)$, 其中 W 为所有边的权集合. 若在有向图上给每条弧赋以权值, 称其为**有向赋权图**, 也叫**有向网络**.

赋权图中的权可以是距离、费用、时间、效益或成本等.

定义 5.3 (1) 在无向图中, 与顶点 v 关联的边的数目 (环算两次) 称为 v 的**度**, 记为 $d(v)$.

(2) 在有向图中, 从顶点 v 引出的弧的数目称为 v 的**出度**, 记为 $d^+(v)$, 从顶点 v 引入的弧的数目称为 v 的**入度**, 记为 $d^-(v)$. $d(v) = d^+(v) + d^-(v)$ 称为 v 的度.

定理 5.1 给定图 $G = (V, E)$, 所有顶点的度数之和是边数的 2 倍, 即

$$\sum_{v \in V} d(v) = 2\varepsilon(G),$$

其中 $\varepsilon(G)$ 表示边的条数.

这是很显然的, 因为每出现一条边, 顶点的总度数就增加 2.

利用图的概念, 可以很形象地描述出模型中涉及的因素及因素的关联结构形式. 但直接利用这种结构进行计算机或数学求解是很不容易的, 一个有效的解决办法是将图表示成矩阵的形式.

5.1.3 图的矩阵表示

数学上对图的连接结构量化方法是基于矩阵的方法进行的. 记 $n = |V|$ 表示图 G 的顶点个数.

1. 关联矩阵

对无向图 G, 其关联矩阵 $M = (m_{ij})_{n \times \varepsilon}$, 其中

$$m_{ij} = \begin{cases} 1, & v_i \text{ 与 } e_j \text{ 相关联}, \\ 0, & v_i \text{ 与 } e_j \text{ 不关联}. \end{cases}$$

对有向图 G, 其关联矩阵 $M = (m_{ij})_{n \times \varepsilon}$, 其中

$$m_{ij} = \begin{cases} 1, & v_i \text{ 为 } e_j \text{ 的起点}, \\ -1, & v_i \text{ 为 } e_j \text{ 的终点}, \\ 0, & v_i \text{ 与 } e_j \text{ 不关联}. \end{cases}$$

2. 邻接矩阵

对无向图 G, 其邻接矩阵 $A = (a_{ij})_{n \times n}$, 其中

$$a_{ij} = \begin{cases} 1, & v_i \text{ 与 } v_j \text{ 相邻}, \\ 0, & v_i \text{ 与 } v_j \text{ 不相邻}. \end{cases}$$

对有向图 $G = (V, E)$, 其邻接矩阵 $A = (a_{ij})_{n \times n}$, 其中

$$a_{ij} = \begin{cases} 1, & (v_i, v_j) \in E, \\ 0, & (v_i, v_j) \notin E. \end{cases}$$

对有向赋权图 G, 其邻接矩阵 $A = (a_{ij})_{n \times n}$, 其中

$$a_{ij}=\begin{cases} w_{ij}, & (v_i,v_j)\in E, \text{且 } w_{ij} \text{ 为其权}, \\ 0, & i=j, \\ \infty, & (v_i,v_j)\notin E. \end{cases}$$

无向赋权图的邻接矩阵可类似定义.

在网络中, 边 (弧) 的权可以用来表示各种不同含义. 例如在运输网络中, 边 (弧) 用来表示道路, 边 (弧) 上的权可以用来表示道路的长度, 或者通过该段道路所需的时间或运费, 也可以用来表示建造该段道路的费用等, 权的实际意义可以根据具体问题的需要决定.

例 5.1　给出图 5.2 的关联矩阵和邻接矩阵.

解　根据定义, 图 5.2 的关联矩阵为

$$M=\begin{bmatrix} 2&1&1&0&0&0&0&1&0&0&0\\ 0&0&1&0&1&1&0&0&0&0&1\\ 0&1&0&1&0&0&0&0&1&0&0\\ 0&0&0&1&1&0&1&0&0&1&0\\ 0&0&0&0&0&0&0&1&1&1&1\\ 0&0&0&0&0&1&1&0&0&0&0 \end{bmatrix},$$

邻接矩阵为

$$A=\begin{bmatrix} 1&1&1&0&1&0\\ 1&0&0&1&1&1\\ 1&0&0&1&1&0\\ 0&1&1&0&1&1\\ 1&1&1&1&0&0\\ 0&1&0&1&0&0 \end{bmatrix}.$$

例 5.2　给出图 5.3 和图 5.4 的关联矩阵和邻接矩阵.

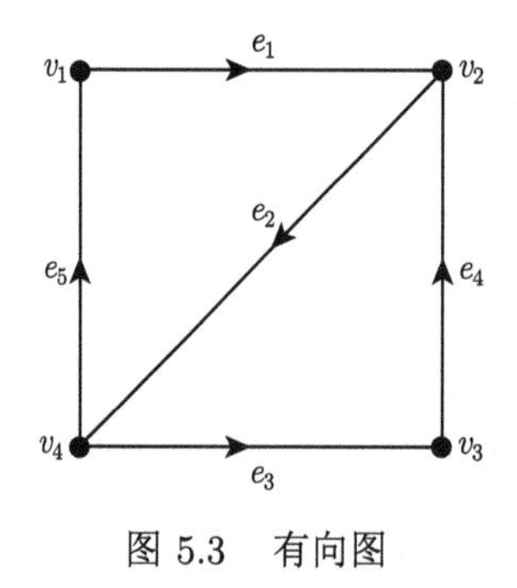

图 5.3　有向图

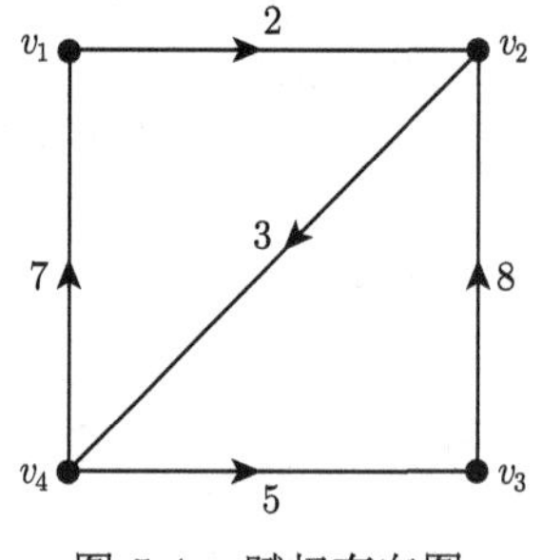

图 5.4　赋权有向图

解 根据定义, 图 5.3 的关联矩阵和邻接矩阵分别为

$$M=\begin{bmatrix}1&0&0&0&-1\\-1&1&0&-1&0\\0&0&-1&1&0\\0&-1&1&0&1\end{bmatrix},\quad A=\begin{bmatrix}0&1&0&0\\0&0&0&1\\0&1&0&0\\1&0&1&0\end{bmatrix}.$$

对图 5.4 中的有向赋权图, 其关联矩阵和邻接矩阵分别为

$$M=\begin{bmatrix}1&0&0&0&-1\\-1&1&0&-1&0\\0&0&-1&1&0\\0&-1&1&0&1\end{bmatrix},\quad A=\begin{bmatrix}0&2&\infty&\infty\\\infty&0&\infty&3\\\infty&8&0&\infty\\7&\infty&5&0\end{bmatrix}.$$

5.2 NetworkX 简介

NetworkX 作为 Python 的一个开源库, 便于用户对复杂网络进行创建、操作和学习. 利用 NetworkX 可以以标准化和非标准化的数据格式存储网络、生成多种随机网络和经典网络、分析网络结构、建立网络模型、设计新的网络算法、进行网络绘制等.

在 Python 中, 用下列语句导入 NetworkX 模块:

```
import networkx as nx
```

1. 图的生成

在 NetworkX 中, 有以下 4 种基本的图类型:

Graph: 无向图 (undirected Graph);

DiGraph: 有向图 (directed Graph);

MultiGraph: 多重无向图, 即两个顶点之间的边数多于一条, 也允许存在环;

MultiDiGraph: 多重有向图.

可以通过以下代码创建上述四种图类型的空对象 (默认已导入模块).

```
G = nx.Graph()          #创建无向图
G = nx.DiGraph()        #创建有向图
G = nx.MultiGraph()     #创建多重无向图
G = nx.MultiDigraph()   #创建多重有向图
```

例 5.3 ER 随机图是早期研究得比较多的一类 “复杂” 网络, 模型的基本思想是以概率 p 连接 n 个节点中的每一对节点. 用 random_graphs.erdos_renyi_ graph(n,p) 函数生成一个含有 n 个节点、以概率 p 连接的 ER 随机图. 画出 $n=10, p=0.3$ 的随机图.

其中一次运行画出的图如图 5.5 所示.

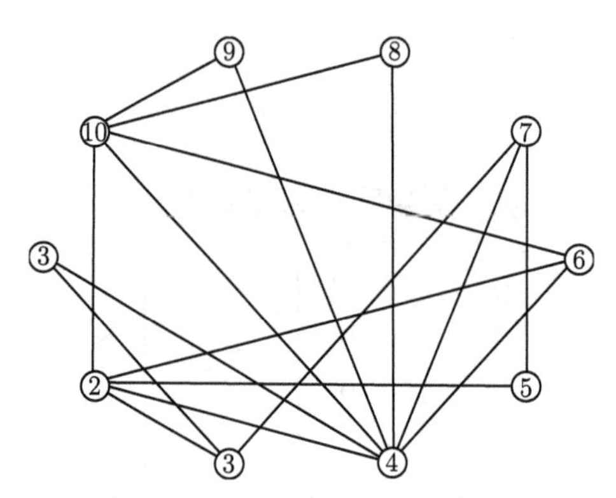

图 5.5　$n=10, p=0.3$ 的随机图

```
#程序文件ex5_3.py
import networkx as nx
import pylab as plt
ER = nx.random_graphs.erdos_renyi_graph(10, 0.3)
pos = nx.shell_layout(ER)
s = [str(i) for i in range(1,11)]
s = dict(zip(range(10), s))  #构造顶点标注的字符字典
nx.draw(ER, pos, labels=s); plt.show()
```

下面解释一下 NetworkX 库画图函数 draw 中的主要参数, draw 函数的调用格式如下:

```
draw(G, pos=None, ax=None, **kwds)
```

其中, G 表示要绘制的网络图, pos 表示位置坐标的字典数据, 默认为 None, 其用于建立布局, 图形的布局有五种设置:

```
circular_layout: 顶点在一个圆环上均匀分布;
random_layout:   顶点在一个单位正方形内随机分布;
shell_layout:    顶点在多个同心圆上分布;
spring_layout:   用Fruchterman-Reingold算法排列顶点;
spectral_layout: 根据图的拉普拉斯特征向量排列顶点.
```

也可以由邻接矩阵直接创建无向图和有向图, 命令如下:

```
G = nx.Graph(W)     #由邻接矩阵W创建无向图G
G = nx.DiGraph(W)   #由邻接矩阵W创建有向图G
```

2. 数据存储结构

NetworkX 存储网络的相关数据时, 使用了 Python 的 3 层字典结构, 这有利于在存储大规模稀疏网络时提高存取速度. 下面举例说明其存储方式.

例 5.4 添加图的顶点和边示例.

```
#程序文件ex5_4.py
import networkx as nx
import pylab as plt
G = nx.Graph()
G.add_node(1)    #添加标号为1的一个顶点
G.add_nodes_from(['A', 'B'])  #从列表中添加多个顶点
G.add_edge('A', 'B')   #添加顶点A和B之间的一条边
G.add_edge(1, 2, weight=0.5)   #添加顶点1和2之间权重为0.5的一条边
e = [('A','B',0.3),('B','C',0.9),('A','C',0.5),('C','D',1.2)]
G.add_weighted_edges_from(e)  #从列表中添加多条赋权边
W = nx.to_numpy_matrix(G)   #从图G导出邻接矩阵
print(W); print(G.nodes)   #显示邻接矩阵和顶点集
print('------'); print(G.adj)   #显示图的邻接表字典数据
```

例 5.5 (续例 5.2) 画出图 5.4 的赋权有向图.

```
#程序文件ex5_5.py
import networkx as nx
import pylab as plt
G=nx.DiGraph()
List=[(1,2,2),(2,4,3),(3,2,8),(4,3,5),(4,1,7)]
G.add_nodes_from(range(1,5))
G.add_weighted_edges_from(List)
pos=nx.shell_layout(G)
nx.draw(G,pos,with_labels=True, font_weight='bold', node_color='y')
w1=nx.get_edge_attributes(G,'weight')
nx.draw_networkx_edge_labels(G,pos,edge_labels=w1)
W2 = nx.to_numpy_matrix(G)   #从图G导出邻接矩阵
print(W2); plt.show()
```

所画的图如图 5.6 所示.

3. 图数据的导出

描述图的方法有很多, 还可以使用邻接表 (adjacency list), 它列出了每个顶点的邻居顶点.

构造好图之后, 还可以导出图的邻接矩阵和邻接表等数据.

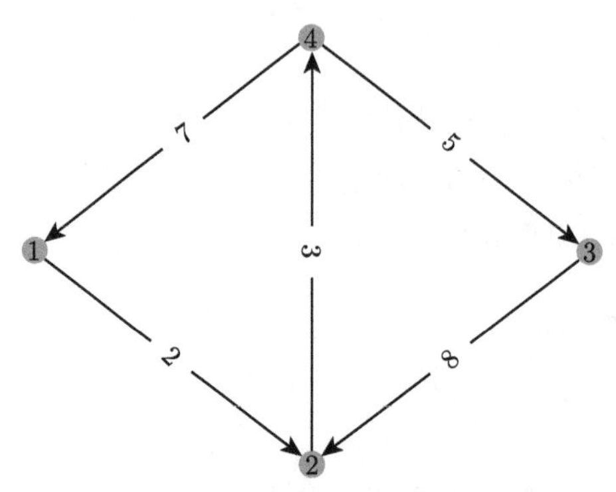

图 5.6 Python 画的有向图

例 5.6 生成 $n = 5$, $p = 0.4$ 的 ER 随机图, 并导出邻接矩阵和邻接表等数据.

```
#程序文件ex5_6.py
import networkx as nx
import pylab as plt
import numpy as np
G = nx.random_graphs.erdos_renyi_graph(5, 0.5)
pos = nx.shell_layout(G)
s = [str(i) for i in range(1,6)]
s = dict(zip(range(5), s))  #构造顶点标注的字符字典
W = nx.to_numpy_matrix(G)   #从图G导出邻接矩阵
print('邻接矩阵为: \n', W);
print('邻接表字典为: \n', G.adj)
print('列表字典为: \n', nx.to_dict_of_lists(G))
np.savetxt('data5_6.txt', W)  #邻接矩阵保存到文本文件
nx.draw(G, pos, labels=s); plt.show()
```

4. 算法

NetworkX 中为使用者提供了许多图论算法, 包括最短路算法、广度优先搜索算法、聚类算法和同构算法等. 例如,

```
dijkstra_path(G, source, target, weight='weight'): 求最短路径;
dijkstra_path_length(G, source, target, weight='weight'): 求最短距离.
```

5.3 最短路问题

5.3.1 基本概念

最短路问题 (shortest-path problem) 是网络理论解决的典型问题之一, 旨在寻找图中两顶点之间的最短距离. 作为一个基本工具, 实际应用中的许多优化问

题, 如管路铺设、线路安排、厂区布局和设备更新等, 都可以被归结为最短路问题来解决.

定义 5.4 设图 G 是赋权图, Γ 为 G 中的一条路, 则称 Γ 的各边权之和为 Γ 的长度.

定义 5.5 对于图 $G=(V,E)$, 任意两点均有路径的图称为**连通图**; 起点与终点重合的路径称为**圈**; 连通而无圈的图称为**树**; 只有顶点没有边的图称为**空图**.

定义 5.6 设 $P(u,v)$ 是赋权图 G 从 u 到 v 的路径, 则称 $w(P)=\sum\limits_{e\in E(P)} w(e)$ 为路径 P 的**权**. 在赋权图 G 中, 从顶点 u 到 v 的具有最小权的路 $P^*(u,v)$, 称为 u 到 v 的**最短路**. 最短路的长度称为从 u 到 v 的距离, 记为 $d(u,v)$.

5.3.2 固定起点的最短路算法

寻求从一固定起点 u_0 到其余各点的最短路, 最有效的算法之一就是 E. W. Dijkstra (迪杰斯特拉) 于 1959 年提出的 Dijkstra 算法. 该算法可以用于求解图中某一特定点到其他各顶点的最短路问题 (单源最短路问题), 也可以求解任意两个指定顶点间的最短路问题.

设 G 为赋权有向图或无向图, G 边上的权均非负. Dijkstra 算法的基本思想是按其距离固定起点 u_0 从近到远为顺序, 依次求得 u_0 到 G 的各顶点的最短路和距离, 直至 v_0(或直至 G 的所有顶点).

用 S 表示具有永久标号的顶点集. 对每个顶点, 定义两个标号 $(l(v),z(v))$, 其中,

$l(v)$: 顶点 v 的标号, 表示从起点 u_0 到 v 当前路的长度.

$z(v)$: 顶点 v 的父节点标号, 用以确定最短路的路线.

算法的过程就是在每一步改进这两个标记, 使最终 $l(v)$ 为从顶点 u_0 到 v 得到的最短路的权, 输入为带权邻接矩阵 W. Dijkstra 算法的计算步骤如下.

(1) 赋初值: 令 $S=\{u_0\}, l(u_0)=0. \forall v\in \overline{S}=V\backslash S$, 令 $l(v)=W(u_0,v), z(v)=u_0, u\leftarrow u_0$.

(2) 更新 $l(v), z(v): \forall v\in \overline{S}=V\backslash S$, 若 $l(v)>l(u)+W(u,v)$, 则令

$$l(v)=l(u)+W(u,v),\quad z(v)=u.$$

(3) 设 v^* 是使 $l(v)$ 取最小值 $\overline{S}$ 中的顶点, 则令 $S=S\cup\{v^*\}, u\leftarrow v^*$.

(4) 若 $\overline{S}\neq\varnothing$, 转步骤 (2); 否则, 停止.

用上述算法求出的 $l(v)$ 就是从 u_0 到 v 得到的最短路的权, 从 v 的父节点标记 $z(v)$ 追溯到 u_0, 就得到 u_0 到 v 的最短路的路线.

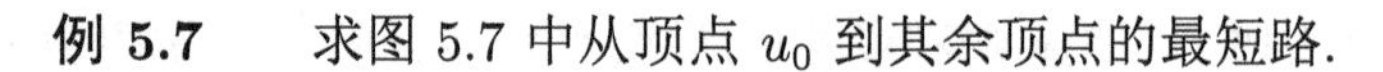

例 5.7　求图 5.7 中从顶点 u_0 到其余顶点的最短路.

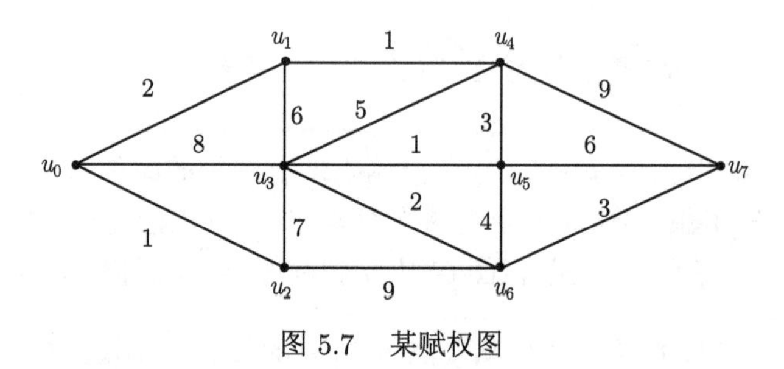

图 5.7　某赋权图

解　先写出带权邻接矩阵

$$
W=\begin{bmatrix}
0 & 2 & 1 & 8 & \infty & \infty & \infty & \infty \\
 & 0 & \infty & 6 & 1 & \infty & \infty & \infty \\
 & & 0 & 7 & \infty & \infty & 9 & \infty \\
 & & & 0 & 5 & 1 & 2 & \infty \\
 & & & & 0 & 3 & \infty & 9 \\
 & & & & & 0 & 4 & 6 \\
 & & & & & & 0 & 3 \\
 & & & & & & & 0
\end{bmatrix}.
$$

因 G 是无向图, 故 W 是对称矩阵 (下三角部分省略).

Dijkstra 算法步骤如下:

迭代次数	$l(u_i)$							
	u_0	u_1	u_2	u_3	u_4	u_5	u_6	u_7
1	$\boxed{0}$	∞	∞	∞	∞	∞	∞	∞
2		2	$\boxed{1}$	8	∞	∞	∞	∞
3		$\boxed{2}$		8	∞	∞	10	∞
4				8	$\boxed{3}$	∞	10	∞
5				8		$\boxed{6}$	10	12
6				$\boxed{7}$			10	12
7							$\boxed{9}$	12
8								$\boxed{12}$
最后标记: $l(v)$	0	2	1	7	3	6	9	12
$z(v)$	u_0	u_0	u_0	u_5	u_1	u_4	u_3	u_4

从第二个标记 $z(v)$ 向前追溯, 即得以 u_0 为根的树 (图 5.8).

```
#程序文件ex5_7.py
import networkx as nx
```

```
import numpy as np
L=[(0,1,2),(0,2,1),(0,3,8),(1,3,6),(1,4,1),
   (2,3,7),(2,6,9),(3,4,5),(3,5,1),(3,6,2),
   (4,5,3),(4,7,9),(5,6,4),(5,7,6),(6,7,3)]
G=nx.Graph()
G.add_weighted_edges_from(L)
path=nx.shortest_path(G, 0, weight='weight')
d=nx.shortest_path_length(G, 0, weight='weight')
print('path:',path); print('d:',d)
for i in range(0,8):
    print('顶点0到顶点{}的最短路径为: '.format(i), path[i])
```

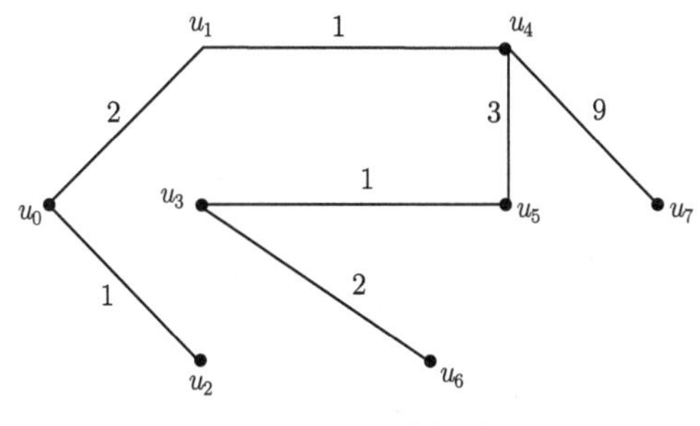

图 5.8 以 u_0 为根的树

5.3.3 每对顶点之间的最短路

计算赋权图中各对顶点之间最短路径可以调用 Dijkstra 算法. 具体方法是: 每次以不同的顶点作为起点, 用 Dijkstra 算法求出从该起点到其余顶点的最短路径, 反复执行 $n-1$ (n 为顶点个数) 次这样的操作, 就可得到每对顶点之间的最短路径. 但这种算法需要做大量的重复计算, 效率不高. 为此, R. W. Floyd 于 1962 年提出了一个直接寻求任意两顶点之间最短路的算法, 称为 Floyd 算法.

1. 算法的基本思想

直接在图的带权邻接矩阵中用插入顶点的方法依次构造出 v 个矩阵 $D^{(1)}$, $D^{(2)},\cdots,D^{(v)}$, 使最后得到的矩阵 $D^{(v)}$ 成为图的距离矩阵, 同时也求出插入点矩阵以便得到两点间的最短路径.

2. 算法原理

1) 求距离矩阵的方法

把带权邻接矩阵 W 作为距离矩阵的初值, 即 $D^{(0)}=(d_{ij}^{(0)})_{v\times v}=W$.

(1) $D^{(1)}=(d_{ij}^{(1)})_{v\times v}$, 其中 $d_{ij}^{(1)}=\min\left\{d_{ij}^{(0)},d_{i1}^{(0)}+d_{1j}^{(0)}\right\}$,$d_{ij}^{(1)}$ 是从 v_i 到 v_j 的

只允许以 v_1 作为中间点的路径中最短路的长度.

(2) $D^{(2)}=(d_{ij}^{(2)})_{v\times v}$, 其中 $d_{ij}^{(2)}=\min\left\{d_{ij}^{(1)},d_{i2}^{(1)}+d_{2j}^{(1)}\right\}$, $d_{ij}^{(2)}$ 是从 v_i 到 v_j 的只允许 v_1,v_2 作为中间点的路径中最短路的长度.

……

$(v)D^{(v)}=(d_{ij}^{(v)})_{v\times v}$, 其中 $d_{ij}^{(v)}=\min\left\{d_{ij}^{(v-1)},d_{iv}^{(v-1)}+d_{vj}^{(v-1)}\right\}$, $d_{ij}^{(v)}$ 是从 v_i 到 v_j 的只允许 $v_1,v_2,\cdots,v_v$ 作为中间点的路径中最短路的长度, 即从 v_i 到 v_j 中间可插入任何顶点的路径中最短路的长度, 因此 $D^{(v)}$ 即是距离矩阵.

2) 求路径矩阵的方法

在建立距离矩阵的同时可建立路径矩阵 R, $R=(r_{ij})_{v\times v}$, r_{ij} 的含义是从 v_i 到 v_j 的最短路要经过点号为 r_{ij} 的点,

$$R^{(0)}=(r_{ij}^{(0)})_{v\times v},\quad r_{ij}^{(0)}=j,$$

每求得一个 $D^{(k)}$ 时, 按下列方式产生相应的新的 $R^{(k)}$:

$$r_{ij}^{(k)}=\begin{cases}k, & d_{ij}^{(k-1)}>d_{ik}^{(k-1)}+d_{kj}^{(k-1)},\\ r_{ij}^{(k-1)} & \text{否则}.\end{cases}$$

即当 v_k 被插入任何两点间的最短路径时, 被记录在 $R^{(k)}$ 中, 依次求 $D^{(v)}$ 时求得 $R^{(v)}$, 可由 $R^{(v)}$ 来查找任何点对之间的最短路的路径.

3) 查找最短路径的方法

若 $r_{ij}^{(v)}=p_1$, 则点 p_1 是点 i 到点 j 的最短路的中间点, 然后用同样的方法再分头查找. 若

(1) 向点 i 追溯得 $r_{ip_1}^{(v)}=p_2,r_{ip_2}^{(v)}=p_3,\cdots,r_{ip_k}^{(v)}=i$;

(2) 向点 j 追溯得 $r_{p_1j}^{(v)}=q_1,r_{q_1j}^{(v)}=q_2,\cdots,r_{q_mj}^{(v)}=j$.

则由点 i 到 j 的最短路的路径为: $i,p_k,\cdots,p_2,p_1,q_1,q_2,\cdots,q_m,j$.

3. 算法步骤

Floyd 算法: 求任意两点间的最短路.

$D(i,j)$: i 到 j 的距离.

$R(i,j)$: i 到 j 之间的插入点.

输入带权邻接矩阵 W,

(1) 赋初值: 对所有 i,j, $d(i,j)\leftarrow w(i,j)$, $r(i,j)\leftarrow j$, $k\leftarrow 1$.

(2) 更新 $d(i,j)$, $r(i,j)$: 对所有 i,j, 若 $d(i,k)+d(k,j)<d(i,j)$, 则

$$d(i,j)\leftarrow d(i,k)+d(k,j),\quad r(i,j)\leftarrow k.$$

(3) 若 $k=v$, 停止; 否则 $k\leftarrow k+1$, 转 (2).

例 5.8 求图 5.9 中加权图的任意两点间的距离与路径.

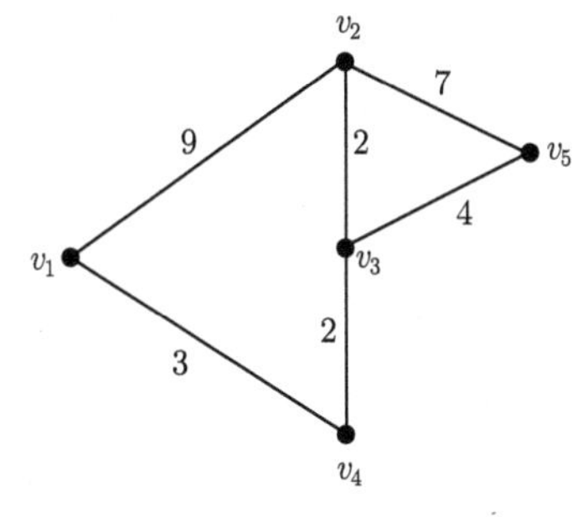

图 5.9 加权图

解

$$D^{(0)}=\begin{bmatrix}0&9&\infty&3&\infty\\9&0&2&\infty&7\\\infty&2&0&2&4\\3&\infty&2&0&\infty\\\infty&7&4&\infty&0\end{bmatrix},\quad R^{(0)}=\begin{bmatrix}1&2&3&4&5\\1&2&3&4&5\\1&2&3&4&5\\1&2&3&4&5\\1&2&3&4&5\end{bmatrix}.$$

插入 v_1, 得

$$D^{(1)}=\begin{bmatrix}0&9&\infty&3&\infty\\9&0&2&\underline{\underline{12}}&7\\\infty&2&0&2&4\\3&\underline{\underline{12}}&2&0&\infty\\\infty&7&4&\infty&0\end{bmatrix},\quad R^{(1)}=\begin{bmatrix}1&2&3&4&5\\1&2&3&\underline{\underline{1}}&5\\1&2&3&4&5\\1&\underline{\underline{1}}&3&4&5\\1&2&3&4&5\end{bmatrix}.$$

矩阵中带 “$\underline{\underline{\ }}$” 的项为经迭代比较以后有变化的元素, 即需引入中间点 v_1, 从而 $R^{(1)}$ 中相应的位置换为 1.

插入 v_2, 得

$$D^{(2)}=\begin{bmatrix}0&9&\underline{\underline{11}}&3&\underline{\underline{16}}\\9&0&2&12&7\\\underline{\underline{11}}&2&0&2&4\\3&12&2&0&\underline{\underline{19}}\\\underline{\underline{16}}&7&4&\underline{\underline{19}}&0\end{bmatrix},\quad R^{(2)}=\begin{bmatrix}1&2&\underline{\underline{2}}&4&\underline{\underline{2}}\\1&2&3&1&5\\\underline{\underline{2}}&2&3&4&5\\1&1&3&4&\underline{\underline{2}}\\\underline{\underline{2}}&2&3&\underline{\underline{2}}&5\end{bmatrix}.$$

插入 v_3, 得

$$D^{(3)}=\begin{bmatrix}0&9&11&3&\underline{\underline{15}}\\9&0&2&\underline{\underline{4}}&\underline{\underline{6}}\\11&2&0&2&4\\3&\underline{\underline{4}}&2&0&\underline{\underline{6}}\\\underline{\underline{15}}&\underline{\underline{6}}&4&\underline{\underline{6}}&0\end{bmatrix},\quad R^{(3)}=\begin{bmatrix}1&2&2&4&\underline{\underline{3}}\\1&2&3&\underline{\underline{3}}&\underline{\underline{3}}\\2&2&3&4&5\\1&\underline{\underline{3}}&3&4&\underline{\underline{3}}\\\underline{\underline{3}}&\underline{\underline{3}}&3&\underline{\underline{3}}&5\end{bmatrix}.$$

插入 v_4, 得

$$D^{(4)} = \begin{bmatrix} 0 & \underline{\underline{7}} & \underline{\underline{5}} & 3 & \underline{\underline{9}} \\ \underline{\underline{7}} & 0 & 2 & 4 & 6 \\ \underline{\underline{5}} & 2 & 0 & 2 & 4 \\ 3 & 4 & 2 & 0 & 6 \\ \underline{\underline{9}} & 6 & 4 & 6 & 0 \end{bmatrix}, \quad R^{(4)} = \begin{bmatrix} 1 & \underline{\underline{4}} & \underline{\underline{4}} & 4 & \underline{\underline{4}} \\ \underline{\underline{4}} & 2 & 3 & 3 & 3 \\ \underline{\underline{4}} & 2 & 3 & 4 & 5 \\ 1 & 3 & 3 & 4 & 3 \\ \underline{\underline{4}} & 3 & 3 & 3 & 5 \end{bmatrix}.$$

$$D^{(5)} = D^{(4)}, \quad R^{(5)} = R^{(4)}$$

从 $D^{(5)}$ 中得各顶点间的最短距离, 从 $R^{(5)}$ 中可追溯出最短路径. 例如, 从 $D^{(5)}$ 中得 $d_{51}^{(5)} = 9$, 故从 v_5 到 v_1 的最短距离为 9, 从 $R^{(5)}$ 中得 $r_{51}^{(5)} = 4$, 由 v_4 向 v_5 追溯: $r_{54}^{(5)} = 3, r_{53}^{(5)} = 3$; 由 v_4 向 v_1 追溯: $r_{41}^{(5)} = 1$. 所以从 v_5 到 v_1 的最短路径为

$$5 \to 3 \to 4 \to 1.$$

```
#程序文件ex5_8.py
import networkx as nx
import numpy as np
L=[(1,2,9),(1,4,3),(2,3,2),(2,5,7),(3,4,2),(3,5,4)]
G=nx.Graph(); G.add_nodes_from(range(1,6))
G.add_weighted_edges_from(L)
d = nx.floyd_warshall_numpy(G)
print('最短距离矩阵为: \n', d)
path = nx.shortest_path(G, weight='weight', method='bellman-ford')
for i in range(1,len(d)):
    for j in range(i+1, len(d)+1):
        print('顶点{}到顶点{}的最短路径为: '.format(i,j), path[i][j])
```

例 5.9(设备更新问题)　某种工程设备的役龄为 4 年, 每年年初都面临着是否更新的问题: 若卖旧买新, 就要支付一定的购置费用; 若继续使用, 则要支付更多的维护费用, 且使用年限越长维护费用越多. 若役龄期内每年的年初购置价格、当年维护费用及年末剩余净值如表 5.1 所示. 请为该设备制定一个 4 年役龄期内的更新计划, 使总支付费用最少.

表 5.1　相关费用数据

年份	1	2	3	4
年初购置价格/万元	25	26	28	31
当年维护费用/万元	10	14	18	26
年末剩余净值/万元	20	16	13	11

解　可以把这个问题化为图论中的最短路问题.

构造赋权有向图 $D=(V,A,W)$, 其中顶点集 $V=\{v_1,v_2,\cdots,v_5\}$, 这里 $v_i(i=1,2,3,4)$ 表示第 i 年年初的时刻, v_5 表示第 4 年年末的时刻, A 为弧的集合, 邻接矩阵 $W=(w_{ij})_{5\times5}$, 这里 w_{ij} 为第 i 年年初至第 j 年年初 (或 $j-1$ 年年末) 期间所支付的费用, 计算公式为

$$w_{ij}=p_i+\sum_{k=1}^{j-i}a_k-r_{j-i},$$

其中 p_i 为第 i 年年初的购置价格, a_k 为使用到第 k 年当年的维护费用, r_i 为第 i 年年末旧设备的出售价格 (残值). 则邻接矩阵

$$W=\begin{bmatrix}0&15&33&54&82\\\infty&0&16&34&55\\\infty&\infty&0&18&36\\\infty&\infty&\infty&0&21\\\infty&\infty&\infty&\infty&0\end{bmatrix}.$$

则制定总支付费用最小的设备更新计划, 就是在有向图 D 中求从 v_1 到 v_5 的费用最短路.

利用 Dijkstra 算法, 使用 Python 软件, 求得 v_1 到 v_5 的最短路径为 $v_1\rightarrow v_2\rightarrow v_3\rightarrow v_5$, 最短路径的长度为 67. 设备更新最小费用路径如图 5.10 中的粗线所示, 即设备更新计划为第 1 年年初买进新设备, 使用到第 1 年年底, 第 2 年年初购进新设备, 使用到第 2 年年底, 第 3 年年初再购进新设备, 使用到第 4 年年底.

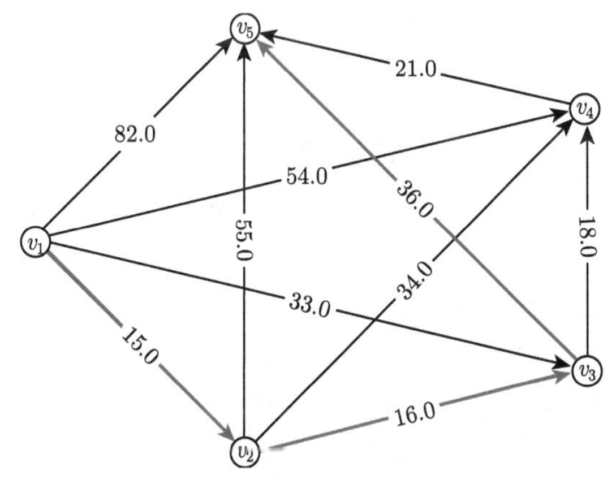

图 5.10 设备更新最小费用示意图

计算及画图的 Python 程序如下:

```
#程序文件ex5_9.py
```

```
import numpy as np
import networkx as nx
import pylab as plt
p=np.array([25,26,28,31]); a=np.array([10,14,18,26]);
r=np.array([20,16,13,11]); n=5;
b=np.zeros((n,n)) #邻接矩阵(非数学上的邻接矩阵)初始化
for i in range(n-1):
    for j in range(i+1,n):
        b[i,j]=p[i]+sum(a[:j-i])-r[j-i-1]
G=nx.DiGraph(b)
map = dict(zip(range(n), range(1,n+1)))
G = nx.relabel_nodes(G,map) #修改顶点编号
p=nx.shortest_path(G,1,5,weight='weight')
d=nx.shortest_path_length(G,1,n,weight='weight')
print('path=',p); print('d=',d)
plt.rc('font',size=16)
pos=nx.shell_layout(G)  #设置布局
w=nx.get_edge_attributes(G,'weight')
key=range(1,n+1); s=['v'+str(i) for i in key]
s=dict(zip(key,s)) #构造用于顶点标注的字符字典
nx.draw(G, pos, font_weight='bold', labels=s, node_color='r')
nx.draw_networkx_edge_labels(G,pos,edge_labels=w)
path_edges=list(zip(p,p[1:]))
nx.draw_networkx_edges(G,pos,edgelist=path_edges,
            edge_color='r',width=3)
plt.show()
```

5.4 最小生成树问题

5.4.1 基本概念

树是图论中非常重要的一类图, 它结构简单、应用广泛, 最小生成树问题是其中的经典问题之一.

定义 5.7 若图 $G=(V(G),E(G))$ 和树 $T=(V(T),E(T))$ 满足 $V(G)=V(T)$, $E(T)\subset E(G)$, 则称 T 是 G 的生成树. 图 G 为连通的充要条件为 G 有生成树. 一个连通图的生成树的个数很多. 赋权图的具有最小权的生成树叫做最小生成树.

树有下面常用的五个充要条件.

定理 5.2 (1) $G=(V,E)$ 是树当且仅当 G 中任两顶点之间有且仅有一条轨道.

(2) G 是树当且仅当 G 中无圈, 且 $|E| = |V| - 1$.

(3) G 是树当且仅当 G 连通, 且 $|E| = |V| - 1$.

(4) G 是树当且仅当 G 连通, 且 $\forall e \in E(G), G - e$ 不连通.

(5) G 是树当且仅当 G 无圈, 且 $\forall e \notin E(G), G + e$ 恰有一个圈.

求连通图最小生成树可以用 Kruskal(克鲁斯卡尔) 算法或 Prim(普里姆) 算法求出.

5.4.2 Kruskal 算法

上述问题的数学模型是在连通赋权图上求权最小的生成树. 下面介绍构造最小生成树的两种常用算法.

Kruskal 算法构造最小生成树算法如下.

(1) 选择边 $e_1 \in E(G)$, 使得 e_1 是权值最小的边.

(2) 若 $e_1, e_2, \cdots, e_i$ 已选好, 则从 $E(G) - \{e_1, e_2, \cdots, e_i\}$ 中选取 e_{i+1} 使得

(i) $\{e_1, e_2, \cdots, e_i, e_{i+1}\}$ 中无圈;

(ii) e_{i+1} 是 $E(G) - \{e_1, e_2, \cdots, e_i\}$ 中权值最小的边.

(3) 直到选到 $e_{|V|-1}$ 为止.

5.4.3 Prim 算法

构造连通赋权图 $G = (V, E, W)$ 的最小生成树, 设置两个集合 P 和 Q, 其中 P 用于存放 G 的最小生成树中的顶点, 集合 Q 存放 G 的最小生成树中的边. 令集合 P 的初值为 $P = \{v_1\}$(假设构造最小生成树时, 从顶点 v_1 出发), 集合 Q 的初值为 $Q = \varnothing$(空集). Prim 算法的思想是, 从所有 $p \in P, v \in V - P$ 的边中, 选取具有最小权值的边 pv, 将顶点 v 加入集合 P 中, 将 pv 加入集合 Q 中, 如此不断重复, 直到 $P = V$ 时, 最小生成树构造完毕, 这时集合 Q 中包含了最小生成树的所有边.

Prim 算法构造最小生成树算法如下:

(1) $P = \{v_1\}$, $Q = \varnothing$.

(2) while $P \sim= V$

  找最小边 pv, 其中 $p \in P, v \in V - P$;

  $P = P + \{v\}$;

  $Q = Q + \{pv\}$;

 end

5.4.4 Python 求解

NetworkX 求最小生成树函数为 minimum_spanning_tree, 其调用格式为

```
T=minimum_spanning_tree(G, weight='weight', algorithm='kruskal')
```

其中 G 为输入的图, algorithm 的取值有三种字符串: 'kruskal', 'prim', 或 'boruvka', 缺省值为'kruskal'; 返回值 T 为所求得的最小生成树的可迭代对象.

例 5.10 用 Kruskal 算法求如图 5.7 所示赋权网络的最小生成树.

解 求得的最小生成树的权重为 13, 最小生成树如图 5.11 所示.

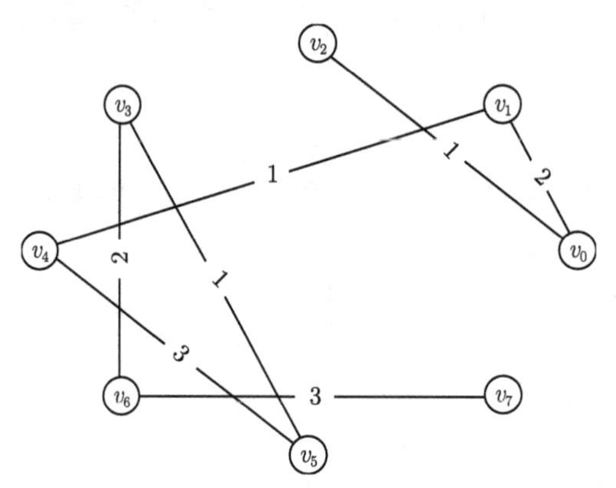

图 5.11 构造的最小生成树

```
#程序文件ex5_10.py
import networkx as nx
import numpy as np
import pylab as plt
L=[(0,1,2),(0,2,1),(0,3,8),(1,3,6),(1,4,1),
   (2,3,7),(2,6,9),(3,4,5),(3,5,1),(3,6,2),
   (4,5,3),(4,7,9),(5,6,4),(5,7,6),(6,7,3)]
G=nx.Graph()
G.add_weighted_edges_from(L)
T=nx.minimum_spanning_tree(G,algorithm='kruskal')
c=nx.to_numpy_matrix(T)  #返回最小生成树的邻接矩阵
print("邻接矩阵c=\n",c)
w1=c.sum()/2  #求最小生成树的权重
print("最小生成树的权重W=",w1)
pos=nx.circular_layout(G)
key=range(8); s=['v'+str(i) for i in key]
s=dict(zip(key,s)) #构造用于顶点标注的字符字典
nx.draw(T,pos,labels=s,font_weight='bold')
w2=nx.get_edge_attributes(T,'weight')
nx.draw_networkx_edge_labels(T,pos,edge_labels=w2)
plt.show()
```

5.5 最大流问题

5.5.1 基本概念

最大流问题 (maximum flow problem) 是一类应用极为广泛的问题, 例如在交通网络中有人流、车流、货物流, 供水网络中有水流, 金融系统中现金流等等. 最大流问题是一种组合最优化问题, 就是要讨论如何充分利用装置的能力, 使得运输的流量最大, 以取得最好的效果.

定义 5.8 设 $G=(V,E)$ 为有向图, 在 V 中指定一点称为发点或源 (记为 v_s), 另一点称为收点或汇 (记为 v_t), 其余点称为中间点. 对每一条边 $v_iv_j\in E$, 对应一个非负实数 C_{ij}, 称为它的容量. 这样的 G 称为容量网络, 简称网络, 记为 $G=(V,E,C)$.

定义 5.9 网络 $G=(V,E,C)$ 中任一条边 v_iv_j 有流量 f_{ij}, 称集合 $f=\{f_{ij}\}$ 为网络 G 上的一个流. 满足下述条件的流 f 称为可行流:

(1) **容量限制条件** 对每一边 v_iv_j, 有 $0\leqslant f_{ij}\leqslant C_{ij}$.

(2) **平衡条件** 对于中间点 v_k, 有 $\sum\limits_i f_{ik}=\sum\limits_j f_{kj}$, 即中间点 v_k 的输入量等于输出量.

如果 f 是可行流, 则对收、发点 v_t, v_s 有 $\sum\limits_i f_{is}=\sum\limits_j f_{jt}=v_f$, 即从 v_s 点发出的物质总量等于 v_t 点输入的量. v_f 称为网络流 f 的总流量.

上述概念可以这样来理解, 如 G 是一个运输网络, 则发点 v_s 表示发送站, 收点 v_t 表示接收站, 中间点 v_k 表示中间转运站, 可行流 f_{ij} 表示某条运输线上通过的运输量, 容量 C_{ij} 表示某条运输线能承担的最大运输量, v_f 表示运输总量.

可行流总是存在的, 如所有边的流量 $f_{ij}=0$ 就是一个可行流, 称为零流. 所谓最大流问题就是在容量网络中, 寻找流量最大的可行流.

实际问题中, 一个网络会出现下面两种情况.

(1) 发点和收点都不止一个. 解决的方法是再虚设一个发点 v_s 和一个收点 v_t, 发点 v_s 到所有原发点边的容量都设为无穷大, 所有原收点到收点 v_t 边的容量都设为无穷大.

(2) 网络中除了边有容量外, 点也有容量. 解决的方法是将所有有容量的点分成两个点, 如点 v 有容量 C_v, 将点 v 分成两个点 v' 和 v'', 令 $C\left(v'v''\right)=C_v$.

最大流问题的数学规划模型表示如下:

$$
\begin{aligned}
&\max \quad z = v_f, \\
&\text{s.t.} \quad \left\{ \begin{array}{l} \displaystyle\sum_{\substack{j \in V \\ v_i v_j \in E}} f_{ij} - \sum_{\substack{j \in V \\ v_i v_j \in E}} f_{ji} = \left\{ \begin{array}{ll} v_f, & i = s, \\ -v_f, & i = t, \\ 0, & i \neq s, t, \end{array} \right. \\ 0 \leqslant f_{ij} \leqslant C_{ij}, \quad v_i v_j \in E. \end{array} \right.
\end{aligned}
$$

5.5.2 最大流的标号算法 (Ford-Fulkerson 标号法)

求最大流的标号算法最早由福特 (Ford) 和福克逊 (Fulkerson) 于 1956 年提出, 他们建立的 "网络流理论", 是网络应用的重要组成成分, 故又称为 Ford-Fulkerson 标号法. 其基本思想就是, 从一个可行流开始, 寻找从 s 到 t 的增广链, 然后沿增广链增加流量, 反复这样, 直到找不出增广链为止.

从 v_s 到 v_t 的一个可行流出发 (若网络中没有给定 f, 则可以设 f 是零流), 经过标号过程和调整过程, 即可求得从 v_s 到 v_t 的最大流. 最大流的 Ford-Fulkerson 标号算法如下.

(1) 标号过程.

(i) 初始化, 给发点 v_s 标号 $(0, +\infty)$.

(ii) 选择一个已标号的点 x, 对于 x 的所有未给标号的邻接点 y, 按下列规则处理:

当 $yx \in E$ 且 $f_{yx} > 0$ 时, 令 $\delta_y = \min\{f_{yx}, \delta_x\}$, 并给 y 以标号 $(x-, \delta_y)$;

当 $xy \in E$ 且 $f_{xy} < C_{xy}$ 时, 令 $\delta_y = \min\{C_{xy} - f_{xy}, \delta_x\}$, 并给 y 以标号 $(x+, \delta_y)$.

(iii) 重复 (ii) 直到收点 v_t 被标号或不再有点可标号时为止. 若 v_t 得到标号, 说明存在一条可增广链, 转 (2) 调整过程; 若 v_t 未得到标号, 标号过程已无法进行时, 说明 f 已经是最大流.

(2) 调整过程.

(iv) 决定调整量 $\delta = \delta_t$, 令 $u = v_t$.

(v) 若 u 点标号为 $(v+, \delta_u)$, 则以 $f_{vu} + \delta$ 代替 f_{vu}; 若 u 点标号为 $(v-, \delta_u)$, 则以 $f_{vu} - \delta$ 代替 f_{vu}.

(vi) 若 $v = v_s$, 则去掉所有标号转 (1) 重新标号; 否则令 $u = v$, 转 (v).

例 5.11 现需要将城市 s 的石油通过管道运送到城市 t, 中间有 4 个中转站 v_1, v_2, v_3 和 v_4, 城市与中转站的连接以及管道的容量如图 5.12 所示, 求从城市 s 到城市 t 的最大流.

解 求得的最大流的流量为 14.

```
#程序文件ex5_11.py
import networkx as nx
```

```
import numpy as np
import pylab as plt
L=[('s','v1',8),('s','v3',7),('v1','v2',9),('v1','v3',5),
   ('v2','t',5),('v2','v3',2),('v3','v4',9),('v4','v2',6),
   ('v4','t',10)]
G=nx.DiGraph()
node=['s']+['v'+str(i) for i in range(1,5)]+['t']
G.add_nodes_from(node); n=len(node)
G.add_weighted_edges_from(L)
value, flow_dict= nx.maximum_flow(G, 's', 't',capacity='weight')
print(value); print(flow_dict)
A=np.zeros((n,n))
for i,adj in flow_dict.items():
    for j,f in adj.items():
        A[node.index(i), node.index(j)]=f
print(A)  #输出最大流的邻接矩阵
```

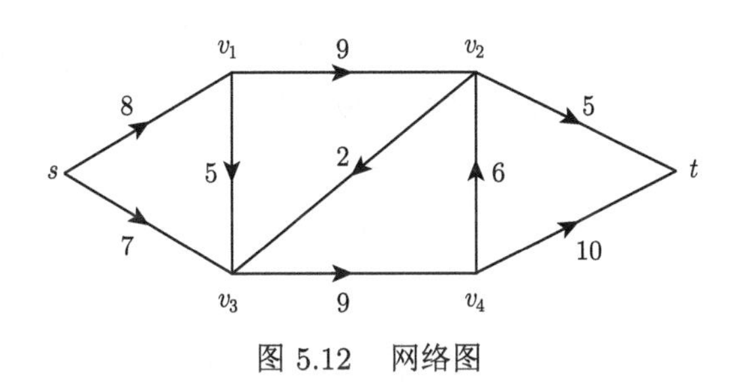

图 5.12　网络图

5.6　最小费用流问题

最小费用流问题是一种组合最优化问题, 也是网络流理论研究的一个重要问题. 这里我们要进一步探讨不仅要使网络上的流量达到最大, 或者达到要求的预定值, 而且还要使运输流的费用是最小的, 这就是最小费用流问题.

最小费用流问题的一般提法: 已知网络 $G=(V,E,C)$, 每条边 $v_iv_j \in E$ 除了已给容量 C_{ij} 外, 还给出了单位流量的费用 $b_{ij}\,(\geqslant 0)$. 所谓最小费用流问题就是求一个总流量已知的可行流 $f=\{f_{ij}\}$ 使得总费用 $b(f)=\sum\limits_{v_iv_j\in E} b_{ij}f_{ij}$ 最小.

特别地, 当要求 f 为最大流时, 此问题即为最小费用最大流问题.

最小费用流问题的数学规划模型表示如下:

$$\min \quad z=\sum_{v_iv_j\in E} b_{ij}f_{ij},$$

$$\text{s.t.}\quad \begin{cases} \displaystyle\sum_{\substack{j\in V\\ v_iv_j\in E}} f_{ij}-\sum_{\substack{j\in V\\ v_iv_j\in E}} f_{ji}=\begin{cases} v_f, & i=s,\\ -v_f, & i=t,\\ 0, & i\neq s,t,\end{cases}\\ 0\leqslant f_{ij}\leqslant C_{ij},\ v_iv_j\in E.\end{cases}$$

(1) 设网络 $G=(V,E,C)$, 取初始可行流 f 为零流, 求解最小费用流问题的迭代步骤如下.

(i) 构造有向赋权图 $G_f=(V,E_f,f)$, 对于任意的 $v_iv_j\in E,E_f$, F 的定义如下：

当 $f_{ij}=0$ 时, $v_iv_j\in E_f,F(v_iv_j)=b_{ij}$;

当 $f_{ij}=C_{ij}$ 时, $v_iv_j\in E_f,F(v_iv_j)=-b_{ij}$;

当 $0<f_{ij}<C_{ij}$ 时, $v_iv_j\in E_f,F(v_iv_j)=b_{ij}$, $v_iv_j\notin E_f,F(v_iv_j)=-b_{ij}$. 然后转向 (ii).

(ii) 求出有向赋权图 $G_f=(V,E_f,f)$ 中发点 v_s, 到收点 v_t 的最短路 μ, 若最短路 μ 存在, 转向 (iii); 否则 f 是所求的最小费用最大流, 停止.

(iii) 增流. 同求最大流的方法一样, 重述如下：

令 $\delta_{ij}=\begin{cases} C_{ij}-f_{ij}, & v_iv_j\in\mu^+,\\ f_{ij}, & v_iv_j\in\mu^-,\end{cases}$ $\delta=\min\{\delta_{ij}|v_iv_j\in\mu\}$, 重新定义流 $f=\{f_{ij}\}$ 为

$$f_{ij}=\begin{cases} f_{ij}+\delta, & v_iv_j\in\mu^+,\\ f_{ij}-\delta, & v_iv_j\in\mu^-,\\ f_{ij}, & \text{其他}.\end{cases}$$

如果 v_f 大于预定的流量值, 则适当减少 δ 值, 使 v_f 等于预定的流量值, 那么 f 是所求的最小费用流, 停止; 否则转向 (i).

(2) 求解含有负权的有向赋权图 $G=(V,E,C)$ 中某一点到其他各点最短路的 Ford 算法.

当 $v_iv_j\in E$ 时, 记 $w_{ij}=F(v_iv_j)$, 否则取 $w_{ij}=0,w_{ij}=+\infty\,(i\neq j)$. v_1 到 v_i 的最短路长记为 $\pi(i)$, v_1 到 v_i 的最短路中 v_i 的前一个点记为 $\theta(i)$. Ford 算法的迭代步骤：

(i) 赋初值 $\pi(1)=0,\pi(i)=+\infty,\theta(i)=i\,(i=2,3,\cdots,n)$.

(ii) 更新 $\pi(i)$, $\theta(i)$. 对于 $i=2,3,\cdots,n$ 和 $j=1,2,\cdots,n$, 如果 $\pi(i)<\pi(j)+w_{ji}$, 则令 $\pi(i)=\pi(j),\theta(i)=j$.

(iii) 终止判断. 若所有的 $\pi(i)$ 都无变化, 停止; 否则转向 (ii).

在算法的每一步中, $\pi(i)$ 都是从 v_1 到 v_i 的最短路长度的上界. 若不存在负长回路, 则从 v_1 到 v_i 的最短路长度是 $\pi(i)$ 的下界, 经过 $n-1$ 次迭代后 $\pi(i)$ 将保持不变. 若在第 n 次迭代后 $\pi(i)$ 仍在变化, 说明存在负长回路.

例 5.12 求如图 5.13 所示网络从 v_s 到 v_t 的最小费用最大流, 其中边上的权重的第 1 个数字表示网络的容量, 第 2 个数字表示网络的单位流量的费用.

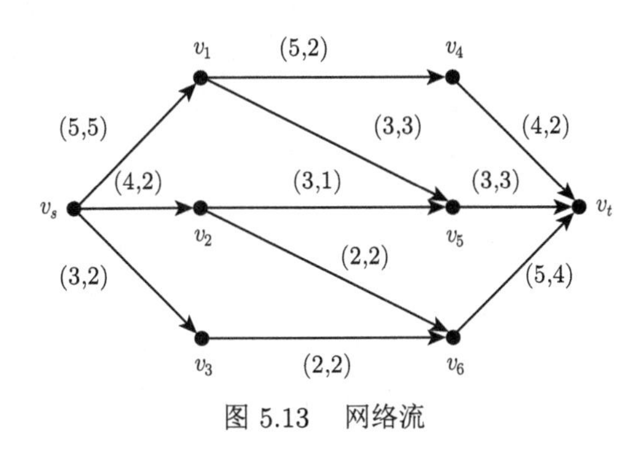

图 5.13 网络流

解 所求的最大流的流量为 11, 最小费用为 91.

```
#程序文件ex5_12.py
import numpy as np
import networkx as nx
L=[('vs','v1',5,5),('vs','v2',4,2),('vs','v3',3,2),('v1','v4',5,2),
   ('v1','v5',3,3),('v2','v5',3,1),('v2','v6',2,2),('v3','v6',2,2),
   ('v4','vt',4,2),('v5','vt',3,3),('v6','vt',5,4)]
node=['vs']+['v'+str(i) for i in range(1,7)]+['vt']
G=nx.DiGraph(); n=len(node)
G.add_nodes_from(node)
for k in range(len(L)):
    G.add_edge(L[k][0], L[k][1], capacity=L[k][2], weight=L[k][3])
mincostFlow=nx.max_flow_min_cost(G,'vs','vt')
print("所求最大流为: ",mincostFlow)
mincost=nx.cost_of_flow(G, mincostFlow)
print("最小费用为: ", mincost)
flow_mat=np.zeros((n,n))
for i,adj in mincostFlow.items():
    for j,f in adj.items():
        flow_mat[node.index(i),node.index(j)]=f
print('最大流的流量为: ', sum(flow_mat[:,-1]))
print("最小费用最大流的邻接矩阵为: \n",flow_mat)
```

5.7　建模案例——锁具装箱问题

5.7.1　锁具装箱问题

1994 年全国大学生数学建模竞赛 B 题 (锁具装箱) 中关于锁具总数的问题可叙述如下：某厂生产一种弹子锁具, 每个锁具的钥匙有 5 个槽, 每个槽的高度从 $\{1, 2, 3, 4, 5, 6\}$ 中任取一数. 由于工艺及其他原因, 制造锁具时对 5 个槽的高度还有两个限制：①至少有 3 个不同的数; ② 相邻两槽的高度之差不能为 5. 满足以上条件制造出来的所有互不相同的锁具称为一批. 我们的问题是如何确定每一批锁具的个数？从顾客的利益出发, 自然希望在每批锁具中 “一把钥匙开一把锁”. 但是在当前工艺条件下, 对于同一批中两个锁是否能够互开, 有以下试验结果：若二者相对应的 5 个槽的高度中有 4 个相同, 另一个槽的高度差为 1, 则能互开; 在其他情形下, 不可能互开. 原来销售部门在一批锁具中随意地取 60 个装一箱出售. 团体顾客往往购买几箱到几十箱, 他们抱怨购得的锁具会出现互开的情形. 现聘你为顾问, 回答并解决以下的问题.

(1) 每一批锁具有多少个, 装多少箱.

(2) 为销售部门提出一种方案, 包括如何装箱 (仍是 60 个锁具一箱), 如何给箱子以标志, 出售时如何利用这些标志, 使团体顾客不再或减少抱怨.

(3) 采取你提出的方案, 团体顾客的购买量不超过多少箱, 就可以保证一定不会出现互开的情形.

(4) 按照原来的装箱办法, 如何定量地衡量团体顾客抱怨互开的程度 (试对购买一、二箱者给出具体结果).

5.7.2　每一批锁具数量求解

首先求满足条件的锁具的个数, 可以使用计算机枚举的方法或排列组合计数的方法, 也可以使用图论的方法解决. 已知每把锁都有 5 个槽, 每个槽有 6 个高度, 至少有三个不同高度的槽, 且相邻槽高差不为 5. 我们先求出无相邻高差为 5 的锁具数量, 再减去仅有一个、两个槽高的锁具数目. 先计算由 1, 2, 3, 4, 5, 6 构成无 1, 6 相邻的情况的数目. 为此, 构造一个 6 节点的图：将 1, 2, 3, 4, 5, 6 这 6 个数作为 6 个节点, 当两个数字可以相邻时, 这两个节点之间加一条边, 每个节点有自己到自己的一条边, 我们得到了锁具各槽之间的关系示意图 (图 5.14).

该图的邻接矩阵为

$$A=\begin{pmatrix}1&1&1&1&1&0\\1&1&1&1&1&1\\1&1&1&1&1&1\\1&1&1&1&1&1\\1&1&1&1&1&1\\0&1&1&1&1&1\end{pmatrix}.$$

邻接矩阵 A 的所有元素之和表示两个槽高无 1, 6 相邻的锁具的个数. 每个无 1, 6 相邻的 5 位数与图 5.14 中长度为 4 的一条链一一对应, 如 12345, 11111, 22335 等. A 的 k 次方 A^k 中各元素之和就是长度为 k 的链的个数. 事实上, 从这个具体问题可以看出, A^2 中第 i 行第 j 列的元素指从 i 开始经过两条边到达 j 的链数, 即从 i 开始经过一条边到 k, 再从 k 经过一条边到达 j, i 和 j 就决定了中间顶点 k 的数目.

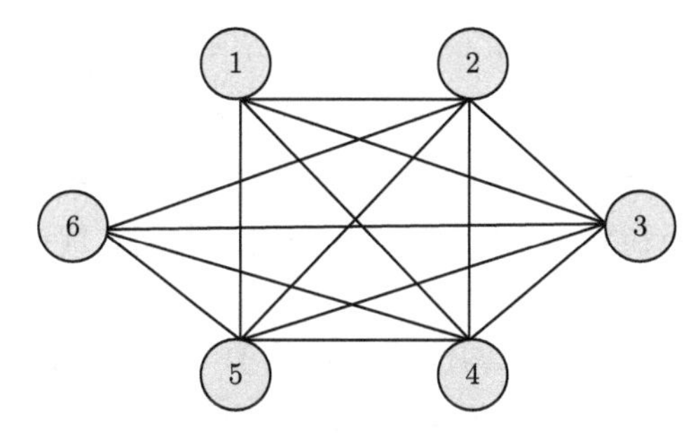

图 5.14 锁具各槽之间的关系示意图

于是, 利用 Python 就很容易地得到

$$A^4=\begin{pmatrix}141&165&165&165&165&140\\165&194&194&194&194&165\\165&194&194&194&194&165\\165&194&194&194&194&165\\165&194&194&194&194&165\\140&165&165&165&165&141\end{pmatrix}.$$

将 A^4 中元素求和可得相邻高差不为 5 的锁具数为 6306 把. 但这 6306 把锁具中包含了仅有一个、两个槽高的锁具, 需要从其中减去, 需减去的锁具的个数为

$$6+\left(\mathrm{C}_6^2-1\right)\left(\mathrm{C}_5^1+\mathrm{C}_5^2+\mathrm{C}_5^3+\mathrm{C}_5^4\right)=426.$$

其中, 第一个 6 为仅有 1 个槽高的锁具; C_6^2 为 1, 2, 3, 4, 5, 6 这 6 个数中取两个的取法, 但扣除 1, 6 这一种取法; $\mathrm{C}_5^1, \mathrm{C}_5^2, \mathrm{C}_5^3, \mathrm{C}_5^4$ 是 5 个槽中有 1,2,3,4 个槽用所取出的这两个数中的一个.

最后得到一批锁具的个数为 6306−426=5880. 这样, 就用图论的知识成功地解决了一批锁具的数量问题, 这个方法比用别的方法简便, 且容易推广.

5.7.3　最大不能互开锁具数求解

销售时每 60 个锁具装一箱, 求出最大不能互开的锁具数. 首先, 由 5.7.2 节知满足要求的合格锁具共有 5880 种组合, 可令 $(x_{i1}, x_{i2}, x_{i3}, x_{i4}, x_{i5})$ 表示五个槽槽高分别为 $x_{i1}, x_{i2}, x_{i3}, x_{i4}, x_{i5}$ 的一个锁具. 记 H_1 是所有槽高之和为奇数的锁具集合, H_2 是所有槽高之和为偶数的锁具集合, 在有奇数个槽, 每个槽有偶数高度的情况下, 集合 H_1 和 H_2 之间存在双射 $\varnothing : H_1 \to H_2$, 其对应关系为

$$(x_{i1}, x_{i2}, x_{i3}, x_{i4}, x_{i5}) \mapsto (x'_{i1}, x'_{i2}, x'_{i3}, x'_{i4}, x'_{i5}),$$

其中 $x'_{ij} = 7 - x_{ij}(j = 1, 2, \cdots, 5)$, 所以 H_1 和 H_2 各有 2940 个元素. 然后, 将每个合格锁具都看作一个顶点, 能够互开的两个顶点连一条边. 可计算出互开总对数为 22778, 所以共有 22778 条边. 因为能互开的锁具奇偶性不同, 所以 H_1 和 H_2 之间有边相连, 而 H_1 和 H_2 内部无边相连, 即构成一个二分图.

最大不能互开锁具数, 即为此图的最大独立顶点数. 即

“最大独立顶点数 = 顶点总数 − 最大对集的边数”.

由于此图的邻接关系比较复杂, 所以从理论上求出最大对集是很困难的, 在这里我们可以用 “匈牙利算法” 来求解二分图的最大独立顶点数, 即最大不能互开锁具数.

首先求出 H_1, H_2 和它们之间的邻接矩阵 W, 再用 Python/MATLAB 软件求解可得到最大对集 e 及其边数 2940. 所以最大独立顶点数 =5880−2940 =2940, 即为最大不能互开锁具数.

5.8　思考与练习

1. 某产品从仓库运往市场销售, 已知各仓库的可供量、各市场需求量及从 i 仓库至 j 市场的路径的运输能力如表 5.2 所示 (表中数字 0 代表无路可通), 试求从仓库可运往市场的最大流量, 各市场需求能否满足?

表 5.2　最大流问题的相关数据

仓库 i	市场 j				可供量
	1	2	3	4	
A	30	10	0	40	20
B	0	0	10	50	20
C	20	10	40	5	100
需求量	20	20	60	20	

2. 某单位招聘懂俄、英、日、德、法文的翻译各一人, 有 5 人应聘, 已知乙懂俄文, 甲、乙、丙、丁懂英文, 甲、丙、丁懂日文, 乙、戊懂德文, 戊懂法文, 问, 这 5 个人是否都能得到聘书, 最多几个人能得到聘书, 招聘后每人从事哪一方面翻译工作?

3. 如表 5.3 所示是某运输问题的相关数据, 将此问题转化为最小费用最大流问题, 画出网络图并求解.

表 5.3 运输问题的相关数据

产地	销地			产量
	1	2	3	
A	20	24	5	8
B	30	22	20	7
销量	4	5	6	

4. 某公司在六个城市 $c_1, c_2, \cdots, c_6$ 中有分公司, 已知从城市 c_i 到 $c_j(i, j = 1, 2, \cdots, 6)$ 的连通情况及其费用大小列于以下带权邻接矩阵 C 中:

$$C = \begin{bmatrix} 0 & 50 & \infty & 40 & 25 & 10 \\ 50 & 0 & 15 & 20 & \infty & 25 \\ \infty & 15 & 0 & 10 & 20 & \infty \\ 40 & 20 & 10 & 0 & 10 & 25 \\ 25 & \infty & 20 & 10 & 0 & 55 \\ 10 & 25 & \infty & 25 & 55 & 0 \end{bmatrix},$$

其中 ∞ 表示无直通线路.

(1) 判断该邻接矩阵对应的是有向图还是无向图;

(2) 画出对应的赋权图;

(3) 求从城市 c_1 出发, 到其他城市的最小费用路线及费用大小.

5. 一只狼、一只羊和一筐白菜在河的一岸, 一个摆渡人想把它们渡过河去, 但是由于他的船很小, 每次只能带走它们之中的一样, 由于明显的原因, 狼和羊或者羊和白菜在一起需要有人看守. 问摆渡人怎样把它们渡过河去?

6. 有四个工件等待在同一台机器上加工, 若加工的先后次序可以任意, 各工件之间的调整时间如表 5.4 所示, 试确定最优加工顺序.

表 5.4 各工件之间的调整时间表

从	到			
	A	B	C	D
A	—	15	20	5
B	30	—	30	15
C	25	25	—	15
D	20	35	10	—

第5章程序和数据

第 6 章　线性规划模型

CHAPTER

在工程技术、经济管理、科学研究、军事作战训练及日常生产生活等众多领域中, 人们常常会遇到各种优化问题. 例如, 在生产经营中, 我们总是希望制订最优的生产计划, 充分利用已有的人力、物力资源, 获得最大的经济效益; 在运输问题中, 我们总是希望设计最优的运输方案, 在完成运输任务的前提下, 力求运输成本最小等. 针对优化问题的数学建模问题也是在数学建模中一类比较常见的问题, 这样的问题常常可以使用数学规划模型进行研究.

数学规划是运筹学的一个重要分支, 而线性规划又是数学规划中的一部分主要内容. 很多实际问题都可以归结为"线性规划"问题. 线性规划 (linear programming, LP) 有比较完善的理论基础和有效的求解方法, 在实际问题中有极其广泛的应用. 特别是随着计算机技术的飞速发展, 线性规划的应用在深度和广度上有了极大的提高.

6.1　线性规划模型

6.1.1　线性规划模型举例

我们来看两个关于线性规划的例题.

例 6.1　某企业利用两种原材料 A 和 B 生产三种产品 P_1, P_2 和 P_3. 已知每生产 1 千克的产品时所消耗的原材料 A, B 的数量 (千克) 和花费的加工时间 C (小时), 每千克产品销售后所带来的利润 (元) 以及每天可用的资源的数量如表 6.1 所示, 则该企业应该如何制订每天的生产计划, 才能使所获利润达到最大?

表 6.1　企业生产数据表

资源	产品			可用数量
	P_1	P_2	P_3	
原材料 A	2	4	3	150
原材料 B	3	1	5	160
加工时间 C	7	3	5	200
产品利润	70	50	60	

问题分析　该问题是在企业的生产经营中经常面临的一个问题：如何制订一个最优的生产计划? 因为原材料和加工时间的可用数量是有限的, 这也就构成了

该问题的约束条件, 而解决该问题也就是在满足上述约束条件的前提下, 确定三种产品的产量, 使得产品销售后所获得的利润达到最大值.

模型假设 假设该企业的产品不存在积压, 即产量等于销量.

符号说明 设 x_i 表示产品 P_i 每天的产量, $i=1,2,3$. 通常称 x_i 为**决策变量**.

模型建立 该问题的目标是使得总利润 $z=70x_1+50x_2+60x_3$ 达到最大值. 通常称该利润函数为**目标函数**.

产品的产量应受到某些条件的限制. 首先, 两种原材料每天的实际消耗量不能超过可用数量, 因此有

$$\begin{aligned}2x_1+4x_2+3x_3\leqslant 150,\\3x_1+x_2+5x_3\leqslant 160.\end{aligned}$$

其次, 生产三种产品时所花费的加工时间也不能超过该企业每天的最大可用加工时间, 即 $7x_1+3x_2+5x_3\leqslant 200$. 最后, 三种产品的产量还应该满足非负约束, 即 $x_i\geqslant 0,\ \ i=1,2,3$. 由限制条件所确定的上述不等式, 通常称为**约束条件**.

综上, 可以建立该问题的数学模型为

$$\begin{aligned}&\max\quad z=70x_1+50x_2+60x_3,\\&\text{s.t.}\quad\begin{cases}2x_1+4x_2+3x_3\leqslant 150,\\3x_1+x_2+5x_3\leqslant 160,\\7x_1+3x_2+5x_3\leqslant 200,\\x_i\geqslant 0,\ \ i=1,2,3.\end{cases}\end{aligned}\tag{6.1}$$

这里的 s.t.(subject to 的缩写) 是 "受约束于" 的意思.

求解该数学模型, 便可得到该企业最优的生产计划制订方案.

例 6.2 某电商企业的某种商品存储在 n 个位于不同位置的仓库 W_i 中, $i=1,2,\cdots,n$, 而有 m 个不同地区的居民对该商品有购买需求. 每个仓库 W_i 中该商品的储存量 a_i、每个地区居民对该商品的需求量 b_j 和由第 i 个仓库运输商品到第 j 个地区的单位运费 c_{ij} 已知, 其中, $i=1,2,\cdots,n,\ \ j=1,2,\cdots,m$. 则应如何制订该商品的运输方案, 才能使运输成本最低?

问题分析 因为从不同仓库运输该商品到不同地区的单位运费是已知的, 因此制订该商品的运输方案, 就是确定由每个仓库运输到每个地区的商品数量, 在满足当地居民的购买需求的条件下, 使得运输成本最低.

模型假设 假设该商品的总库存量不低于该商品的总需求量.

符号说明 设 x_{ij} 表示由第 i 个仓库运输到第 j 个地区的该商品数量, $i=1,2,\cdots,n,\ j=1,2,\cdots,m$. 在该问题中, x_{ij} 即为决策变量.

模型建立 该问题的目标函数为商品的运输费用 $z=\sum\limits_{i=1}^{n}\sum\limits_{j=1}^{m}c_{ij}x_{ij}$.

运量 x_{ij} 应满足以下几类约束条件. 首先, 从各个仓库运输到同一个地区的商品数量之和应等于该地区居民对该商品的需求量, 因此有

$$\sum_{i=1}^{n} x_{ij} = b_j, \quad j = 1, 2, \cdots, m.$$

其次, 从同一个仓库运输到各个地区的商品数量之和应不超过该仓库的库存量, 因此有

$$\sum_{j=1}^{m} x_{ij} \leqslant a_i, \quad i = 1, 2, \cdots, n.$$

最后, 运量 x_{ij} 还应该满足非负约束, 即 $x_{ij} \geqslant 0, i = 1, 2, \cdots, n, j = 1, 2, \cdots, m$. 上述三类等式或者不等式约束即为该问题的约束条件.

综上, 可以建立该问题的数学模型为

$$\begin{aligned} &\min \quad z = \sum_{i=1}^{n}\sum_{j=1}^{m} c_{ij} x_{ij}, \\ &\text{s.t.} \quad \begin{cases} \sum\limits_{i=1}^{n} x_{ij} = b_j, \ j = 1, 2, \cdots, m, \\ \sum\limits_{j=1}^{m} x_{ij} \leqslant a_i, \ i = 1, 2, \cdots, n, \\ x_{ij} \geqslant 0, \quad i = 1, 2, \cdots, n, \ j = 1, 2, \cdots, m. \end{cases} \end{aligned} \tag{6.2}$$

求解该数学模型, 便可得到该运输问题的最优运输方案.

在不同的领域中, 类似的问题处处可见. 例如, 在化工生产、饲料加工等行业中经常会需要将多种原料按照一定的技术指标配制成不同的产品, 在满足产品质量和数量要求的前提下, 使成本最低; 在资产投资、广告投放等问题中经常会需要将有限的资金分散给多个不同的对象使用, 使产生的经济效益得到最大. 虽然问题背景和具体要求各不相同, 但是这些问题都可归结为同一类数学问题, 即在一组线性等式或不等式的约束下, 求一组未知量的值, 使得一个线性函数达到最大值或最小值. 这类问题就是线性规划的研究对象, 称为线性规划问题. 在数学建模中, 我们称针对这类问题的数学模型为线性规划模型.

6.1.2　线性规划模型

1. 建立线性规划模型的一般步骤

由前面的引例可知, 规划问题的数学模型由三个要素组成: ① 决策变量, 是问题中要确定的未知量, 用于表明规划问题中用数量表示的方案、措施等, 可由决策者决定和控制; ②目标函数, 是决策变量的函数, 优化目标通常是求该函数的最大值或最小值; ③约束条件, 是决策变量的取值所受到的约束和限制条件, 通常用含有决策变量的等式或不等式表示.

建立线性规划模型通常需要以下三个步骤：

第一步：分析问题, 找出决策变量.

第二步：根据问题所给条件, 找出决策变量必须满足的一组线性等式或者不等式约束, 即为约束条件.

第三步：根据问题的目标, 构造关于决策变量的一个线性函数, 即为目标函数.

有了决策变量、约束条件和目标函数这三个要素之后, 一个线性规划模型就建立起来了.

2. 线性规划模型的形式

线性规划模型的一般形式为

$$\max(\text{或}\ \min)\quad z=c_1x_1+c_2x_2+\cdots+c_nx_n,$$
$$\text{s.t.}\quad \begin{cases} a_{11}x_1+a_{12}x_2+\cdots+a_{1n}x_n\leqslant(\text{或}=,\geqslant)b_1,\\ a_{21}x_1+a_{22}x_2+\cdots+a_{2n}x_n\leqslant(\text{或}=,\geqslant)b_2,\\ \qquad\qquad\cdots\cdots\\ a_{m1}x_1+a_{m2}x_2+\cdots+a_{mn}x_n\leqslant(\text{或}=,\geqslant)b_m,\\ x_1,x_2,\cdots,x_n\geqslant 0. \end{cases} \tag{6.3}$$

或简写为

$$\max(\text{或}\ \min)\quad z=\sum_{j=1}^{n}c_jx_j,$$
$$\text{s.t.}\quad \begin{cases} \displaystyle\sum_{j=1}^{n}a_{ij}x_j\leqslant(\text{或}=,\geqslant)b_i, & i=1,2,\cdots,m,\\ x_j\geqslant 0, & j=1,2,\cdots,n. \end{cases}$$

其向量表示形式为

$$\max(\text{或}\ \min)\quad z=\boldsymbol{c}^{\mathrm{T}}\boldsymbol{x},$$
$$\text{s.t.}\quad \begin{cases} \displaystyle\sum_{j=1}^{n}\boldsymbol{P}_jx_j\leqslant(\text{或}=,\geqslant)\boldsymbol{b},\\ \boldsymbol{x}\geqslant\boldsymbol{0}. \end{cases}$$

其矩阵表示形式为

$$\max(\text{或}\ \min)\quad z-\boldsymbol{c}^{\mathrm{T}}\boldsymbol{x},$$
$$\text{s.t.}\quad \begin{cases} A\boldsymbol{x}\leqslant(\text{或}=,\geqslant)\boldsymbol{b},\\ \boldsymbol{x}\geqslant\boldsymbol{0}. \end{cases}$$

其中, $\boldsymbol{c}=(c_1,c_2,\cdots,c_n)^{\mathrm{T}}$ 为目标函数的系数向量, 又称为价值向量; $\boldsymbol{x}=(x_1,x_2,\cdots,x_n)^{\mathrm{T}}$ 称为决策向量; $A=(a_{ij})_{m\times n}$ 称为约束方程组的系数矩阵, 而 $\boldsymbol{P}_j=$

$(a_{1j}, a_{2j}, \cdots, a_{mj})^{\mathrm{T}}$, $j = 1, 2, \cdots, n$ 为 A 的列向量, 又称为约束方程组的系数向量; $\boldsymbol{b} = (b_1, b_2, \cdots, b_m)^{\mathrm{T}}$ 称为约束方程组的常数向量.

6.2　整数线性规划

在前一节提到的线性规划模型中, 决策变量的取值范围通常为非负实数, 即要求 $x_j \geqslant 0, j = 1, 2, \cdots, n$. 事实上, 在一部分数学规划模型中, 会产生决策变量的取值必须为整数的约束, 我们称其为整数规划模型.

6.2.1　整数线性规划模型的一般形式

在人们的生产实践中, 经常会遇到以下类似的问题：汽车企业在制订生产计划时, 要求所生产的不同类型的汽车数量必须为整数; 用人单位在招聘员工时, 要求所招聘的不同技术水平的员工数量必须为整数等. 我们把要求一部分或全部决策变量必须取整数值的规划问题称为整数规划 (integer programming, IP).

从决策变量的取值范围来看, 整数规划通常可以分为以下几种类型：

(1) **纯整数规划**　全部决策变量都必须取整数值的整数规划模型;

(2) **混合整数规划**　决策变量中有一部分必须取整数值, 另一部分可以不取整数值的整数规划模型;

(3) **0-1 整数规划**　决策变量只能取 0 或 1 的整数规划.

特别, 如果一个线性规划模型中的部分或全部决策变量取整数值, 则称该线性规划模型为整数线性规划模型.

整数线性规划模型的一般形式为

$$\max(\text{或} \min) \quad z = \sum_{j=1}^{n} c_j x_j,$$
$$\text{s.t.} \quad \begin{cases} \displaystyle\sum_{j=1}^{n} a_{ij} x_j \leqslant (\text{或} =, \geqslant) b_i, \quad i = 1, 2, \cdots, m, \\ x_j \geqslant 0, \quad j = 1, 2, \cdots, n, \\ x_1, x_2, \cdots, x_n \text{ 中部分或全部取整数}. \end{cases} \tag{6.4}$$

6.2.2　整数线性规划模型举例

我们来看两个关于整数线性规划的例题.

例 6.3　为了生产的需要, 某工厂的一条生产线需要每天 24 小时不间断运转, 但是每天不同时间段所需要的工人最低数量不同, 具体数据如表 6.2 所示. 已知每名工人的连续工作时间为 8 小时. 则该工厂应该为该生产线配备多少名工人, 才能保证生产线的正常运转?

表 6.2 工人数量需求表

班次	1	2	3	4	5	6
时间段	0:00～4:00	4:00～8:00	8:00～12:00	12:00～16:00	16:00～20:00	20:00～24:00
工人数量	35	40	50	45	55	30

问题分析 从降低经营成本的角度来看, 为该生产线配备的工人数量越少, 工厂所付出的工人薪资之和也就越低. 因此, 该问题需要确定在每个时间段工作的工人的数量, 使其既能满足生产线的生产需求, 又能使得所雇的工人总数最低.

模型假设

(1) 每名工人每 24 小时只能工作 8 小时;

(2) 每名工人只能在某个班次的初始时刻报到.

符号说明 设 x_i 表示在第 i 个班次报到的工人数量, $i=1,2,\cdots,6$.

模型建立 该问题的目标函数为所雇的工人总数. 约束条件为安排在不同班次上班的工人数量应该不低于该班次需要的人数, 且 x_i $(i=1,2,\cdots,6)$ 为非负整数.

该问题的数学模型为

$$
\begin{aligned}
&\min \quad z=x_1+x_2+x_3+x_4+x_5+x_6,\\
&\text{s.t.} \quad \begin{cases}
x_1+x_6 \geqslant 35,\\
x_1+x_2 \geqslant 40,\\
x_2+x_3 \geqslant 50,\\
x_3+x_4 \geqslant 45,\\
x_4+x_5 \geqslant 55,\\
x_5+x_6 \geqslant 30,\\
x_i \geqslant 0\text{且为整数}, i=1,2,\cdots,6.
\end{cases}
\end{aligned}
\tag{6.5}
$$

显然, 该模型为整数线性规划模型. 求解该模型, 便可得到工厂为该生产线所雇的工人总数的最小值及其每名工人的值班安排.

例 6.4 某连锁超市经营企业为了扩大规模, 新租用五个门店, 经过装修后再营业. 现有四家装修公司分别对这五个门店的装修费用进行报价, 具体数据如表 6.3 所示. 为保证装修质量, 规定每个装修公司最多承担两个门店的装修任务. 为节省装修费用, 该企业该如何分配装修任务?

问题分析 这是一个 "指派问题", 在现实生活中有很多类似的问题. 例如, 有若干项任务需要分配给若干人来完成, 不同的人承担不同的任务所消耗的资源或所带来的效益不同. 解决此类问题就是在满足指派要求的条件下, 确定最优的指派方案, 使得按该方案实施后的 "效益" 最佳. 可以引入 0-1 变量来表示某一个装修公司是否承担某一个门店的装修任务.

表 6.3　装修费用表　　　　(单位：万元)

装修公司	门店				
	1	2	3	4	5
A	15	13.8	12.5	11	14.3
B	14.5	14	13.2	10.5	15
C	13.8	13	12.8	11.3	14.6
D	14.7	13.6	13	11.6	14

模型假设　每个门店的装修工作只能由一个装修公司单独完成.

符号说明　设 c_{ij} 表示第 i 家装修公司对第 j 个门店的装修费用报价, $i=1,2,3,4,\ j=1,2,3,4,5$, 即表 6.4.

表 6.4　c_{ij} 数据表　　　　(单位：万元)

c_{ij}	$j=1$	$j=2$	$j=3$	$j=4$	$j=5$
$i=1$	15	13.8	12.5	11	14.3
$i=2$	14.5	14	13.2	10.5	15
$i=3$	13.8	13	12.8	11.3	14.6
$i=4$	14.7	13.6	13	11.6	14

引入 0-1 变量 x_{ij}, 如果第 i 家装修公司承担对第 j 个门店的装修任务, 则 $x_{ij}=1$, 否则 $x_{ij}=0$.

模型建立　该问题的目标函数为总的装修费用 $z=\sum_{i=1}^{4}\sum_{j=1}^{5}c_{ij}x_{ij}$.

0-1 变量 x_{ij} 还应满足以下两类约束条件:

首先, 每一个门店的装修任务必须有一个而且只能有一个装修公司承担, 即 $\sum_{i=1}^{4}x_{ij}=1,\ j=1,2,\cdots,5$.

其次, 每个装修公司最多承担两个门店的装修任务, 即 $\sum_{j=1}^{5}x_{ij}\leqslant 2, i=1,2,3,4$.

则该问题的 0-1 规划模型为

$$
\begin{aligned}
&\min\quad z=\sum_{i=1}^{4}\sum_{j=1}^{5}c_{ij}x_{ij},\\
&\text{s.t.}\quad\left\{\begin{array}{l}
\sum_{i=1}^{4}x_{ij}=1,\quad j=1,2,\cdots,5,\\
\sum_{j=1}^{5}x_{ij}\leqslant 2,\quad i=1,2,3,4,\\
x_{ij}=0\text{ 或}1,\quad i=1,2,3,4,\quad j=1,2,\cdots,5.
\end{array}\right.
\end{aligned}
\tag{6.6}
$$

求解该模型, 便可得到该指派问题的最佳指派方案.

6.3 用 Python 求解线性规划模型

求解线性规划模型已经有比较成熟的算法. 对一般的线性规划模型, 常用的求解方法有图解法、单纯形法等; 对整数线性规划模型, 常用的求解方法有枚举法、割平面法、分枝定界法等. 虽然针对线性规划的理论算法已经比较完善, 但是当需要求解的模型的决策变量和约束条件数量比较多时, 手工求解模型是十分繁杂甚至不可能的, 通常需要借助计算机软件来实现.

目前, 求解数学规划模型的常用软件有 Python, LINGO, MATLAB, WinQSB 等多种软件, 在本书中出现的数学规划模型主要使用 Python 软件进行求解.

6.3.1 用 Python 求解线性规划模型

求解线性规划模型可以使用 Python 的 cvxpy 库.

cvxpy 库与 MATLAB 中 cvx 工具库类似, 用于求解凸优化问题. cvx 与 cvxpy 都是由 CIT 的 Stephen Boyd 教授课题组开发. cvx 是用于 MATLAB 的库, cvxpy 是用于 Python 的库. 下载、安装及学习地址如下：

cvx：http://cvxr.com/cvx/; cvxpy：http://www.cvxpy.org/.

相关的函数我们就不一一介绍了.

6.3.2 案例分析

例 6.5 求解在例 6.1 中建立的线性规划模型

$$\max \quad z = 70x_1 + 50x_2 + 60x_3,$$
$$\text{s.t.} \begin{cases} 2x_1 + 4x_2 + 3x_3 \leqslant 150, \\ 3x_1 + x_2 + 5x_3 \leqslant 160, \\ 7x_1 + 3x_2 + 5x_3 \leqslant 200, \\ x_i \geqslant 0, \quad i = 1, 2, 3. \end{cases}$$

解 利用 Python 程序, 求得最优解为

$$x_1 = 15.9091, \quad x_2 = 29.5455, \quad x_3 = 0,$$

目标函数的最优值为 $z = 2590.9091$.

计算的 Python 程序如下：

```
#程序文件ex6_5.py
import cvxpy as cp
from numpy import array

c = array([70, 50, 60])  #定义目标向量
```

```
a = array([[2, 4, 3], [3, 1, 5],
           [7, 3, 5]])  #定义约束矩阵
b = array([150, 160, 200])  #定义约束条件的右边向量
x = cp.Variable(3, pos=True)  #定义3个决策变量
obj = cp.Maximize(c@x)    #构造目标函数
cons = [a@x <=b]      #构造约束条件
prob = cp.Problem(obj, cons)
prob.solve(solver='GLPK_MI')   #求解问题
print('最优解为: ', x.value)
print('最优值为: ', prob.value)
```

例 6.6　求解在例 6.4 中建立的 0-1 整数规划模型

$$
\min \quad z=\sum_{i=1}^{4}\sum_{j=1}^{5}c_{ij}x_{ij},
$$

$$
\text{s.t.}\quad \begin{cases} \displaystyle\sum_{i=1}^{4}x_{ij}=1, \quad j=1,2,\cdots,5, \\ \displaystyle\sum_{j=1}^{5}x_{ij}\leqslant 2, \quad i=1,2,3,4, \\ x_{ij}=0 \text{ 或} 1, \quad i=1,2,3,4, \quad j=1,2,\cdots,5, \end{cases}
$$

其中, c_{ij} 数据如表 6.4 所示.

解　利用 Python 软件, 求得最优解为

$$
x_{13}=x_{24}=x_{31}=x_{32}=x_{45}=1, \quad \text{其他} x_{ij}=0,
$$

目标函数的最优值为 63.8. 即装修公司 A 负责门店 3, B 负责门店 4, C 负责门店 1, 2, D 负责门店 5, 总的装修费用最小, 最小装修费用为 63.8 万元.

计算的 Python 程序如下:

```
#程序文件ex6_6.py
import cvxpy as cp
from numpy import array
c = array([[15, 13.8, 12.5, 11, 14.3],
           [14.5, 14, 13.2, 10.5, 15],
           [13.8, 13, 12.8, 11.3, 14.6],
           [14.7, 13.6, 13, 11.6, 14]])
x = cp.Variable((4,5), integer=True)
obj = cp.Minimize(cp.sum(cp.multiply(c,x)))     #构造目标函数
cons = [0<=x, x<=1, cp.sum(x, axis=0)==1,
        cp.sum(x, axis=1)<=2]     #构造约束条件
```

```
prob = cp.Problem(obj, cons)
prob.solve(solver='GLPK_MI')    #求解问题
print('最优解为: ', x.value)
print('最优值为: ', prob.value)
```

例 6.7 某肥料生产企业需要生产一种低氯复合肥, 要求三种养分氮 (N)、磷 (P)、钾 (K) 的含量各为 15%. 已知可供使用的各种原料中氮 (N)、磷 (P)、钾 (K)、水 (H_2O) 和氯 (Cl) 的含量及各种原料的价格如表 6.5 所示.

表 6.5 原料成分及价格表

原料	各种成分含量/%					价格/(元/吨)
	N	P	K	H_2O	Cl	
尿素	46	0	0	1	0	1575
磷酸一铵	11	52	0	2.5	0	1820
氯化铵	25.5	0	0	5	59.5	615
硫酸铵	21.5	0	0	1	0	576
氯化钾	0	0	61.5	2	46.5	2106
硫酸钾	0	0	51.2	0.95	1.35	2750
碳酸氢铵	17.3	0	0	2.87	0	610
黄土	0	0	0	11.5	0	25

求该复合肥的配料方案, 使得成本最低? 各种原料的价格是随着市场变化而变化的, 已知硫酸铵的价格由 576 元/吨调整为 618 元/吨, 该配料方案是否需要改变?

问题分析 这是一个配料问题, 要求在满足相关产品国家质量标准和企业生产标准的前提下, 确定一个最优的配料方案, 即确定单位数量的产品中所使用的各种原料的数量, 使生产成本最低. 在复合肥的产品质量国家标准中, 氮养分含量以氮 (N) 的质量百分比表示, 磷养分含量以磷 (P) 的质量百分比表示, 钾养分含量以钾 (K) 的质量百分比表示. 此外, 在国家标准中还对复合肥的含水量、含氯量提出了相应的标准.

模型假设

(1) 在生产过程中各种养分没有流失;

(2) 生产的复合肥的含水量不能超过 2%;

(3) 生产的复合肥的含氯量介于 3%到 15%之间;

(4) 在生产时, 可以控制水分的蒸发量.

符号说明 为方便说明, 不妨假设生产复合肥的数量为 1 吨, 所有原料的计量单位为吨.

x_i: 生产复合肥时所用的第 i 种原料的数量, $i=1,2,\cdots,8$;

a_{ij}: 第 i 种原料所含的第 j 种成分的百分比, $i=1,2,\cdots,8,\ \ j=1,2,\cdots,5$;

p_i：第 i 种原料的市场价格, $i=1,2,\cdots,8$;
m：生产复合肥时所有原料所含水分的总蒸发量;

模型建立 该问题的目标函数为复合肥的生产成本 $z=\sum\limits_{i=1}^{8}p_ix_i$.
决策变量 x_i 还应满足以下约束条件:
首先, 复合肥中氮、磷、钾三种养分的含量均为 15%, 即

$$\sum_{i=1}^{8}a_{ij}x_i=0.15,\quad j=1,2,3.$$

其次, 复合肥中水分的含量不能超过 2%. 当水分含量超过 2%时, 必须通过烘干工艺来蒸发水分. 因此有 $m=\max\left(0,\sum\limits_{i=1}^{8}a_{i4}x_i-0.02\right),\sum\limits_{i=1}^{8}x_i-m=1$. 具体求解时, 需要把约束条件 $m=\max\left(0,\sum\limits_{i=1}^{8}a_{i4}x_i-0.02\right)$ 线性化, 为此引进 0-1 变量,

$$y=\begin{cases}0, & m=0,\\ 1, & \text{否则}.\end{cases}$$

则 $m=\max\left(0,\sum\limits_{i=1}^{8}a_{i4}x_i-0.02\right)$ 化为

$$\begin{cases}0\leqslant m\leqslant 1000y,\\ m\geqslant \sum\limits_{i=1}^{8}a_{i4}x_i-0.02,\\ m\leqslant \sum\limits_{i=1}^{8}a_{i4}x_i-0.02+1000(1-y),\\ y=0 \text{ 或 } 1,\end{cases}$$

这里 1000 表示一个充分大的正数.

再次, 低氯复合肥中的含氯量应该介于 3%与 15%之间, 即 $0.03\leqslant\sum\limits_{i=1}^{8}a_{i5}x_i\leqslant 0.15$.
最后, 所有决策变量均为非负实数, 即 $x_i\geqslant 0,\ \ i=1,2,\cdots,8$.
综上, 该问题的线性规划模型为

$$\min\quad z=\sum_{i=1}^{8}p_ix_i,$$

$$
\text{s.t.}\quad \begin{cases}
\sum_{i=1}^{8} a_{ij}x_i = 0.15, \quad j=1,2,3, \\
0 \leqslant m \leqslant 1000y, \\
m \geqslant \sum_{i=1}^{8} a_{i4}x_i - 0.02, \\
m \leqslant \sum_{i=1}^{8} a_{i4}x_i - 0.02 + 1000(1-y), \\
y = 0 \text{ 或} 1, \\
\sum_{i=1}^{8} x_i - m = 1, \\
0.03 \leqslant \sum_{i=1}^{8} a_{i5}x_i \leqslant 0.15, \\
x_i \geqslant 0, \quad i=1,2,\cdots,8.
\end{cases} \tag{6.7}
$$

模型求解 把表 6.5 的全部数据保存到文本文件 data6_7.txt 中, 由 Python 软件计算结果可知, 该企业生产一吨复合肥的最小成本为 1372.671 元. 生产一吨复合肥时的配料方案如表 6.6 所示.

表 6.6 复合肥配料方案 (单位: 千克)

原料	尿素	磷酸一铵	氯化铵	硫酸铵	氯化钾	硫酸钾	碳酸氢铵	黄土
用量	62.3182	288.4615	61.4880	343.8298	243.9024	0	0	0

已知各种原料的价格随着市场的变化而变化, 如果硫酸铵的价格由 576 元/吨调整为 618 元/吨, 此时, Python 软件无法直接作灵敏度分析, 但参数发生变化时, 直接修改参数的取值, 重新计算即可. 计算后可知该配料方案保持不变即可.

全部计算的 Python 程序如下:

```
#程序文件ex6_7.py
import cvxpy as cp
import numpy as np
d = np.loadtxt('data6_7.txt')
a = d[:, :-1]
p1 = d[:,-1]
x = cp.Variable(8, pos=True)
m = cp.Variable(1, pos=True)
y = cp.Variable(1, integer=True)
obj1 = cp.Minimize(p1@x)
con = [y>=0, y<=1, m<=1000*y]
```

```
for j in range(3):
    con.append(a[:,j]@x*0.01==0.15)
con.append(m>=a[:,3]@x*0.01-0.02)
con.append(m<=a[:,3]@x*0.01-0.02+1000*(1-y))
con.append(cp.sum(x)-m==1)
con.append(0.03<=a[:,4]@x*0.01)
con.append(a[:,4]@x*0.01<=0.15)
prob1 = cp.Problem(obj1, con)
prob1.solve(solver='GLPK_MI')
print('最优值为:',prob1.value)
print('最优解为: \n', x.value, '\n',
      'y=', y.value, ',m=', m.value)
p2 = p1.copy()
p2[3] = 618    #修改参数的取值
obj2 = cp.Minimize(p2@x)
prob2 = cp.Problem(obj2, con)
prob2.solve(solver='GLPK_MI')
print('-----------------------------------')
print('最优值为:',prob2.value)
print('最优解为: \n', x.value, '\n',
            'y=', y.value, ',m=', m.value)
```

例 6.8 某钢管零售商从钢管厂进货, 再将钢管按照顾客要求切割后出售. 从钢管厂进货时的原料钢管都是 19 米, 大多数顾客需求的钢管长度通常为 4 米、6 米、8 米.

(1) 现有一顾客需要 50 根 4 米、20 根 6 米、15 根 8 米的钢管, 应如何下料最节省?

(2) 因为某项工程的特殊施工需要, 顾客额外追加 10 根 5 米钢管的购买需求. 另外, 切割模式太多会导致生产过程复杂化, 从而会增加生产和管理成本, 所以该零售商规定采用的不同切割模式不能超过 3 种, 此时应如何下料最节省?

问题 (1) 的求解

问题分析 该问题是一个钢管下料问题. 要将较长的原料钢管切割成顾客需要的不同长度和数量的钢管, 确定相应的下料方案, 使得用料最省.

首先, 应当确定各种合理的切割模式. 显然, 一个合理的切割模式的余料应该小于客户需要的钢管的最小尺寸. 具体的切割模式如表 6.7 所示.

该问题化为在满足顾客需求的条件下, 确定分别按照哪些模式切割多少根钢管, 使得用料最省. 用料最省, 可以有两种标准: 一是切割后剩余的余料总量最小, 二是切割的原料钢管的数量最少.

表 6.7 钢管下料的合理切割模式

	4 米钢管根数	6 米钢管根数	8 米钢管根数	余料/米
模式 1	4	0	0	3
模式 2	3	1	0	1
模式 3	2	0	1	3
模式 4	1	2	0	3
模式 5	1	1	1	1
模式 6	0	3	0	1
模式 7	0	0	2	3

模型假设

(1) 切割过程中钢管无损耗, 生产过程无次品;

(2) 切割余料不能再利用;

(3) 切割得到的长为 4 米、6 米、8 米的钢管数量可以大于顾客的需求.

符号说明

x_i: 按第 i 种模式切割的原料钢管的根数, $i=1,2,\cdots,7$;

r_i: 按第 i 种模式切割一根原料钢管的余料长度, $i=1,2,\cdots,7$;

d_j: 顾客对第 j 种长度 (即 4 米、6 米、8 米) 的钢管的需求量, $j=1,2,3$;

a_{ij}: 按第 i 种模式切割一根原料钢管得到的第 j 种长度的钢管数量, $i=1,2,\cdots,7, j=1,2,3$.

模型建立 若以切割后剩余的余料总量最小为目标, 则目标函数为

$$\min\ z=\sum_{i=1}^{7} r_i x_i. \tag{6.8}$$

若以切割的原料钢管的数量最少为目标, 则目标函数为

$$\min\quad z=\sum_{i=1}^{7} x_i. \tag{6.9}$$

约束条件为

$$\begin{cases} \displaystyle\sum_{i=1}^{7} a_{ij}x_i \geqslant d_j, \quad j=1,2,3, \\ x_i \geqslant 0 \text{ 且为整数}, i=1,2,\cdots,7. \end{cases} \tag{6.10}$$

模型求解 由 (6.8) 式和 (6.10) 式组成的线性规划模型, 利用 Python 软件求得该模型的最优解为: $x_2=12, x_5=15$, 其余变量均为 0. 即最优切割方案为按照模式 2 切割 12 根原料钢管, 按照模式 5 切割 15 根原料钢管, 一共需要 27 根原料钢管, 余料总量为 27 米. 此时共得到长度分别为 4 米、6 米和 8 米的钢管数量分别为 51 根、27 根和 15 根.

由 (6.9) 式和 (6.10) 式组成的线性规划模型, 利用 Python 软件求得该模型的最优解为：$x_1 = x_2 = 5, x_5 = 15$, 其余变量均为 0. 即最优切割方案为按照模式 1 和 2 切割 5 根原料钢管, 按照模式 5 切割 15 根原料钢管, 一共需要 25 根原料钢管, 余料总量为 35 米. 此时共得到长度分别为 4 米、6 米和 8 米的钢管数量分别为 50 根、20 根和 15 根.

与第二个模型的结果相比较, 第一个模型的切割方案中, 需要的原料钢管数量多, 切割后得到的不同长度的钢管数量也多于顾客需求, 而余料总量少. 考虑到 4 米、6 米和 8 米的钢管是常用尺寸, 在余料不易利用的条件下, 通常可以选择以余料总量少为目标.

```
#程序文件ex6_8_1.py
import cvxpy as cp
import numpy as np

b = np.loadtxt('data6_8_1.txt')
a = b[:,:3].T; r = b[:,-1];
x = cp.Variable(7, integer=True)
d = np.array([50, 20, 15])
obj1 = cp.Minimize(r@x)
con = [x>=0, a@x>=d]
prob1 = cp.Problem(obj1, con)
prob1.solve(solver='GLPK_MI')
print('最优值为:',prob1.value)
print('最优解为: ', x.value)
print('三种短钢管的数量为: ', a@x.value)

obj2 = cp.Minimize(sum(x))
prob2 = cp.Problem(obj2, con)
prob2.solve(solver='GLPK_MI')
print('-------\n最优值为:',prob2.value)
print('最优解为: ', x.value)
print('余料长度为: ', r@x.value)
print('三种短钢管的数量为: ', a@x.value)
```

问题 (2) 的求解

问题分析　此时, 顾客增加了对 5 米长钢管的购买需求. 需求的钢管的不同长度为四种, 利用枚举法可知切割原料钢管的模式有 16 种. 我们巧妙地引进一组 0-1 变量, 建立整数线性规划模型解决该问题.

模型假设　在问题 (1) 的假设 (1)、(2)、(3) 的基础上, 增加一个假设:

(4) 切割得到长为 5 米的钢管数量恰好等于顾客的需求.

符号说明

x_i：按第 i 种模式切割的原料钢管的根数, $i=1,2,\cdots,16$;

$$y_i=\begin{cases}1, & \text{使用第 } i \text{ 种切割方式},\\ 0, & \text{不使用第 } i \text{ 种切割方式},\end{cases} \quad i=1,2,\cdots,16,$$

r_i：按第 i 种模式切割一根原料钢管的余料长度, $i=1,2,\cdots,16$;

d_j：顾客对第 j 种长度 (即 4 米、6 米、8 米、5 米) 的钢管的需求量, $j=1,2,3,4$;

a_{ij}：按第 i 种模式切割一根原料钢管得到的第 j 种长度的钢管数量, $i=1,2,\cdots,16, j=1,2,3,4$.

模型建立 在第 (2) 问中, 只讨论以切割后剩余的余料总量最小为目标, 则目标函数为

$$\min \quad z=\sum_{i=1}^{16} r_i x_i. \tag{6.11}$$

约束条件为

$$\begin{cases}\sum\limits_{i=1}^{16} a_{ij}x_i \geqslant d_j, \quad j=1,2,3,\\ \sum\limits_{i=1}^{16} a_{i4}x_i = 10,\\ \sum\limits_{i=1}^{16} y_i \leqslant 3,\\ x_i \leqslant 100y_i, \quad i=1,2,\cdots,16,\\ x_i \geqslant 0 \text{ 且为整数}, \quad i=1,2,\cdots,16,\\ y_i=0 \text{ 或 } 1, \quad i=1,2,\cdots,16,\end{cases} \tag{6.12}$$

其中约束条件 $x_i \leqslant 100y_i$ 中的 100 表示一个充分大的数.

模型求解 由 (6.11) 式和 (6.12) 式组成的线性规划模型, 利用 Python 软件求得问题 (2) 的计算结果：使用原料钢管 30 根, 余料总量为 20 米, 可以得到长度分别为 4 米、5 米、6 米和 8 米的钢管数量为 50 根、10 根、30 根和 15 根. 具体的切割方案如下.

模式 9：每根原料钢管切割成 1 根 4 米、1 根 6 米、1 根 8 米的钢管, 共 15 根;

模式 13：每根原料钢管切割成 2 根 4 米、1 根 5 米、1 根 6 米的钢管, 共 10 根;

模式 15：每根原料钢管切割成 3 根 4 米、1 根 6 米的钢管, 共 5 根.

```
#程序文件ex6_8_2.py
import cvxpy as cp
import numpy as np

mode=[]  #切割模式初始化
r=[]  #每种切割模式余料初始化
for i in range(5):
    for j in range(4):
        for k in range(3):
            for m in range(4):
                if 4*i+6*j+8*k+5*m>15 and 4*i+6*j+8*k+5*m<=19:
                    mode.append([i,j, k, m])
                    r.append(19-4*i-6*j-8*k-5*m)
a=np.array(mode).T; r=np.array(r)
d=np.array([50, 20, 15])
x=cp.Variable(16, integer=True)
y=cp.Variable(16, integer=True)
obj=cp.Minimize(r@x)
con=[y>=0, y<=1, a[:3,:]@x>=d, a[-1, :]@x==10,
     sum(y)<=3, x>=0, x<=100*y]
prob=cp.Problem(obj, con)
prob.solve(solver='GLPK_MI')
print('最优值为: ', prob.value)
print('最优解为: \n', x.value)
print('余料长度为: \n', r@x.value)
print('四种短钢管的数量为: ', a@x.value)
```

6.4　线性规划案例——投资的收益与风险

例 6.9 (投资的收益与风险, 本题选自 1998 年全国大学生数学建模竞赛 A 题.)　市场上有 n 种资产 (如股票、债券等)S_i $(i=1,2,\cdots,n)$ 供投资者选择, 某公司有数额为 M 的一笔相当大的资金可用作一个时期的投资. 公司财务分析人员对这 n 种资产进行了评估, 估算出在这一时期内购买资产 S_i 的平均收益率为 r_i, 并预测出购买 S_i 的风险损失率为 q_i. 考虑到投资越分散, 总的风险越小, 公司确定, 当用这笔资金购买若干种资产时, 总体风险可用所投资的 S_i 中最大的一个风险来度量.

购买 S_i 要付交易费, 费率为 p_i, 并且当购买额不超过给定值 u_i 时, 交易费按购买 u_i 计算 (不买当然无须付费). 另外, 假定同期银行存款利率是 $r_0(r_0=5\%)$, 且既无交易费又无风险.

已知 $n=4$ 时相关数据如表 6.8 所示.

表 6.8 四种资产的相关数据

S_i	$r_i/\%$	$q_i/\%$	$p_i/\%$	u_i/元
S_1	28	2.5	1	103
S_2	21	1.5	2	198
S_3	23	5.5	4.5	52
S_4	25	2.6	6.5	40

试给该公司设计一种投资组合方案, 即用给定的资金 M, 有选择地购买若干种资产或存银行生息, 使净收益尽可能大, 而总体风险尽可能小.

问题分析 这是一个组合投资问题：已知市场上可供投资的 n 种资产的平均收益率、风险损失率以及购买资产时产生的交易费费率, 设计一种投资组合方案, 也就是要将可供投资的资金分成数量不等的 n 份分别购买 n 种资产. 不同类型的资产的平均收益率和风险损失率也各不相同, 因此在进行投资时, 要同时兼顾两个目标：投资的净收益和风险.

模型假设

(1) 可供投资的资金数额 M 相当大;

(2) 投资越分散, 总的风险越小, 总体风险可用所投资的 S_i 中最大的一个风险来度量;

(3) 可供选择的 $n+1$ 种资产 (含银行存款) 之间是相互独立的;

(4) 每种资产可购买的数量为任意值;

(5) 在当前投资周期内, r_i, q_i, p_i, u_i 固定不变;

(6) 不考虑在资产交易过程中产生的其他费用, 如股票交易印花税等.

符号说明

S_i：可供投资的第 i 种资产, $i=0,1,2,\cdots,n$, 其中 S_0 表示存入银行;

x_i：投资到资产 S_i 的资金数量, $i=0,1,2,\cdots,n$, 其中 x_0 表示存到银行的资金数量;

r_i：资产 S_i 的平均收益率, $i=0,1,2,\cdots,n$;

q_i：资产 S_i 的风险损失率, $i=0,1,2,\cdots,n$, 其中 $q_0=0$;

p_i：资产 S_i 的交易费费率, $i=0,1,2,\cdots,n$, 其中 $p_0=0$;

u_i：资产 S_i 的投资阈值, $i=1,2,\cdots,n$.

模型建立 投资资产所得的平均收益为 $\sum\limits_{i=0}^{n} r_i x_i$.

在购买资产 S_i $(i=1,2,\cdots,n)$ 时所产生的交易费为

$$f_i(x_i)=\begin{cases} 0, & x_i=0, \\ p_i u_i, & 0<x_i<u_i, \\ p_i x_i, & x_i \geqslant u_i, \end{cases}$$

而在银行存款无交易费, 即 $f_0(x_0)=0$, 故总交易费为 $\sum\limits_{i=0}^{n} f_i(x_i)$.

在资产交易过程中不产生其他费用, 可得投资所得的平均净收益为 $\sum\limits_{i=0}^{n}(r_ix_i-f_i(x_i))$.

可供投资的资金数额 M 相当大, 而每种资产的购买阈值 u_i $(i=1,2,\cdots,n)$ 比较小, p_iu_i 的值更小. 为方便起见, 将投资所得的平均净收益近似为 $\sum\limits_{i=0}^{n}(r_i-p_i)x_i$.

投资的总体风险可用所投资的各资产 S_i 中最大的一个风险来度量, 因此该投资组合的总体风险为 $\max\limits_{0\leqslant i\leqslant n} q_ix_i$.

投资资金按用途分为两部分, 一部分为购买各种资产的资金金额, 另一部分为交易费, 故有 $\sum\limits_{i=0}^{n}(1+p_i)x_i=M$.

在投资时, 总是期望平均净收益尽可能大, 而总体风险尽可能小, 所以可得该问题的多目标规划模型为

$$
\begin{aligned}
&\min\ \left(\max_{0\leqslant i\leqslant n} q_ix_i,\ -\sum_{i=0}^{n}(r_i-p_i)x_i\right),\\
&\text{s.t.}\ \left\{\begin{array}{l}\sum\limits_{i=0}^{n}(1+p_i)x_i=M,\\ x_i\geqslant 0,\quad i=0,1,\cdots,n.\end{array}\right.
\end{aligned}\tag{6.13}
$$

模型求解　在资产投资中, 不同的投资者对待风险的态度不同, 因此可引入投资偏好系数 $w(0\leqslant w\leqslant 1)$, 将目标函数转化为

$$
\min w \max_{0\leqslant i\leqslant n} q_ix_i-(1-w)\sum_{i=0}^{n}(r_i-p_i)x_i.
$$

具体求解时, 我们需要把目标函数线性化, 引进变量 $x_{n+1}=\max\limits_{1\leqslant i\leqslant n}\{q_ix_i\}$, 不妨假设 $M=10000$ 元, 则模型可线性化为

$$
\begin{aligned}
&\min\quad wx_{n+1}-(1-w)\sum_{i=0}^{n}(r_i-p_i)x_i,\\
&\text{s.t.}\ \left\{\begin{array}{l}q_ix_i\leqslant x_{n+1},\quad i=1,2,\cdots,n,\\ \sum\limits_{i=0}^{n}(1+p_i)x_i=10000,\\ x_i\geqslant 0,\quad i=0,1,2,\cdots,n.\end{array}\right.
\end{aligned}\tag{6.14}
$$

可以得到当 w 取不同值时风险和收益的计算结果如表 6.9 所示.

表 6.9 风险与收益数据表 (一) (单位：元)

w	0.0	0.1	0.2	0.3	0.4	0.5	0.6	0.7	0.8	0.9	1.0
风险	247.52	247.52	247.52	247.52	247.52	247.52	247.52	247.52	92.25	59.4	0
收益	2673.27	2673.27	2673.27	2673.27	2673.27	2673.27	2673.27	2673.27	2164.82	2016.24	500

从以上数据可以看出, 当投资偏好系数 $w \leqslant 0.7$ 时, 所对应的收益和风险均达到最大值. 此时, 收益为 2673.27 元, 风险为 247.52 元, 全部资金均用来购买资产 S_1; 当 w 由 0.7 增加到 1.0 时, 收益和风险均呈下降趋势, 特别, 当 $w=1.0$ 时, 收益和风险均达到最小值, 收益为 500 元, 风险为 0 元, 此时应将所有资金全部存入银行.

为更好地描述收益和风险的对应关系, 可将 w 的取值进一步细化, 重新计算的部分数据如表 6.10 所示, 绘制收益和风险的函数关系图像如图 6.1 所示.

表 6.10 风险与收益数据表 (二) (单位：元)

w	0.766	0.767	0.810	0.811	0.824	0.825	0.962	0.963	1.0
风险	247.52	92.25	95.25	78.49	78.49	59.4	59.4	0	0
收益	2673.27	2164.82	2164.82	2105.99	2105.99	2016.24	2016.24	500	500

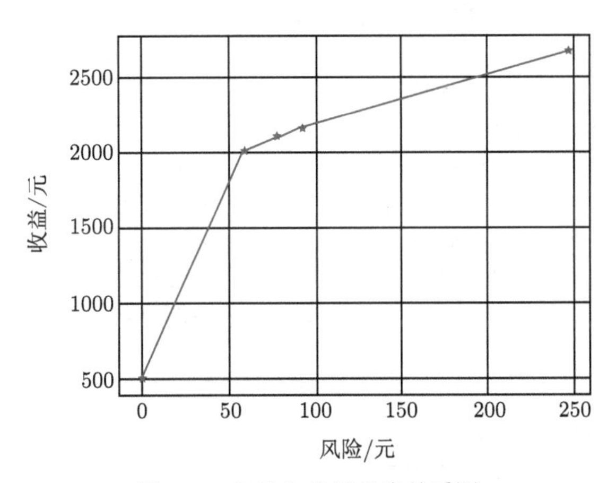

图 6.1 风险与收益对应关系图

从图 6.1 可以看出, 投资的收益越大, 风险也越大. 投资者可以根据自己对风险喜好的不同, 选择合适的投资方案. 曲线的拐点坐标约为 (59.4, 2016.24), 此时对应的投资方案是购买资产 S_1, S_2, S_3, S_4 的资金分别为 2375.84 元、3959.73 元、1079.93 元和 2284.46 元, 存入银行的资金为 0 元, 这对于风险和收益没有明显偏好的投资者是一个比较合适的选择.

计算的 Python 的程序如下：

```
#程序文件ex6_9.py
import numpy as np
import cvxpy as cp
import pylab as plt

plt.rc('font', family='SimHei')
plt.rc('font', size=15)
x = cp.Variable(6, pos = True)
r = np.array([0.05, 0.28, 0.21, 0.23, 0.25])
p = np.array([0, 0.01, 0.02, 0.045, 0.065])
q = np.array([0, 0.025, 0.015, 0.055, 0.026])

def LP(w):
    V = []  #风险初始化
    Q = []  #收益初始化
    X = []  #最优解的初始化
    con = [(1+p) @ x[: -1] == 10000, cp.multiply(q[1:],x[1:5])<=x[5]]
    for i in range(len(w)):
        obj = cp.Minimize(w[i] * x[5] - (1-w[i]) *((r-p) @ x[: -1]))
        prob = cp.Problem(obj, con)
        prob.solve(solver='GLPK_MI')
        xx = x.value   #提出所有决策变量的取值
        V.append(max(q*xx[:-1]))
        Q.append((r-p)@xx[:-1]); X.append(xx)
    print('w=', w);     print('V=', np.round(V,2))
    print('Q=', np.round(Q,2))
    plt.figure(); plt.plot(V, Q, '*-'); plt.grid('on')
    plt.xlabel('风险/元'); plt.ylabel('收益/元')
    return X

w1 = np.arange(0, 1.1, 0.1)
LP(w1); print('--------------')
w2 = np.array([0.766, 0.767, 0.810, 0.811, 0.824, 0.825, 0.962,
             0.963, 1.0])
X=LP(w2); print(X[-4]); plt.show()
```

6.5 思考与练习

1. 某鸡场有 1000 只鸡, 用动物饲料和谷物饲料混合喂养. 每天每只鸡平均食用混合饲料 0.5 公斤, 其中动物饲料所占比例不能低于 20%. 已知动物饲料每公斤 0.30 元, 谷物饲料每公斤 0.18 元, 饲料公司每周仅保证供应谷物饲料 6000 公斤, 则饲料应该如何混合, 才能使成本最低?

2. 某公司在下一年度的 1 月至 4 月的 4 个月内拟租用仓库堆放物资. 仓库租借费用随合同期限而定, 期限越长, 折扣越大. 租借仓库的合同每月初都可办理, 每份合同具体规定租用面积和期限. 因此可根据需要在任何一个月初办理租借合同, 每次办理时可签一份合同, 也可同时签若干份租用面积和租借期限不同的合同. 已知每个月份所需仓库的面积和仓库的租借费用如表 6.11 所示. 试确定该公司签订租借合同的最佳方案, 使得总的租借费用最小.

表 6.11 所需仓库面积和仓库租借费用

月份	1	2	3	4
所需仓库面积/米^2	1500	1000	2000	1200
合同期内的租费/(元/米^2)	28	45	60	73

3. 某医院每天在不同的时间段分别需要不同数量的护士, 具体数据如表 6.12 所示. 已知每班的护士在值班开始时向病房报到, 且连续工作 8 小时. 为满足每班需要的护士数量, 最少需多少护士?

表 6.12 不同时段所需最少护士数量

班次	时间	最少护士数量
1	06~10 时	60
2	10~14 时	70
3	14~18 时	60
4	18~22 时	50
5	22~02 时	20
6	02~06 时	30

4. 一家出版社准备在某市建立两个销售代理点, 向该市的七个区的大学生售书, 每个区的大学生数量如图 6.2 所示 (单位: 千人). 每个销售代理点只能向本区和一个相邻区的大学生售书. 这两个销售代理点应该建在哪两个区, 才能使所覆盖的大学生的数量最大?

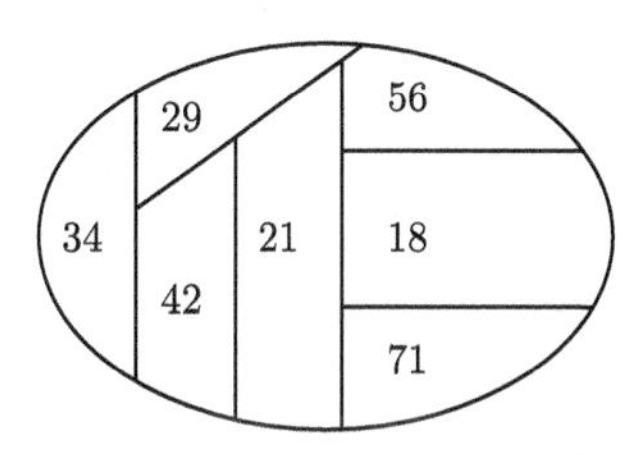

图 6.2 各区大学生数量

5. 某客运公司有八辆客车分别存放在不同的地点, 现需要派其中 5 辆车分别到 5 个不同的小区接送旅游团. 已知各车从存放处调到载客小区所需费用如表 6.13 所示, 则应该如何调运车辆, 才能使总的调运费用最小?

6. 例 6.9 中的交易费用函数为分段函数. 对每一种资产 S_i, 请尝试引入两个

0-1 变量, 对投资金额是否为 0、是否大于阈值 u_i 进行表示, 进而求解该模型.

第6章程序和数据

第 7 章　非线性规划模型

CHAPTER

在第 6 章中, 我们遇到的规划模型中的目标函数和约束条件均为决策变量的线性函数, 我们称其为线性规划模型. 如果在目标函数或约束条件中含有决策变量的非线性函数, 则该模型即为非线性规划模型 (nonlinear programming, NLP). 在实际的生产生活中有大量的问题都可以归结为非线性规划模型. 由于大多数工程物理量的表达式是非线性的, 因此非线性规划在各类工程的优化设计中得到较多应用; 在管理问题中的马科维茨 (Markowitz) 投资组合理论也是非线性规划模型的一个经典应用.

非线性规划是优化理论和方法的重要研究分支, 其研究对象是非线性函数的数值最优化问题, 它是在线性规划的基础上发展起来的. 1951 年, 库恩 (H.W. Kuhn) 和塔克 (A.W.Tucker) 等提出了非线性规划的最优性条件, 这为其发展奠定了基础. 随着计算机运算的快速、精确搜索算法理论和方法及相关优化软件的快速发展, 非线性规划的理论和方法有了很大的发展, 其应用领域也越来越广泛, 特别是在军事、经济、管理、生产过程自动化、工程设计和产品优化设计等方面有着重要的应用.

7.1　非线性规划模型

7.1.1　非线性规划模型举例

首先, 我们来看几个关于非线性规划的例题.

例 7.1　生物学家高斯于 1934 年在实验室进行了如下实验：将 5 个大草履虫放置于装有 0.5ml 培养液的试管中, 观察试管中大草履虫的个数, 每隔 24 小时统计一次数据, 所得数据如表 7.1 所示. 已知试管中大草履虫个数 x 与时间 t 之间具有形如 $x(t)=\dfrac{K}{1+\left(\dfrac{K}{x_0}-1\right)\mathrm{e}^{-rt}}$ 的经验函数关系, 其中 $x_0=x(0)$, K,r 为待定参数. 如何确定参数 K,r 的值, 使得该函数曲线尽可能地与实验数据拟合.

表 7.1　大草履虫数量统计表

时间/天	0	1	2	3	4	5	6
数量/个	5	20	137	319	369	373	365

问题分析　该问题是一个数据拟合问题, 从几何上来看, 就是要确定一条曲线, 使得该曲线在所有观测点处与所给的数据点最为接近. 此时, 常用的方法为在第 3 章中提到的最小二乘法, 即通过要求 $\sum_{i=0}^{6}\left[x_i-\dfrac{K}{1+\left(\dfrac{K}{x_0}-1\right)\mathrm{e}^{-rt_i}}\right]^2$ 为最小来确定参数 K,r 的值, 如图 7.1 所示.

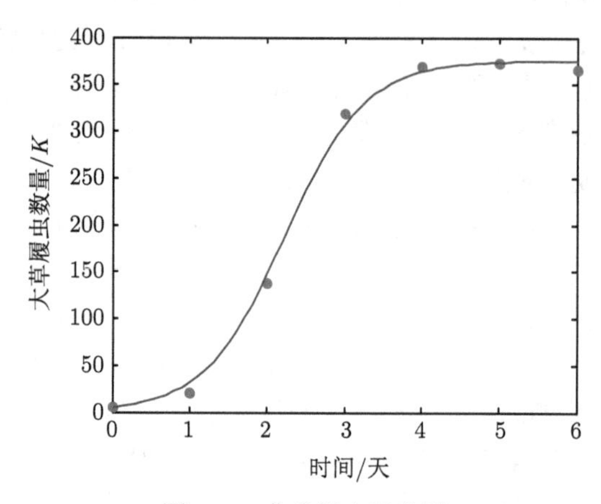

图 7.1　曲线拟合示意图

模型建立　该问题的数学模型为

$$\min\quad \mathrm{e}=\sum_{i=0}^{6}\left[x_i-\frac{K}{1+\left(\dfrac{K}{x_0}-1\right)\mathrm{e}^{-rt_i}}\right]^2. \tag{7.1}$$

求解该数学模型, 便可得到参数 K,r 的值.

例 7.2　在某条河的同一侧有两个工厂 A 和 B, 其与河岸 R 的距离分别为 8 千米和 6 千米, 且两个工厂的直线距离为 10 千米, 具体位置关系如图 7.2 所示. 现准备在河的工厂一侧选址建一个水厂, 从河里取水, 经过处理后给工厂 A 和 B 供水. 为保证建筑安全, 水厂到河岸的距离至少为 0.5 千米. 则水厂的地址该如何确定?

问题分析　水厂的取水和供水费用主要取决于水厂到水源地和工厂的距离大小. 从节约成本的角度出发, 水厂的选址应该满足水厂到河岸和水厂到两个工厂的距离之和最小.

模型假设　从水厂到河岸和工厂 A, B 均可以铺设直线型输水管道.

模型建立 建立如图 7.3 所示的平面直角坐标系, 则两个工厂的坐标分别为 $A(0,\ 8)$ 和 $B(4\sqrt{6},\ 6)$. 设水厂的坐标为 $C(x,y)$. 显然, 有 $0 \leqslant x \leqslant 4\sqrt{6}$ 和 $0.5 \leqslant y \leqslant 6$ 成立.

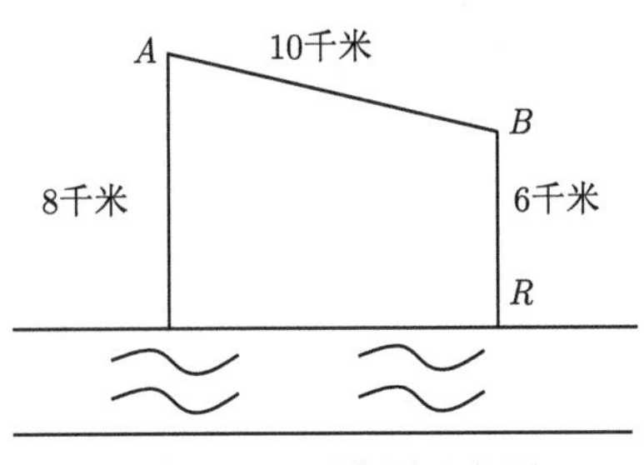

图 7.2 工厂位置示意图

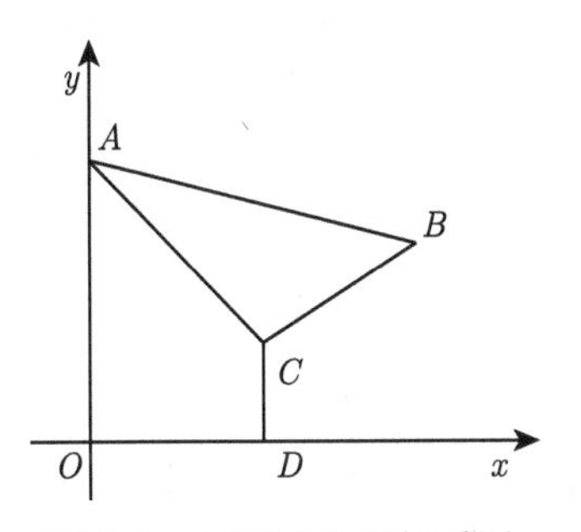

图 7.3 平面直角坐标系图

水厂到河岸和水厂到两个工厂的距离之和可以表示为

$$d = y + \sqrt{x^2 + (y-8)^2} + \sqrt{(x-4\sqrt{6})^2 + (y-6)^2}.$$

该问题的数学模型为

$$\begin{aligned} \min \quad & d = y + \sqrt{x^2 + (y-8)^2} + \sqrt{(x-4\sqrt{6})^2 + (y-6)^2}, \\ \text{s.t.} \quad & \begin{cases} 0 \leqslant x \leqslant 4\sqrt{6}, \\ 0.5 \leqslant y \leqslant 6. \end{cases} \end{aligned} \tag{7.2}$$

求解该数学模型, 便可得到水厂的最优建厂位置.

例 7.3 “渡江”一直是武汉市的一张名片. 2002 年 5 月 1 日, 武汉市举办了第 32 届横渡长江活动, 也是第一次面向世界的国际抢渡长江挑战赛, 来自多个国家和地区的游泳爱好者积极参与到此次横渡长江的活动中来. 此次抢渡长江活动的起点设在武昌汉阳门码头, 终点设在汉阳南岸嘴, 江面宽约 1160 米. 据水文资料记载, 当日江水的平均流速为 1.89 米/秒. 从武昌汉阳门的正对岸到汉阳南岸嘴的距离为 1000 米, 具体位置关系如图 7.4 所示.

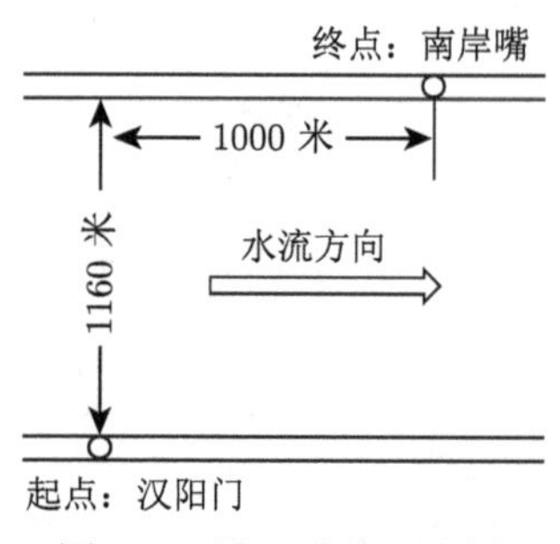

图 7.4 渡江路线示意图

(1) 假设在渡江过程中游泳者的速度大小和方向不变, 且竞渡区域内每点的江水流速均为 1.89 米/秒. 如果游泳者始终以和岸边垂直的方向游, 是否能到达终点? 已知此次挑战赛的最好成绩为 14 分 8 秒, 试说明该游泳者是沿着怎样的路线前进的, 给出其游泳速度的大小和方向.

(2) 如果竞渡区域内每点的江水流速为

$$v(y)=\begin{cases}1.47\text{米/秒}, & 0\text{米}\leqslant y\leqslant 200\text{米},\\ 2.11\text{米/秒}, & 200\text{ 米}<y<960\text{米},\\ 1.47\text{米/秒}, & 960\text{米}\leqslant y\leqslant 1160\text{米},\end{cases}$$

其中, y 为该点到汉阳门一侧江岸的距离. 游泳者保持速度大小为 1.5 米/秒不变. 试为该游泳者确定游泳的方向和路线, 并估计他的成绩.

模型分析 在第一问中, 游泳者的速度沿着垂直于江岸方向的分量和平行于江岸方向的分量均为常数, 根据路程、速度和时间的关系便可求解该问; 在第二问中, 要求游泳者选择游泳方向和路线, 需要根据不同的江水流速调整游泳方向, 以最短的时间游到终点, 这实际上是一个优化问题.

模型假设

(1) 竞渡区域的江岸为直线型且相互平行;

(2) 江水的流向与江岸平行;

(3) 除自身速度和江水流速外, 游泳者的成绩不受其他因素的影响.

符号说明

u：游泳者的游泳速率;

v：江水的流速;

H：竞渡区域内的江面宽度;

L：起点汉阳门的正对岸到终点南岸咀的水平距离;

T：游泳者完成比赛的时间;

α：游泳者的游泳方向与垂直江岸的直线形成的夹角.

模型建立与求解

(1) 在第一问中, 若游泳者始终以和江岸垂直的方向游, 假设可以到达终点南岸咀, 则有 $\dfrac{H}{u}=\dfrac{L}{v}$, 其中 $H=1160$ 米, $L=1000$ 米, $v=1.89$ 米/秒, 则 $u=2.19$ 米/秒. 目前, 男子 1500 米自由泳的世界纪录为 14 分 31 秒, 平均约为 1.72 米/秒. 要求游泳者的速度超过当前的世界纪录显然是不可能的. 因此, 若游泳者始终以和江岸垂直的方向游, 由于水流速度太快, 他们不可能到达终点, 而是被江水带到终点的下游.

若能取得此次挑战赛的最好成绩 14 分 8 秒, 则该游泳者的游泳方向必须指向长江的上游. 以汉阳门为坐标原点, 以江水流向作为 x 轴正方向, 以汉阳门垂直指向对岸的方向作为 y 轴的正方向建立如图 7.5 所示的直角坐标系. 则有

$$T=\frac{H}{u\cos\alpha}=\frac{L}{v-u\sin\alpha}.$$

将已知数据代入, 可得

$$\begin{cases}u=\sqrt{\left(\dfrac{H}{T}\right)^2+\left(v-\dfrac{L}{T}\right)^2}=1.5416\\ \alpha=\arctan\left(\dfrac{VT-L}{H}\right)=0.4792.\end{cases}$$

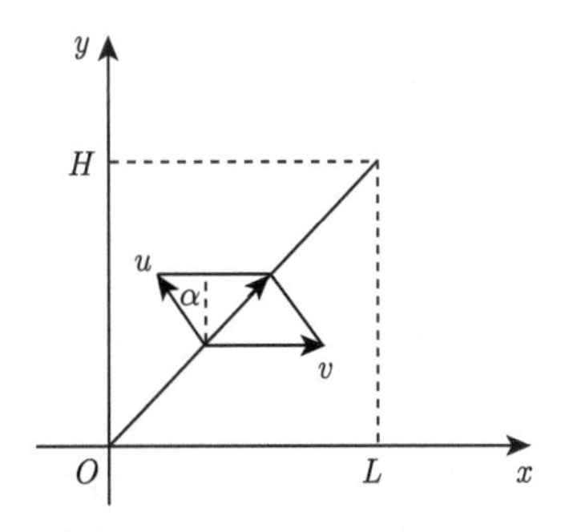

图 7.5　平面直角坐标系图

即取得最好成绩 14 分 8 秒的游泳者的速度大小为 1.5416 米/秒, 方向为与垂直江岸的直线夹角为 0.4792 弧度, 即 27.4561 度, 且指向江水上游. 此时, 游泳者的运动路线为由起点汉阳门到终点南岸嘴沿直线前进.

(2) 在第二问中, 游经的路线是由江水的流速和游泳者的速度决定的. 此时, 江水只有两个不同的流速 v_i, 因此游泳者只要相应采取两个不同的游泳方向 α_i, $i=1,2$. 游泳者按照不同的方向游过的垂直距离为 H_i, 水平距离为 L_i, 所消耗的时间为 t_i, $i=1,2,3$. 具体游泳路线如图 7.6 所示. 显然, 有 $u=1.5$ 米/秒, $v_1=1.47$ 米/秒, $v_2=2.11$ 米/秒, $H_1=H_3=200$ 米, $H_2=760$ 米, $L_1=L_3$, $L_1+L_2+L_3=1000$ 米, $t_1=t_3$.

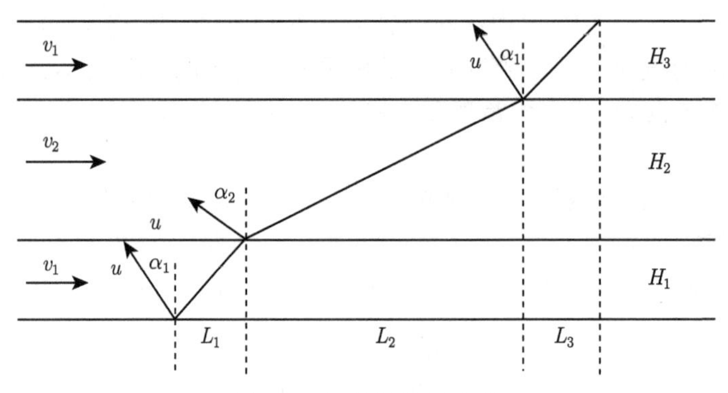

图 7.6　游泳路线示意图

目标函数为游泳者游完全程的时间 $T=\sum_{i=1}^{3}t_i$.

根据路程、时间和速度的关系, 可以得到以下关系:

$$\begin{cases}(t_1+t_3)1.5\cos\alpha_1=400,\\ t_2 1.5\cos\alpha_2=760,\\ (1.47-1.5\sin\alpha_1)(t_1+t_3)+(2.11-1.5\sin\alpha_2)t_2=1000.\end{cases}$$

综上, 该问题的规划模型为

$$\min\quad T=\sum_{i=1}^{3}t_i,$$

$$\text{s.t.}\quad\begin{cases}(t_1+t_3)1.5\cos\alpha_1=400,\\ t_2 1.5\cos\alpha_2=760,\\ (1.47-1.5\sin\alpha_1)(t_1+t_3)+(2.11-1.5\sin\alpha_2)t_2=1000,\\ t_1=t_3,\\ t_i\geqslant 0,\quad i=1,2,3,\\ 0<\alpha_i<\dfrac{\pi}{2},\quad i=1,2.\end{cases}\tag{7.3}$$

该模型的求解过程将在后面给出.

在前面的三个例题所给出的规划模型中, 目标函数或者约束条件中含有决策变量的非线性函数, 我们称其为非线性规划模型.

7.1.2 非线性规划模型

非线性规划模型的一般形式为

$$
\begin{aligned}
&\min \quad f(\boldsymbol{x}),\\
&\text{s.t.} \quad \begin{cases} g_i(\boldsymbol{x}) \leqslant 0, & i=1,2,\cdots,p,\\ h_j(\boldsymbol{x})=0, & j=1,2,\ \cdots,q. \end{cases}
\end{aligned} \tag{7.4}
$$

其中, $\boldsymbol{x}=(x_1,x_2,\cdots,x_n)^{\mathrm{T}}$ 是 n 维欧氏空间 $\mathbf{R}^n$ 中的一个 n 维向量, 函数 $f(\boldsymbol{x})$, $g_i(\boldsymbol{x})$, $i=1,2,\cdots,p$ 和 $h_j(\boldsymbol{x})$, $j=1,2,\ \cdots,q$ 是定义在 $\mathbf{R}^n$ 上的实值函数, 且其中至少有一个是 $\boldsymbol{x}$ 的非线性函数.

特别, 若在模型 (7.4) 中, $p=q=0$, 我们称其为无约束非线性规划或无约束优化, 即求多元函数的极值问题; 若目标函数 $f(\boldsymbol{x})$ 是一个二次函数, 而 $g_i(\boldsymbol{x})$, $i=1,2,\cdots,p$ 和 $h_j(\boldsymbol{x})$, $j=1,2,\ \cdots,q$ 都是线性函数, 我们称其为二次规划. 若目标函数 $f(\boldsymbol{x})$ 是凸函数, 而 $g_i(\boldsymbol{x})$, $i=1,2,\cdots,p$ 均为凸函数, $h_j(\boldsymbol{x})$, $j=1,2,\ \cdots,q$ 均为线性函数, 我们称其为凸规划.

7.2 用 Python 求解非线性规划模型

在非线性规划模型中, 目标函数或约束条件中关于决策变量的表达形式多种多样, 其光滑性也不尽相同, 因此求解非线性规划要比求解线性规划困难得多. 在求解非线性规划模型时也没有像求解线性规划的单纯形法等通用方法, 而是需要根据模型的不同特点给出不同的解法, 每种解法都有自己适用的范围.

在此, 我们不介绍非线性规划模型的理论求解方法, 仅介绍如何使用 Python 软件求解非线性规划模型.

对于一般的非线性规划问题, 由于不是凸规划, 就不能使用 cvxpy 库求解. 求解一般的非线性规划问题使用 scipy.optimize 模块的 minimize 函数求解.

minimize 函数求解非线性规划的标准型为

$$
\begin{aligned}
&\min \quad f(\boldsymbol{x}),\\
&\text{s.t.} \quad \begin{cases} g_i(\boldsymbol{x}) \geqslant 0, & i=1,2,\cdots,p,\\ h_j(\boldsymbol{x})=0, & j=1,2,\cdots,q. \end{cases}
\end{aligned}
$$

下面通过一些具体例子来说明 minimize 的使用方法.

例 7.4　求解在例 7.3 中建立的非线性规划模型.

$$
\min \quad T=\sum_{i=1}^{3} t_i,
$$

$$
\text{s.t.}\quad \begin{cases} (t_1+t_3)1.5\cos\alpha_1=400, \\ t_2 1.5\cos\alpha_2=760, \\ (1.47-1.5\sin\alpha_1)(t_1+t_3)+(2.11-1.5\sin\alpha_2)t_2=1000, \\ t_1=t_3, \\ t_i\geqslant 0,\ \ i=1,2,3, \\ 0<\alpha_i<\dfrac{\pi}{2},\ \ i=1,2. \end{cases}
$$

解　该题中实际上有 4 个决策变量, 分别为 $t_1,t_2,\alpha_1,\alpha_2$, 下面程序中 x 的各分量分别为 $t_1,t_2,\alpha_1,\alpha_2$. 利用 Python 软件, 求得

$$
t_1=t_3=164.9264,\quad t_2=574.1700,\quad \alpha_1=0.6293,\quad \alpha_2=0.4898.
$$

从而可知, 当游泳者保持速度大小为 1.5 米/秒不变时, 最优的游泳方案为：在跟江岸距离小于 200 米的两部分区域内, 游泳者的方向为与垂直江岸的直线夹角为 0.6293 弧度, 即 36.0561°, 且指向江水上游, 在此范围内所消耗时间各为 164.9 秒; 在江心的 760 米的范围内, 游泳者的方向为与垂直江岸的直线夹角为 0.4898 弧度, 即 28.0627°, 且指向江水上游, 在此范围内所消耗时间为 574.2 秒. 整个比赛过程耗时约 904 秒.

```
#程序文件ex7_4.py
import numpy as np
from scipy.optimize import minimize
obj = lambda x: 2*x[0]+x[1]
con = [{'type': 'eq', 'fun': lambda x: 2*x[0]*1.5*np.cos(x[2])-400},
       {'type': 'eq', 'fun': lambda x: x[1]*1.5*np.cos(x[3])-760},
       {'type': 'eq', 'fun': lambda x: (1.47-1.5*np.sin(x[2]))*2*x[0]
                                 +(2.11-1.5*np.sin(x[3]))*x[1]-1000}]
LB = [0]*4; UB = [np.inf, np.inf, np.pi/2, np.pi/2]
bd = list(zip(LB, UB))
x = minimize(obj, np.random.rand(4), constraints=con, bounds=bd)
print(x); print('角度: ', x.x[2:]*180/np.pi)
```

例 7.5　某公司有 6 个建筑工地要开工, 每个工地的位置 (用平面直角坐标系中的点 $(a_i,\ b_i)$ 表示, 距离单位：千米) 及水泥日用量 d_i(单位：吨) 如表 7.2 所示, $i=1,2,\cdots,6$. 目前有两个临时料场位于 $A(5,1)$ 和 $B(2,7)$, 日储量各为 20 吨. 假设从料场到工地之间均有直线道路相连.

(1) 制订每天的供应计划, 使总的吨千米数最小.

(2) 为进一步节约供应成本, 打算舍弃这两个临时料场, 新建两个料场, 每个料场的日储量仍为 20 吨, 求这两个新建料场的位置.

表 7.2 工地位置坐标及水泥日用量数据

i	1	2	3	4	5	6
a_i	1.25	8.75	0.5	5.75	3	7.25
b_i	1.25	0.75	4.75	5	6.5	7.75
d_i	3	5	4	7	6	11

模型假设 各料场到各工地之间均有直线道路相连.

符号说明

(a_i, b_i)：第 i 个建筑工地的位置, $i=1,2,\cdots,6$;

d_i：第 i 个建筑工地的水泥日用量, $i=1,2,\cdots,6$;

(x_j, y_j)：第 j 个料场的位置, $j=1,2$;

e_j：第 j 个料场的日储量, $j=1,2$;

c_{ij}：第 j 个料场到第 i 个工地的水泥运输量, $i=1,2,\cdots,6; j=1,2$.

模型建立 第 j 个料场到第 i 个工地的距离为 $\sqrt{(a_i-x_j)^2+(b_i-y_j)^2}$.

目标函数为

$$\sum_{i=1}^{6}\sum_{j=1}^{2} c_{ij}\sqrt{(a_i-x_j)^2+(b_i-y_j)^2}.$$

决策变量 c_{ij} 应满足以下约束条件.

首先, 每个料场给各个工地输送的水泥数量之和不能超过它的日储量, 即

$$\sum_{i=1}^{6} c_{ij} \leqslant e_j, \quad j=1,2.$$

其次, 两个料场输送到同一个工地的水泥数量之和应等于该工地的日用量, 即

$$\sum_{j=1}^{2} c_{ij} = d_i, \quad i=1,2,\cdots,6.$$

最后, 运输量不能为负数, 即

$$c_{ij} \geqslant 0, \quad i=1,2,\cdots,6; j=1,2.$$

综上, 该问题的规划模型为

$$
\min \quad z=\sum_{i=1}^{6}\sum_{j=1}^{2}c_{ij}\sqrt{(a_i-x_j)^2+(b_i-y_j)^2},
$$

$$
\text{s.t.} \begin{cases} \sum_{i=1}^{6}c_{ij}\leqslant e_j, & j=1,2,\\ \sum_{j=1}^{2}c_{ij}=d_i, & i=1,2,\cdots,6,\\ c_{ij}\geqslant 0, & i=1,2,\cdots,6; j=1,2. \end{cases}
$$

模型求解　对问题 (1), 因为两个料场的位置已知, 该模型为线性规划模型.

```
#程序文件ex7_5_1.py
import numpy as np
from numpy.linalg import norm
import cvxpy as cp
a = np.loadtxt('data7_5.txt')
ab = a[:2,:].T  #工地坐标数据
d = a[2, :]     #工地需求量
g = np.array([[5, 1], [2, 7]]) #料场坐标
r = [[norm(ab[i]-g[j]) for i in range(6)] for j in range(2)]
r = np.array(r)  #料场与工地之间的距离
c = cp.Variable((2,6), pos=True)
obj = cp.Minimize(cp.sum(cp.multiply(r, c)))
con = [cp.sum(c,axis=1)<=20,
       cp.sum(c,axis=0)==d]
prob = cp.Problem(obj, con)
prob.solve(solver='GLPK_MI')
print('最优值: ', prob.value); print('最优解: \n', c.value)
```

由上述 Python 程序运行结果可知, 吨千米数最小为 136.2275, 此时由料场到工地最优的运输方案见表 7.3.

表 7.3　临时料场到工地的水泥运输方案

i	1	2	3	4	5	6
料场 A	3	5	0	7	0	1
料场 B	0	0	4	0	6	10

对问题 (2), 因为两个新建料场的位置未知, 所以该模型为非线性规划模型.

```
#程序文件ex7_5_2.py
import numpy as np
from scipy.optimize import minimize
```

```
d = np.loadtxt('data7_5.txt')
a = d[0]; b = d[1]; c = d[2]
e = np.array([20, 20])
def obj(xyz):
    x = xyz[: 2]; y = xyz[2: 4]
    z = xyz [4:].reshape(6,2)
    obj =0
    for i in range(6):
        for j in range(2):
            obj = obj + z[i,j] * np.sqrt((x[j]-a[i])**2+
                   (y[j]-b[i])**2)
    return obj

con = []
con.append({'type': 'eq', 'fun': lambda z:
            z[4:].reshape(6,2).sum(axis=1)-c})
con.append({'type': 'ineq', 'fun': lambda z:
            e-z[4:].reshape(6,2).sum(axis=0)})
bd = [(0, 11) for i in range(16)]  #决策向量的界限
res = minimize(obj, np.random.randn(16), constraints=con, bounds=bd)
print(res)  #输出解的信息
s=np.round(res.x, 4)     #提出最优解的取值
print('目标函数的最优值: ', round(res.fun,4))
print('x的坐标为: ', s[:2])
print('y的坐标为: ', s[2:4])
print('料场到工地的运输量为: \n', s[4:].reshape(6,2).T)
```

新建料场的位置为 $A(3.2549, 5.6523), B(7.25, 7.75)$. 吨千米数最小为 85.2660, 此时由料场到工地最优的运输方案见表 7.4.

表 7.4 新建料场到工地的水泥运输方案

i	1	2	3	4	5	6
料场 A	3	0	4	7	6	0
料场 B	0	5	0	0	0	11

7.3 非线性规划案例——飞行管理问题

例 7.6 (飞行管理问题, 本题选自 1995 年全国大学生数学建模竞赛 A 题) 在约 10000 米高空 (民航飞机通常的飞行高度) 的某边长为 160 千米的正方形区域内, 经常有若干架飞机作水平飞行. 该区域内每架飞机的位置和速度均可由雷达

进行测量并由计算机记录相关数据, 以便进行飞行管理. 当有一架欲进入该区域的飞机到达区域边缘时, 计算机根据该飞机的飞行数据, 判断其是否有与已在该区域内的飞机发生碰撞的可能. 如果有碰撞的可能, 则应计算如何调整该飞机和区域内各飞机的飞行方向, 并及时通知各飞机加以执行, 以避免发生碰撞, 保障飞机的飞行安全.

试建立该飞行管理问题的数学模型. 以该正方形区域的某一个顶点为平面直角坐标系的坐标原点, 以正方形区域过该顶点的两条边所在的直线作为 x 轴与 y 轴, 则该正方形区域的四个顶点的坐标分别为 (0, 0), (0, 160), (160, 0), (160, 160). 假设该区域内已有五架飞机正在飞行, 又有一架飞机即将进入该区域. 这六架飞机的飞行数据如表 7.5 所示, 根据该数据进行计算, 确定各飞机飞行方向的最优的调整方案.

表 7.5 六架飞机的飞行数据

飞机编号	横坐标/千米	纵坐标/千米	方向角/度
1	150	140	243
2	85	85	236
3	150	155	220.5
4	145	50	159
5	130	150	230
6	0	0	52

其中, 第 6 架飞机为即将进入该正方形区域的飞机; 方向角表示飞机的飞行方向与 x 轴正方向的夹角.

问题分析 这是一个飞行管理问题：为保证任意两架飞机不发生碰撞, 可以限制这两架飞机之间保持一个安全距离; 在满足不碰撞的条件下计算每架飞机的方向角的调整量, 尽量使总的调整幅度最小.

模型假设

(1) 所有飞机的飞行高度均为 10000 米, 飞行速度均为 800 千米/时;

(2) 忽略飞机转向时转弯半径的影响, 飞机飞行方向角的调整可以瞬时实现;

(3) 每架飞机最多调整一次飞行方向角, 且调整幅度不超过 $\dfrac{\pi}{6}$;

(4) 为保证任意两架飞机不碰撞, 要求它们之间的距离大于 8 千米;

(5) 将每一架飞机近似看作一个质点;

(6) 不考虑飞机离开该正方形区域后的飞行状况.

符号说明

L：飞行管理区域的边长, $L = 160$ 千米;

D：飞行管理区域, $D = [0, L] \times [0, L]$;

v：飞机的飞行速度, $v = 800$ 千米/时;

N：飞机的总架数, 其中第 i 架飞机为已在飞行管理区域内的飞机, $i=1, 2,\cdots,N-1$, 第 N 架飞机为即将进入该区域的飞机;

(x_i^0,y_i^0)：第 i 架飞机在初始时刻的位置, $i=1,2,\cdots,N$;

$(x_i(t),y_i(t))$：第 i 架飞机在 t 时刻的位置, $i=1,2,\cdots,N$;

T_i：第 i 架飞机在区域 D 内的飞行时间的长度, $i=1,2,\cdots,N$;

θ_i^0：第 i 架飞机的原飞行方向角, $0\leqslant\theta_i^0<2\pi$;

$\Delta\theta_i$：第 i 架飞机的飞行方向角的调整幅度, $i=1,2,\cdots,N$;

$\theta_i=\theta_i^0+\Delta\theta_i$：第 i 架飞机调整后的飞行方向角, $i=1,2,\cdots,N$.

模型建立 该问题要求在满足飞行安全的前提下确定各飞机飞行方向的最优的调整方案, 即确定 $\Delta\theta_i$, 使得各架飞机飞行方向角调整的幅度尽量小. 优化目标可以是各架飞机的飞行方向角调整幅度的绝对值的最大值, 即 $\max\limits_{1\leqslant i\leqslant N}|\Delta\theta_i|$, 也可以是各架飞机的飞行方向角调整幅度的绝对值的和, 即 $\sum\limits_{i=1}^{N}|\Delta\theta_i|$ 等. 在此, 我们取目标函数为各架飞机的飞行方向角调整幅度的平方和, 即

$$\sum_{i=1}^{N}(\Delta\theta_i)^2. \tag{7.5}$$

由假设 (3) 可知, 各架飞机飞行方向角的调整幅度应满足

$$|\Delta\theta_i|\leqslant\frac{\pi}{6},\quad i=1,2,\cdots,N. \tag{7.6}$$

第 i 架飞机和第 j 架飞机的初始位置分别为 (x_i^0,y_i^0) 和 (x_j^0,y_j^0), 飞行方向角分别为 θ_i 和 θ_j, 则在 t 时刻这两架飞机的位置分别为

$$(x_i(t),y_i(t))=(x_i^0+vt\cos\theta_i,y_i^0+vt\sin\theta_i)$$

和

$$(x_j(t),y_j(t))=(x_j^0+vt\cos\theta_j,y_j^0+vt\sin\theta_j).$$

因此, 在 t 时刻第 i 架飞机和第 j 架飞机的距离 $r_{ij}(t)$ 的平方可表示为

$$r_{ij}^2(t)=(x_i(t)-x_j(t))^2+(y_i(t)-y_j(t))^2, \tag{7.7}$$

整理, 可得

$$r_{ij}^2(t)=a_{ij}t^2+b_{ij}t+r_{ij}^2(0), \tag{7.8}$$

其中,

$$a_{ij}=v^2[(\cos\theta_i-\cos\theta_j)^2+(\sin\theta_i-\sin\theta_j)^2],$$

$$b_{ij} = 2v[(x_i^0 - x_j^0)(\cos\theta_i - \cos\theta_j) + (y_i^0 - y_j^0)(\sin\theta_i - \sin\theta_j)],$$

$$r_{ij}^2(0) = (x_i^0 - x_j^0)^2 + (y_i^0 - y_j^0)^2.$$

任意两架飞机在 t 时刻的距离大于 8 千米可以表示为

$$r_{ij}^2(t) = a_{ij}t^2 + b_{ij}t + r_{ij}^2(0) > 64, \quad i = 1,2,\cdots,N, j = 1,2,\cdots,N, i \neq j. \tag{7.9}$$

如果要表示在飞行管理区域 D 内的任意两架飞机不发生碰撞, 还应考虑每架飞机在区域 D 内的飞行时间. 考虑到一架飞机可以从正方形区域 D 的任意一条边飞出该区域, 可得第 i 架飞机在区域 D 内的飞行时间的长度为

$$T_i = \min\{t > 0 : x_i^0 + vt\cos\theta_i = 0\text{或 } 160, \text{或者} y_i^0 + vt\sin\theta_i = 0\text{或 } 160\}.$$

记 $T_{ij} = \min[T_i, T_j]$, 则要保证任意两架飞机在区域 D 内飞行时不发生碰撞, 只需要求 (7.9) 式在 $t \leqslant T_{ij}$ 成立即可.

综上所述, 可得该问题的数学模型为

$$\begin{aligned} \min \quad & f = \sum_{i=1}^{N} (\Delta\theta_i)^2, \\ \text{s.t.} \quad & \begin{cases} r_{ij}^2(t) > 64, t \leqslant T_{ij}, & i = 1,2,\cdots,N, j = 1,2,\cdots,N, i \neq j, \\ |\Delta\theta_i| \leqslant \dfrac{\pi}{6}, & i = 1,2,\cdots,N. \end{cases} \end{aligned} \tag{7.10}$$

模型 (7.10) 的目标函数和约束条件关于决策变量 $\Delta\theta_i, 1 \leqslant i \leqslant N$ 均为非线性的, 所以该模型为非线性规划模型. 考虑到 T_{ij} 的表达式中含有比较复杂的关系式, 我们可以将该模型进行简化处理. 注意到正方形区域 D 的对角线长度为 $\sqrt{2}L = 160\sqrt{2}$ 千米, 任意一架飞机在区域 D 内的飞行时间不会超过 $T_{\max} = \sqrt{2}L/v = 0.2\sqrt{2}$ 小时, 只要在时间 $T_{\max}$ 内飞机不发生碰撞就可以保证在飞行管理区域 D 内飞机不发生碰撞, 因此可以将模型 (7.10) 中的 T_{ij} 替换为 $T_{\max}$. 事实上, 这样简化模型强化了问题的条件, 即有些飞机可能已经飞出了区域 D, 但仍然要求两架飞机之间的距离大于 8 千米.

简化后的非线性规划模型为

$$\begin{aligned} \min \quad & f = \sum_{i=1}^{N} (\Delta\theta_i)^2, \\ \text{s.t.} \quad & \begin{cases} r_{ij}^2(t) > 64, t \leqslant T_{\max}, & i = 1,2,\cdots,N, j = 1,2,\cdots,N, i \neq j, \\ |\Delta\theta_i| \leqslant \dfrac{\pi}{6}, & i = 1,2,\cdots,N. \end{cases} \end{aligned} \tag{7.11}$$

模型求解　针对所给的六架飞机的飞行数据, 编写求解的 Python 程序如下:

```
#程序文件ex7_6.py
import numpy as np
from scipy.optimize import minimize

t0 = np.array([243, 236, 220.5, 159, 230, 52])/180*np.pi
x0 = np.array([150, 85, 150, 145, 130, 0])
y0 = np.array([140, 85, 155, 50, 150, 0])
obj = lambda t: sum(t**2)
con = []
for i in range(5):
    for j in range(i+1, 6):
        con.append({'type': 'ineq', 'fun': lambda t:
        (4*(np.sin(t0[i]+t[i]-t0[j]-t[j])/2)**2*
           ((x0[i]-x0[j])**2+(y0[i]-y0[j])**2-64)-
         ((x0[i]-x0[j])*(np.cos(t0[i]+t[i])-
          np.cos(t0[j]+t[j]))-((y0[i]-y0[j])*
          (np.sin(t0[i]+t[i])-np.sin(t0[j]+t[j]))))**2)})
bd = [(-np.pi/6, np.pi/6) for i in range(6)]
res = minimize(obj, np.random.rand(6), constraints=con, bounds=bd)
print(res)
```

7.4 思考与练习

1. 某厂向用户提供发动机, 合同规定, 第一、二、三季度末分别交货 40 台、60 台、80 台. 每季度的生产费用为 $f(x) = 50x + 0.2x^2$(元), 其中 x 是该季度生产的发动机台数. 若交货后有剩余, 可用于下季度交货, 但需支付存储费, 每台发动机每季度的存储费为 4 元. 已知该厂每季度最大生产能力为 100 台, 第一季度开始时无存货. 试为该厂安排最优的生产计划.

2. 现有 400 万元资金, 要求 4 年内使用完, 若在一年内使用资金 x 万元, 可获得收益 $\sqrt{x}$ 万元, 当年不用的资金可存入银行, 存款的年利率为 $r = 10\%$, 试制定最优的使用方案, 使 4 年的经济效益总和最大.

3. 有 4 名同学到同一家公司参加三个阶段的面试: 公司要求每个同学首先找公司秘书初试, 然后到部门主管处复试, 最后到经理处面试, 并且不允许插队 (即在任何一个阶段 4 名同学的面试顺序是不变的). 由于 4 名同学的专业背景不同, 所以每人在三个阶段的面试时间也不同, 如表 7.6 所示.

这 4 名同学约定面试结束后他们一起返回学校. 假定面试自上午八点开始, 试求他们最早能何时离开公司?

4. 某机床可以加工两类产品: 若加工产品甲, 6 小时可以加工 100 箱; 若加工

表 7.6　四位同学面试所需时间　　(单位：分钟)

	秘书初试	主管复试	经理面试
同学甲	13	15	20
同学乙	10	20	18
同学丙	20	16	10
同学丁	8	10	15

产品乙, 5 小时可以加工 100 箱. 设产品甲和产品乙每箱占用生产场地分别为 10 和 20 个体积单位, 而生产场地允许 15000 个体积单位的存储量. 若机床每周加工时数不超过 60 小时, 产品甲生产 x_1 箱的收益为 $(6000-500x_1)x_1$ 元, 产品乙生产 x_2 箱的收益为 $(8000-400x_2)x_2$ 元, 且产品甲的每周生产量不超过 800 箱. 试制订最优的周生产计划, 使机床生产获得最大收益.

第 8 章 数据的统计描述

CHAPTER

在现代社会中，我们每天都要面对大量的数据. 无论是在日常生活中，还是在学习以及工作中，我们都需要对遇到的各种各样的数据进行分析和处理. 随着社会信息化程度的迅速提高，数据的维数和数量快速膨胀，人类进入了大数据时代. 如何对收集的海量数据进行分析与整理，获取有用的信息，寻找其内在的数量规律性，是数据统计的重要任务.

统计学是收集、分析、表述和解释数据的科学. 统计学以概率论为理论基础，通过对试验或观察数据进行分析来研究随机现象，最终对研究对象的客观规律性作出合理的估计和推断. 其目的是探索数据的内在的数量规律，达到对客观事物的科学认识. 统计学的理论与方法已经被广泛应用到自然科学和社会科学的众多领域. 例如，在物理学、气象学、水文学、人类学、动物学、审计学、考古学、语言学、文学等多个领域中都能看到统计学成功的应用. 可以说，几乎所有的研究领域都要用到统计学的理论与方法.

数据分析是统计学的核心内容. 它是使用统计方法探索数据内在规律的过程，也是统计研究的目的所在. 数据分析所用的方法可分为描述统计方法和推断统计方法. 描述统计 (descriptive statistics) 是推断统计的基础，主要是收集反映客观现象的数据，通过计算描述统计量、编制统计表、绘制统计图等形式对所收集的数据进行加工处理与显示，反映客观现象的规律性特征. 推断统计(inferential statistics) 主要研究如何利用有限的样本信息来推断总体的特征，其主要内容为参数估计和假设检验.

8.1 概率论基础

8.1.1 随机试验与随机事件

(1) **随机试验** 在自然界和人类社会中发生的现象一般可以分为确定性现象和随机性现象两类. 确定性现象是指在一定条件下发生的结果可以预知的现象，也称为必然现象；而随机性现象是指发生的结果是不可预知的现象，也称为偶然现象. 为了研究随机现象的规律需要进行试验，概率论中通常讨论具有以下特点的试验.

(i) 可重复：试验可以在相同的条件下多次重复进行.

(ii) 多结果：试验有多个可能的结果, 这些结果在试验前是已知的.

(iii) 随机性：每次试验将会出现哪个结果在试验前是无法预知的.

具备上述三个特点的试验称为随机试验.

(2) **随机事件** 随机试验的结果称为随机事件, 简称为事件. 随机试验的所有可能结果组成的集合称为样本空间, 记作 Ω. 样本空间中的每个元素 (即随机试验的每个可能结果) 称为样本点, 用 ω 表示. 由单个样本点组成的集合称为基本事件, 任意一个随机事件可以表示为由满足某些条件的样本点所组成的样本空间的一个子集合.

8.1.2 随机变量与分布函数

1. 一维随机变量及分布函数

设 Ω 是随机试验 E 的样本空间, 称定义在 Ω 上的实函数 $X = X(\omega)$ 为随机变量. 对任意的实数 x, 称函数 $F(x) = P(X \leqslant x)$ 为随机变量 X 的分布函数.

分布函数 $F(x)$ 具有如下的性质.

(1) 单调性：对任意的实数 $a < b$, 有 $F(a) \leqslant F(b)$;

(2) 规范性：$F(+\infty) = \lim\limits_{x\to+\infty} F(x) = 1, F(-\infty) = \lim\limits_{x\to-\infty} F(x) = 0$;

(3) 右连续性：对任意的实数 x, $F(x+0) = \lim\limits_{t\to x+0} F(t) = F(x)$.

如果随机变量 X 的可能取值为有限个或可列个, 则称 X 为离散型随机变量. 设 X 的所有可能取值为 $x_1, x_2, \cdots, x_n, \cdots$, 则称

$$P(X = x_i) = p_i, \quad i = 1, 2, \cdots$$

为随机变量 X 的分布律. 其分布函数相应地可以表示为

$$F(x) = \sum_{x_i \leqslant x} P(X = x_i).$$

如果随机变量 X 的分布函数为 $F(x)$, 存在非负可积函数 $f(x)$, 使得对于任意实数 x, 都有

$$F(x) = \int_{-\infty}^{x} f(t)\mathrm{d}t,$$

则称 X 为连续型随机变量, 称 $f(x)$ 为 X 的密度函数.

2. 二维随机变量及分布函数

设 Ω 是随机试验 E 的样本空间, $X = X(\omega)$ 和 $Y = Y(\omega)$ 是定义在 Ω 上的两个随机变量, 则称 (X, Y) 为二维随机变量. 对任意的实数 x, y, 称二元函数 $F(x, y) = P(X \leqslant x, Y \leqslant y)$ 为随机变量 (X, Y) 的分布函数.

二维随机变量有与一维随机变量类似的结论成立, 在此不再详细介绍.

8.1.3 随机变量的数字特征

随机变量的分布能够完整地描述随机变量取值的统计规律性. 利用随机变量的分布不仅可以算出与随机变量相关的事件的概率, 还可以计算得到随机变量的许多数字特征. 其中最重要的数字特征包括数学期望、方差等. 数学期望刻画了随机变量取值的平均性质, 而方差反映了随机变量取值的波动特性.

1. 数学期望

设离散型随机变量 X 的分布律为 $P(X = x_i) = p_i, i = 1, 2, \cdots$, 若级数 $\sum\limits_{i=1}^{\infty} x_i p_i$ 绝对收敛, 则称 $\sum\limits_{i=1}^{\infty} x_i p_i$ 为随机变量 X 的数学期望, 简称为期望或均值, 记为 $EX = \sum\limits_{i=1}^{\infty} x_i p_i$.

设连续型随机变量 X 的密度函数为 $f(x)$, 若积分 $\int_{-\infty}^{+\infty} x f(x) \mathrm{d}x$ 绝对收敛, 则称 $\int_{-\infty}^{+\infty} x f(x) \mathrm{d}x$ 为随机变量 X 的数学期望, 简称为期望或均值, 记为 EX, 即 $EX = \int_{-\infty}^{+\infty} x f(x) \mathrm{d}x$.

类似的, 设 $Y = g(X)$, 其中 X 为随机变量, $g(x)$ 为分段连续函数.

(1) 设 X 为离散型随机变量, 其分布律为 $P(X = x_i) = p_i, i = 1, 2, \cdots$. 若级数 $\sum\limits_{i=1}^{\infty} g(x_i) p_i$ 绝对收敛, 则 $Y = g(X)$ 的数学期望为 $EY = E[g(X)] = \sum\limits_{i=1}^{\infty} g(x_i) p_i$.

(2) 设 X 为连续型随机变量, 其密度函数为 $f(x)$. 若积分 $\int_{-\infty}^{+\infty} g(x) f(x) \mathrm{d}x$ 绝对收敛, 则 $Y = g(X)$ 的数学期望为 $EY = E[g(X)] = \int_{-\infty}^{+\infty} g(x) f(x) \mathrm{d}x$.

对二维随机变量, 有类似的结论成立.

设 $Z = g(X, Y)$, 其中 $g(x, y)$ 为二元连续函数.

(1) 若二维离散型随机变量 (X, Y) 的分布律为 $P(X = x_i, Y = y_j) = p_{ij}, i, j = 1, 2, \cdots$, 且级数 $\sum\limits_{i=1}^{\infty} \sum\limits_{j=1}^{\infty} g(x_i, y_j) p_{ij}$ 绝对收敛, 则数学期望

$$EZ = E[g(X, Y)] = \sum_{i=1}^{\infty} \sum_{j=1}^{\infty} g(x_i, y_j) p_{ij}.$$

(2) 若二维连续型随机变量 (X,Y) 的密度函数为 $f(x,y)$, 且积分

$$\int_{-\infty}^{+\infty}\int_{-\infty}^{+\infty} g(x,y)f(x,y)\mathrm{d}x\mathrm{d}y$$

绝对收敛, 则数学期望 $EZ=E[g(X,Y)]=\int_{-\infty}^{+\infty}\int_{-\infty}^{+\infty} g(x,y)\ f(x,y)\mathrm{d}x\mathrm{d}y$.

2. *方差*

设 X 为随机变量, 若期望 $E(X-EX)^2$ 存在, 则称其为随机变量 X 的方差, 记为 DX. 即

$$DX=E(X-EX)^2.$$

显然, 有

$$DX=E(X^2)-(EX)^2.$$

由定义可以看出, 方差是刻画随机变量 X 取值的分散程度的数字特征. 若随机变量 X 的方差越小, 则 X 的取值越集中; 若随机变量 X 的方差越大, 则 X 的取值越分散.

3. *协方差与相关系数*

设 (X,Y) 为二维随机变量, 则称

$$\mathrm{Cov}(X,Y)=E[(X-EX)(Y-EY)]$$

为随机变量 X 与 Y 之间的协方差.

称

$$\rho_{XY}=\frac{\mathrm{Cov}(X,Y)}{\sqrt{DX}\sqrt{DY}}$$

为随机变量 X 与 Y 之间的相关系数.

相关系数 ρ_{XY} 是反映 X 与 Y 之间的线性相关程度强弱的一个数字特征, 其取值满足 $|\rho_{XY}|\leqslant 1$. 当 $|\rho_{XY}|=1$ 时, 随机变量 X 与 Y 之间存在完全的线性关系. 而当 $|\rho_{XY}|<1$ 时, X 与 Y 之间线性相关程度随着 $|\rho_{XY}|$ 的减小而减弱. 当 $|\rho_{XY}|=0$ 时, X 与 Y 之间的线性相关性完全消失, 此时, 称 X 与 Y 不相关.

8.1.4 概率论模型——零件检测问题

例 8.1 在某企业的生产流水线中所使用的某种零件的寿命 X 服从参数为 λ 的指数分布 $E(\lambda)$. 零件是否损坏往往需要通过检测才能确定. 试确定该零件的最优检测间隔.

问题分析 因为零件是否损坏需要通过检测才能确定, 如果检测时间间隔过大, 导致流水线经常处于故障状态, 会造成故障损失; 如果检测时间间隔过小, 则会产生过多不必要的检测费用, 因此应存在合理的检测间隔.

模型假设

(1) 只考虑一类零件的检测问题, 且零件的寿命 $X \sim E(\lambda)$;

(2) 零件损坏需要通过检测才能确定, 检测所需时间忽略不计;

(3) 若检测发现零件损坏, 则立即更换, 更换时间忽略不计; 若零件未损坏, 则不进行更换;

(4) 若零件损坏而未发现, 会造成损失.

符号说明

T：检测时间间隔;

c_i：零件的一次检测所需的费用;

c_f：零件的一次更换所需的费用;

c_d：零件损坏后的单位时间损失费.

模型建立 设该零件相邻两次更换的时间长度为一个周期 Y. 显然, 周期长度 Y 为零件寿命 X 的函数, 其关系式为

$$Y=\begin{cases} T, & 0<X\leqslant T,\\ 2T, & T<X\leqslant 2T,\\ & \cdots\cdots\\ (n+1)T, & nT<X\leqslant (n+1)T,\\ & \cdots\cdots \end{cases}$$

一个周期的期望长度为

$$\begin{aligned} EY&=\sum_{n=0}^{\infty}(n+1)T\int_{nT}^{(n+1)T}\lambda \mathrm{e}^{-\lambda x}\mathrm{d}x=\sum_{n=0}^{\infty}(n+1)T[\mathrm{e}^{-n\lambda T}-\mathrm{e}^{-(n+1)\lambda T}]\\ &=\sum_{n=0}^{\infty}T\mathrm{e}^{-n\lambda T}=\frac{T}{1-\mathrm{e}^{-\lambda T}}. \end{aligned}$$

一个周期内的总费用为

$$Z=c_f+(n+1)c_i+[(n+1)T-X]c_d.$$

一个周期内的期望费用为

$$\begin{aligned} EZ&=\sum_{n=0}^{\infty}\int_{nT}^{(n+1)T}\{c_f+(n+1)c_i+[(n+1)T-x]c_d\}\lambda \mathrm{e}^{-\lambda x}\mathrm{d}x\\ &=c_f+\frac{c_i}{1-\mathrm{e}^{-\lambda T}}+c_d\left(\frac{T}{1-\mathrm{e}^{-\lambda T}}-\frac{1}{\lambda}\right). \end{aligned}$$

单位时间内的期望费用为

$$C(T)=\frac{EZ}{EY}=c_d+\frac{c_i+(c_f-c_d/\lambda)(1-\mathrm{e}^{-\lambda T})}{T}.$$

令 $C'(T)=0$, 得

$$(c_d-\lambda c_f)(1+\lambda T)\mathrm{e}^{-\lambda T}=c_d-\lambda c_f-\lambda c_i,$$

求解上述方程, 便可得到最优的检测时间间隔 T.

8.2　统计学的基本概念

8.2.1　总体与样本

通常把研究对象的全体称为**总体**, 而把组成总体的每个单元称为**个体**. 例如, 在研究某批电视显像管的质量时, 这批电视显像管的全体就组成了总体, 而其中每个显像管就是个体; 在研究山东省高中学生的身高和体重的分布情况时, 山东省的所有高中生组成了总体, 而每个高中生就是个体. 在数理统计中, 人们关心的通常是研究对象的某个指标 X. 指标变量 X 通常是一个随机变量, 而总体可以看成随机变量 X 的取值的全体. 为便于数学处理, 把总体同随机变量 X 等同起来, 即用 X 来代表总体, 总体的分布就是指数量指标 X 这个随机变量的分布.

在数理统计中, 总体 X 的分布一般是未知的. 为了了解总体 X 的分布和性质, 就需要对总体进行抽样观察. 从总体 X 中随机抽取 n 个个体, 得到的 n 维随机变量 $(X_1,X_2,\cdots,X_n)$ 称为总体 X 的一个**样本**. 样本 $(X_1,X_2,\cdots,X_n)$ 中个体的数量 n 称为样本容量. 一次抽取的结果是 n 个具体的数据 $(x_1,x_2,\cdots,x_n)$, 称其为样本 $(X_1,X_2,\cdots,X_n)$ 的一个**观测值**.

为使抽取的样本能很好地反映总体的特性, 抽样一般应满足以下两个条件:

(1) **随机性**　对每一次抽样, 每个个体都有同样的机会被抽取;

(2) **独立性**　每次抽取的结果既不影响其他各次抽取的结果, 也不受其他各次抽取结果的影响.

满足以上两个条件的抽样方法称为简单随机抽样, 由此得到的样本称为简单随机样本, 简称为样本. 显然, 样本中的各个分量 $X_1,X_2,\cdots,X_n$ 相互独立, 且都与总体 X 同分布.

8.2.2　统计量

样本是总体的代表及反映, 为了通过样本对总体作出推断和预测, 需要对样本进行必要的提炼和加工, 把样本中包含的我们关心的信息提取出来, 这往往可以通过构造样本的适当的函数加以实现.

设 $(X_1, X_2, \cdots, X_n)$ 是总体 X 的样本, $g(x_1, x_2, \cdots, x_n)$ 是 n 元连续函数, 且其中不含有任何未知参数, 则称 $g(X_1, X_2, \cdots, X_n)$ 为统计量.

下面我们介绍几种常用的统计量.

1. 描述集中程度和位置的统计量

样本均值, 简称**均值**, 定义为 $\overline{X} = \dfrac{1}{n}\sum\limits_{i=1}^{n} X_i$.

样本均值反映了样本观测值的平均水平.

中位数是将样本观测值 $x_1, x_2, \cdots, x_n$ 由小到大排序后位于中间位置的那个数. 记样本观测值由小到大排序后的取值为 $x_{(1)}, x_{(2)}, \cdots, x_{(n)}$, 则中位数可以表示为

$$M_e = \begin{cases} x_{\left(\frac{n+1}{2}\right)}, & n \text{ 为奇数}, \\ \dfrac{1}{2}\left(x_{\left(\frac{n}{2}\right)} + x_{\left(\frac{n}{2}+1\right)}\right), & n \text{ 为偶数}. \end{cases}$$

中位数描述了数据分布的精确中点的位置. 中位数是一个位置代表值, 其特点是不受极端值或异常值的影响.

众数是样本观测值中出现次数最多的数值, 用 M_o 表示. 众数反映了观测值的集中趋势.

2. 描述分散或变异程度的统计量

极差是一组数据 $x_1, x_2, \cdots, x_n$ 中的最大值与最小值之差, 也称为全距, 其计算公式为

$$R = \max_{1 \leqslant i \leqslant n}(x_i) - \min_{1 \leqslant i \leqslant n}(x_i).$$

极差是描述数据离散程度的最简单的测度值, 数据越分散, 其极差越大, 但它容易受极端值的影响. 由于极差只是利用了一组数据两端的信息, 不能反映出中间数据的分散状况, 因而不能准确描述出数据的离散程度.

方差是描述数据的离散程度的一个度量指标.

样本方差的定义为

$$S^2 = \frac{1}{n-1}\sum_{i=1}^{n}(X_i - \overline{X})^2.$$

样本标准差的定义为

$$S = \sqrt{\frac{1}{n-1}\sum_{i=1}^{n}(X_i - \overline{X})^2}.$$

样本方差或样本标准差是根据全部观测数据计算得到的, 它反映了每个数据与其均值相比平均相差的数值, 能准确反映出数据的离散程度, 是实际中应用最广泛的离散程度测度值.

8.2.3 正态总体的统计量的分布

研究数理统计的问题时, 往往需要知道所讨论的统计量 $g(X_1, X_2, \cdots, X_n)$ 的分布. 一般情况下, 要确定某个统计量的分布是困难的, 有时甚至是不可能的. 但是, 对于来自正态总体的统计量的分布已经有了详尽的研究.

1. 单个正态总体统计量的分布

设 $(X_1, X_2, \cdots, X_n)$ 是取自正态总体 $X \sim N(\mu, \sigma^2)$ 的容量为 n 的样本, 则

(1) $\overline{X} \sim N\left(\mu, \dfrac{\sigma^2}{n}\right)$ 或 $\dfrac{\overline{X}-\mu}{\sigma/\sqrt{n}} \sim N(0,1)$;

(2) $\dfrac{(n-1)S^2}{\sigma^2} \sim \chi^2(n-1)$;

(3) $\dfrac{\overline{X}-\mu}{S/\sqrt{n}} \sim t(n-1)$.

2. 两个正态总体统计量的分布

设 $(X_1, X_2, \cdots, X_{n_1})$ 是取自正态总体 $X \sim N(\mu_1, \sigma_1^2)$ 的容量为 n_1 的样本, $(Y_1, Y_2, \cdots, Y_{n_2})$ 是取自正态总体 $Y \sim N(\mu_2, \sigma_2^2)$ 的容量为 n_2 的样本, 且 $(X_1, X_2, \cdots, X_{n_1})$ 与 $(Y_1, Y_2, \cdots, Y_{n_2})$ 相互独立. 样本均值分别记为 $\overline{X}, \overline{Y}$. 样本方差分别记为 S_1^2, S_2^2. 则

(1) $\dfrac{(\overline{X}-\overline{Y})-(\mu_1-\mu_2)}{\sqrt{\dfrac{\sigma_1^2}{n_1}+\dfrac{\sigma_2^2}{n_2}}} \sim N(0,1)$;

(2) $\dfrac{S_1^2/\sigma_1^2}{S_2^2/\sigma_2^2} \sim F(n_1-1, n_2-1)$;

(3) 当 $\sigma_1^2 = \sigma_2^2 = \sigma^2$ 时, $\dfrac{(\overline{X}-\overline{Y})-(\mu_1-\mu_2)}{S_w\sqrt{\dfrac{1}{n_1}+\dfrac{1}{n_2}}} \sim t(n_1+n_2-2)$,

其中, $S_w = \sqrt{\dfrac{(n_1-1)S_1^2+(n_2-1)S_2^2}{n_1+n_2-2}}$ 称为混合样本标准差.

8.2.4 用 Python 计算统计量

1. 使用 NumPy 计算统计量

使用 NumPy 库中的函数可以计算一些常用的统计量, 也可以使用模块 scipy.stats 中的函数计算统计量, 模块 scipy.stats 中的函数我们就不介绍了.

NumPy 库中计算统计量的函数如表 8.1 所示.

表 8.1 NumPy 库中计算统计量的函数

函数	mean	median	ptp	var	std	cov	corrcoef
计算功能	均值	中位数	极差	方差	标准差	协方差	相关系数

例 8.2 学校随机抽取 100 名学生, 测量他们的身高 (cm) 和体重 (kg), 所得数据如表 8.2 所示. 分别求身高的均值、中位数、极差、方差、标准差; 计算身高与体重的协方差与相关系数.

表 8.2 100 名学生的身高和体重数据

身高	体重	身高	体重	身高	体重	身高	体重	身高	体重
172	75	169	55	169	64	171	65	167	47
171	62	168	67	165	52	169	62	168	65
166	62	168	65	164	59	170	58	165	64
160	55	175	67	173	74	172	64	168	57
155	57	176	64	172	69	169	58	176	57
173	58	168	50	169	52	167	72	170	57
166	55	161	49	173	57	175	76	158	51
170	63	169	63	173	61	164	59	165	62
167	53	171	61	166	70	166	63	172	53
173	60	178	64	163	57	169	54	169	66
178	60	177	66	170	56	167	54	169	58
173	73	170	58	160	65	179	62	172	50
163	47	173	67	165	58	176	63	162	52
165	66	172	59	177	66	182	69	175	75
170	60	170	62	169	63	186	77	174	66
163	50	172	59	176	60	166	76	167	63
172	57	177	58	177	67	169	72	166	50
182	63	176	68	172	56	173	59	174	64
171	59	175	68	165	56	169	65	168	62
177	64	184	70	166	49	171	71	170	59

解 求得身高的均值、中位数、极差、方差、标准差分别为 170.25, 170, 31, 29.1793, 5.4018. 身高与体重的协方差、相关系数分别为 16.9823, 0.4561.

```
#程序文件ex8_2.py
import numpy as np

a=np.loadtxt('data9_2.txt')
h=a[:,::2].flatten()  #提取身高数据
w=a[:,1::2].flatten()  #提取体重数据
print([np.mean(h), np.median(h), np.ptp(h),
       np.var(h,ddof=1), np.std(h,ddof=1)])
```

```
b=(h-h.mean())@(w-w.mean())/(h.shape[0]-1)
print('协方差为：', b)
c=b/np.std(h,ddof=1)/np.std(w,ddof=1)
print('相关系数为：', c)
```

8.3 参数估计

数理统计中一个基本内容就是利用从总体中抽取的样本, 对总体的未知属性进行统计推断. 最常见的统计推断问题包括参数估计和假设检验. 在实际问题中, 有时总体的分布函数形式已知, 要估计的只是总体分布中的一个或几个未知参数, 这是典型的参数估计问题. 有时总体的分布形式虽然未知, 但问题仅仅是估计总体分布的某些数字特征, 此时也可以把该问题作为参数估计问题处理.

参数估计的具体形式有两种：一种是用一个数量作为某个参数的估计, 这种估计称为点估计; 另一种是用一个区间作为参数的可能存在的范围的估计, 这种估计称为区间估计.

8.3.1 点估计

1. 点估计的定义

设 $\theta=(\theta_1,\theta_2,\cdots,\theta_m)$ 是总体 X 分布中的未知参数 (或数字特征), 用样本 $(X_1,X_2,\cdots,X_n)$ 的一个统计量 $\widehat{\theta}=\widehat{\theta}(X_1,X_2,\cdots,X_n)$ 来估计 θ, 则称统计量 $\widehat{\theta}=\widehat{\theta}(X_1,X_2,\cdots,X_n)$ 为参数 θ 的**估计量**. 将样本的观测值 $(x_1,x_2,\cdots,x_n)$ 代入估计量 $\widehat{\theta}=\widehat{\theta}(X_1,X_2,\cdots,X_n)$ 得 $\widehat{\theta}=\widehat{\theta}(x_1,x_2,\cdots,x_n)$, 称其为参数 θ 的一个**估计值.**

2. 点估计的求法

构造未知参数的点估计量的方法很多, 其中最常用的两种估计方法为矩估计法和极大似然估计法.

1) 矩估计法

矩估计的原理是用样本的矩替换总体的相应阶的矩, 进而用样本的矩的连续函数来替换总体的矩的同一函数.

设 $\theta=(\theta_1,\theta_2,\cdots,\theta_m)$ 为总体 X 的分布中的未知参数. 设总体 X 存在直到 m 阶的原点矩, 易见总体的各阶原点矩都是未知参数 $\theta=(\theta_1,\theta_2,\cdots,\theta_m)$ 的函数, 即

$$E(X^k)=\alpha_k(\theta_1,\theta_2,\cdots,\theta_m),\quad 1\leqslant k\leqslant m.$$

设 $(X_1,X_2,\cdots,X_n)$ 为总体 X 的样本, 则以样本的 k 阶原点矩分别代替总体的 k 阶原点矩, $1\leqslant k\leqslant m$, 得到一个关于未知参数 $\theta=(\theta_1,\theta_2,\cdots,\theta_m)$ 的方程

组, 即

$$\frac{1}{n}\sum_{i=1}^{n}X_i^k = E(X^k), \quad 1 \leqslant k \leqslant m.$$

求解上述方程组, 可得各参数 $\theta_1, \theta_2, \cdots, \theta_m$ 的矩估计量 $\widehat{\theta}_k = \widehat{\theta}_k(X_1, X_2, \cdots, X_n)$, $1 \leqslant k \leqslant m$. 若已知样本的一组观测值为 $(x_1, x_2, \cdots, x_n)$, 则可以得到各参数 $\theta_1, \theta_2, \cdots, \theta_m$ 的矩估计值为

$$\widehat{\theta}_k = \widehat{\theta}_k(x_1, x_2, \cdots, x_n), \quad 1 \leqslant k \leqslant m.$$

2) 极大似然估计法

极大似然估计法的直观想法是：我们选取的未知参数的估计值, 应当使我们得到的样本观测值出现的概率在未知参数的所有可能取值中达到最大.

设 $\theta = (\theta_1, \theta_2, \cdots, \theta_m)$ 为总体 X 的概率密度函数 $f(x;\theta)$ 中的未知参数 (当总体 X 服从离散型分布时, $f(x;\theta)$ 为 X 的概率分布律), 其中 $\theta \in \Theta$, Θ 为参数空间. $(x_1, x_2, \cdots, x_n)$ 为样本 $(X_1, X_2, \cdots, X_n)$ 的一组观测值. 称

$$L(x_1, x_2, \cdots, x_n; \theta) = \prod_{i=1}^{n} f(x_i; \theta)$$

为样本的**似然函数**.

若存在某个 $\widehat{\theta} = (\widehat{\theta}_1, \widehat{\theta}_2, \cdots, \widehat{\theta}_m)$, $\widehat{\theta} \in \Theta$ 使得

$$L(x_1, x_2, \cdots, x_n; \widehat{\theta}) = \max_{\theta \in \Theta} L(x_1, x_2, \cdots, x_n; \theta),$$

其中 $\widehat{\theta}_i = \widehat{\theta}_i(x_1, x_2, \cdots, x_n)$, $1 \leqslant i \leqslant m$, 则称 $\widehat{\theta}$ 为参数 θ 的**极大似然估计值**. 进而称

$$\begin{aligned}\widehat{\theta} &= \widehat{\theta}(X_1, X_2, \cdots, X_n) \\ &= (\widehat{\theta}_1(X_1, X_2, \cdots, X_n), \widehat{\theta}_2(X_1, X_2, \cdots, X_n), \cdots, \widehat{\theta}_m(X_1, X_2, \cdots, X_n))\end{aligned}$$

为参数 θ 的**极大似然估计量**.

8.3.2 区间估计

点估计给出了未知参数 θ 的一个估计值, 却未给出这个估计值的精度和可信程度. 而区间估计不仅对未知参数 θ 的可能所处的区间给出了估计, 同时还指出了这个区间包含未知参数 θ 的真值的概率 (即置信水平).

设 θ 为总体 X 的分布中的未知参数, $(X_1, X_2, \cdots, X_n)$ 是取自总体 X 的样本. 对给定的 $\alpha(0 < \alpha < 1)$, 若统计量 $\underline{\theta} = \underline{\theta}(X_1, X_2, \cdots, X_n)$ 和 $\overline{\theta} = \overline{\theta}(X_1, X_2, \cdots, X_n)$ 满足

$$P(\underline{\theta} < \theta < \overline{\theta}) = 1 - \alpha,$$

则称 $(\underline{\theta}, \overline{\theta})$ 为 θ 的置信水平为 $1-\alpha$ 的置信区间, $\underline{\theta}$ 称为置信下限, $\overline{\theta}$ 称为置信上限, $1-\alpha$ 称为置信水平.

1. 正态总体均值的区间估计

设 $(X_1, X_2, \cdots, X_n)$ 是取自正态总体 $X \sim N(\mu, \sigma^2)$ 的样本, 其中总体均值 μ 为未知参数. 置信水平为 $1-\alpha$.

1) 总体方差 σ^2 已知时均值 μ 的置信区间

由 $\dfrac{\overline{X}-\mu}{\sigma/\sqrt{n}} \sim N(0,1)$ 可知,

$$P\left(-u_{\alpha/2} < \frac{\overline{X}-\mu}{\sigma/\sqrt{n}} < u_{\alpha/2}\right) = 1-\alpha,$$

其中 $u_{\alpha/2}$ 为标准正态分布的上侧 $\alpha/2$ 分位数.

整理可得

$$P\left(\overline{X} - u_{\alpha/2}\frac{\sigma}{\sqrt{n}} < \mu < \overline{X} + u_{\alpha/2}\frac{\sigma}{\sqrt{n}}\right) = 1-\alpha.$$

所以, 当方差 σ^2 已知时均值 μ 的置信水平为 $1-\alpha$ 的置信区间为

$$\left(\overline{X} - u_{\alpha/2}\frac{\sigma}{\sqrt{n}}, \overline{X} + u_{\alpha/2}\frac{\sigma}{\sqrt{n}}\right).$$

2) 总体方差 σ^2 未知时均值 μ 的置信区间

由 $\dfrac{\overline{X}-\mu}{S/\sqrt{n}} \sim t(n-1)$ 可知,

$$P\left(-t_{\alpha/2}(n-1) < \frac{\overline{X}-\mu}{S/\sqrt{n}} < t_{\alpha/2}(n-1)\right) = 1-\alpha,$$

其中, $t_{\alpha/2}(n-1)$ 为自由度为 $(n-1)$ 的 t 分布的上侧 $\alpha/2$ 分位数.

整理可得

$$P\left(\overline{X} - t_{\alpha/2}(n-1)\frac{S}{\sqrt{n}} < \mu < \overline{X} + t_{\alpha/2}(n-1)\frac{S}{\sqrt{n}}\right) = 1-\alpha.$$

所以, 当方差 σ^2 未知时均值 μ 的置信水平为 $1-\alpha$ 的置信区间为

$$\left(\overline{X} - t_{\alpha/2}(n-1)\frac{S}{\sqrt{n}}, \overline{X} + t_{\alpha/2}(n-1)\frac{S}{\sqrt{n}}\right).$$

2. 正态总体方差的区间估计

设 $(X_1, X_2, \cdots, X_n)$ 是取自正态总体 $X \sim N(\mu, \sigma^2)$ 的样本, 其中总体方差 σ^2 为未知参数. 置信水平为 $1-\alpha$.

由 $\dfrac{(n-1)S^2}{\sigma^2} \sim \chi^2(n-1)$ 可知,

$$P\left(\chi^2_{1-\alpha/2}(n-1) < \frac{(n-1)S^2}{\sigma^2} < \chi^2_{\alpha/2}(n-1)\right) = 1-\alpha,$$

其中, $\chi^2_{1-\alpha/2}(n-1)$ 与 $\chi^2_{\alpha/2}(n-1)$ 分别为自由度为 $(n-1)$ 的 χ^2 分布的上侧 $1-\alpha/2$ 分位数与上侧 $\alpha/2$ 分位数.

整理可得

$$P\left(\frac{(n-1)S^2}{\chi^2_{\alpha/2}(n-1)} < \sigma^2 < \frac{(n-1)S^2}{\chi^2_{1-\alpha/2}(n-1)}\right) = 1-\alpha.$$

所以, 方差 σ^2 的置信水平为 $1-\alpha$ 的置信区间为

$$\left(\frac{(n-1)S^2}{\chi^2_{\alpha/2}(n-1)}, \frac{(n-1)S^2}{\chi^2_{1-\alpha/2}(n-1)}\right).$$

对两个正态总体的均值差和方差比的区间估计可以类似处理, 在此不作详细介绍.

例 8.3 假设表 8.2 中学生的身高服从正态分布 $N(\mu, \sigma^2)$, 参数 μ, σ^2 未知. 分别求参数 μ, σ^2 的矩估计和极大似然估计.

解 矩估计：设 $(X_1, X_2, \cdots, X_n)$ 为总体 X 的样本, 由矩估计的原理, 得方程组

$$\begin{cases} \dfrac{1}{n}\displaystyle\sum_{i=1}^{n} X_i = \overline{X} = \mu, \\ \dfrac{1}{n}\displaystyle\sum_{i=1}^{n} X_i^2 = \mu^2 + \sigma^2. \end{cases}$$

解上述方程组, 可得参数 μ, σ^2 的矩估计量为 $\widehat{\mu} = \overline{X}, \widehat{\sigma}^2 = \dfrac{1}{n}\displaystyle\sum_{i=1}^{n}(X_i - \overline{X})^2$.

极大似然估计：似然函数为

$$L(\mu, \sigma^2) = (2\pi\sigma^2)^{-\frac{n}{2}} \exp\left\{-\frac{1}{2\sigma^2}\sum_{i=1}^{n}(x_i - \mu)^2\right\}.$$

取对数, 得

$$\ln[L(\mu,\sigma^2)] = -\frac{n}{2}\ln(2\pi) - \frac{n}{2}\ln(\sigma^2) - \frac{1}{2\sigma^2}\sum_{i=1}^{n}(x_i-\mu)^2.$$

令对数似然函数的偏导数等于零, 得似然方程组

$$\begin{cases} \dfrac{\partial \ln[L(\mu,\sigma^2)]}{\partial \mu} = \dfrac{1}{\sigma^2}\displaystyle\sum_{i=1}^{n}(x_i-\mu) = 0, \\ \dfrac{\partial \ln[L(\mu,\sigma^2)]}{\partial \sigma^2} = -\dfrac{n}{2\sigma^2} + \dfrac{1}{2\sigma^4}\displaystyle\sum_{i=1}^{n}(x_i-\mu)^2 = 0. \end{cases}$$

解上述方程组, 可得 μ, σ^2 的极大似然估计值为

$$\begin{cases} \widehat{\mu} = \overline{x}, \\ \widehat{\sigma}^2 = \dfrac{1}{n}\displaystyle\sum_{i=1}^{n}(x_i-\overline{x})^2. \end{cases}$$

8.3.3　参数估计的 Python 实现

1. scipy.stats 模块简介

scipy.stats 模块包含了多种概率分布的随机变量, 随机变量分为连续型和离散型两种. 所有的连续型随机变量都是 rv_continuous 的派生类的对象, 而所有的离散型随机变量都是 rv_discrete 的派生类的对象.

1) 连续型随机变量及分布

可以使用下面的语句获得 scipy.stats 模块中所有的连续型随机变量:

```
from scipy import stats
[k for k, v in stats.__dict__.items() if isinstance(v, stats.
    rv_continuous)]
```

总共有 90 多个连续型随机变量.

连续型随机变量对象都有如下方法.

rvs: 产生随机数, 可以通过 size 参数指定输出的数组的大小.

pdf: 随机变量的概率密度函数.

cdf: 随机变量的分布函数.

sf: 随机变量的生存函数, 它的值是 1-cdf.

ppf: 分布函数的反函数.

stat: 计算随机样本的期望和方差.

fit: 对一组随机样本利用极大似然估计法, 估计总体中的未知参数.

常用连续型随机变量的概率密度函数如表 8.3 所示.

表 8.3 常用连续型随机变量的概率密度函数

分布名称	关键字	调用方式
均匀分布	uniform.pdf	uniform.pdf(x,a,b): [a,b] 区间上的均匀分布
指数分布	expon.pdf	expon.pdf(x,theta)：期望为 theta 的指数分布
正态分布	norm.pdf	norm.pdf(x,mu,sigma): 均值为 mu, 标准差为 sigma 的正态分布
χ^2 分布	chi2.pdf	chi2.pdf(x,n)：自由度为 n 的 χ^2 分布
t 分布	t.pdf	t.pdf(x,n)：自由度为 n 的 t 分布
F 分布	f.pdf	f.pdf(x,m,n)：自由度为 m,n 的 F 分布
Γ 分布	gamma.pdf	gamma.pdf(x,A,B)：形状参数为 A, 尺度参数为 B 的 Γ 分布

正态分布对应的主要函数见表 8.4.

表 8.4 正态分布对应的主要函数

函数	调用方式
概率密度	norm.pdf(x,mu,sigma)：均值 mu, 标准差 sigma 的正态分布概率密度函数
分布函数	norm.cdf(x,mu,sigma)：均值 mu, 标准差 sigma 的正态分布的分布函数
分位数	norm.ppf(alpha,mu,sigma)：均值 mu, 标准差 sigam 的正态分布下 alpha 分位数
随机数	norm.rvs(mu,sigma,size=N)：产生均值 mu, 标准差 sigma 的 N 个正态分布的随机数
最大似然估计	norm.fit(a)：假定数组 a 来自正态分布, 返回 mu 和 sigma 的最大似然估计

2) 离散型随机变量及分布

在 scipy.stats 模块中所有描述离散分布的随机变量都从 rv_discrete 类继承, 也可以直接用 rv_discrete 类自定义离散概率分布.

可以使用下面的语句获得 scipy.stats 模块中所有的离散型随机变量：

```
>>> from scipy import stats
>>> [k for k, v in stats.__dict__.items() if isinstance(v, stats
    .rv_discrete)]
['binom', 'bernoulli', 'nbinom', 'geom', 'hypergeom', 'logser',
    'poisson', 'planck', 'boltzmann', 'randint', 'zipf',
    'dlaplace', 'skellam', 'yulesimon']
```

总共有 14 个离散型随机变量.

离散型分布的方法大多数与连续型分布很类似, 但是 pdf 被更换为分布律函数 pmf.

常用离散型随机变量的分布律函数如表 8.5 所示.

表 8.5 常用离散型随机变量的分布律函数

分布名称	关键字	调用方式
二项分布	binom.pmf	binom.pmf (x,n,p) 计算 x 处的概率
几何分布	geom.pmf	geom.pmf (x,p) 计算第 x 次首次成功的概率
泊松分布	poisson.pmf	poisson.pmf (x,lambda) 计算 x 处的概率

2. 参数估计举例

例 8.4　某车间生产的零件直径 X 服从正态分布 $N(\mu,\sigma^2)$, 其中方差 $\sigma^2=0.06$. 现从该车间生产的零件中随机抽取 6 件, 测得直径分别为 14.6,15.1,14.9, 14.8,15.2,15.1. 求零件直径的均值 μ 的置信水平为 0.95 的置信区间.

解　置信水平 $1-\alpha=0.95$, 故 $\alpha=0.05$. 查标准正态分布函数表, 可得 $u_{\alpha/2}=u_{0.025}=1.96$. 由样本观测值计算可得 $\overline{x}=14.95$, 故零件直径的均值 μ 的置信水平为 0.95 的置信区间为 $\left(\bar{X}-\dfrac{\sigma}{\sqrt{n}}z_{\alpha/2},\bar{X}+\dfrac{\sigma}{\sqrt{n}}z_{\alpha/2}\right)$, 代入样本观测值, 得置信区间为 (14.7540, 15.1460).

```
#程序文件ex8_4.py
import numpy as np
from scipy.stats import norm
sig=np.sqrt(0.06)  #标准差
a=np.array([14.6, 15.1, 14.9, 14.8, 15.2, 15.1])
mu=a.mean()  #计算均值
ua=norm.ppf(0.975)  #求上alpha/2分位数
val=(mu-sig/np.sqrt(6)*ua, mu+sig/np.sqrt(6)*ua)
print('置信区间为: ', val)
```

8.4　假设检验

统计推断的另一类基本问题是假设检验. 当总体的分布函数未知, 或只知其形式而不知道它的参数的情况时, 常常需要判断总体是否具有我们感兴趣的某些特性. 于是, 我们就提出关于总体分布或总体参数的假设, 然后根据抽样所得的样本数据对所提出的假设运用统计分析的方法去检验是否正确, 从而作出决定：是接受还是拒绝. 这就是假设检验问题.

假设检验的具体形式有两种：一种是关于总体的分布参数或数字特征的假设检验问题, 称为参数假设检验; 另一种是不能归入参数假设检验的其他情况, 称为非参数假设检验.

8.4.1　参数的假设检验方法

我们只介绍单个正态总体的均值和方差的假设检验. 对两个正态总体的均值差和方差比的假设检验可以用类似的方法进行处理.

1. 单个正态总体均值的假设检验

设 $(X_1,X_2,\cdots,X_n)$ 是取自正态总体 $X\sim N(\mu,\sigma^2)$ 的样本. 检验问题为

$$H_0:\mu=\mu_0;\quad H_1:\mu\neq\mu_0.$$

1) 总体方差 σ^2 已知时均值 μ 的假设检验

当原假设 H_0 为真时, 检验统计量 $U=\dfrac{\overline{X}-\mu_0}{\sigma/\sqrt{n}}\sim N(0,1)$. 对给定的显著性水平 α, 有

$$P\left(-u_{\alpha/2}<\frac{\overline{X}-\mu_0}{\sigma/\sqrt{n}}<u_{\alpha/2}\right)=1-\alpha,$$

即

$$P\left(\left|\frac{\overline{X}-\mu_0}{\sigma/\sqrt{n}}\right|\geqslant u_{\alpha/2}\right)=\alpha,$$

其中, $u_{\alpha/2}$ 为标准正态分布的上侧 $\alpha/2$ 分位数.

故检验的否定域为

$$W=\{(x_1,x_2,\cdots,x_n)\,\big|\,|u|\geqslant u_{\alpha/2}\}.$$

计算检验统计量 U 的观测值 u, 若给定的样本落入否定域 W, 即有 $|u|\geqslant u_{\alpha/2}$, 则否定原假设 H_0; 若有 $|u|<u_{\alpha/2}$, 则接受原假设 H_0.

2) 总体方差 σ^2 未知时均值 μ 的假设检验

当原假设 H_0 为真时, 检验统计量 $T=\dfrac{\overline{X}-\mu_0}{S/\sqrt{n}}\sim t(n-1)$. 对给定的显著性水平 α, 有

$$P\left(-t_{\alpha/2}(n-1)<\frac{\overline{X}-\mu_0}{S/\sqrt{n}}<t_{\alpha/2}(n-1)\right)=1-\alpha,$$

即

$$P\left(\left|\frac{\overline{X}-\mu_0}{S/\sqrt{n}}\right|\geqslant t_{\alpha/2}(n-1)\right)=\alpha,$$

其中, $t_{\alpha/2}(n-1)$ 为自由度 $(n-1)$ 的 t 分布的上侧 $\alpha/2$ 分位数.

故检验的否定域为

$$W=\{(x_1,x_2,\cdots,x_n)\,\big|\,|t|\geqslant t_{\alpha/2}(n-1)\}.$$

计算检验统计量 T 的观测值 t, 若给定的样本落入否定域 W, 即有 $|t|\geqslant t_{\alpha/2}(n-1)$, 则否定原假设 H_0; 若有 $|t|<t_{\alpha/2}(n-1)$, 则接受原假设 H_0.

2. 单个正态总体方差的假设检验

设 $(X_1,X_2,\cdots,X_n)$ 是取自正态总体 $X\sim N(\mu,\sigma^2)$ 的样本. 检验问题为

$$H_0:\sigma^2=\sigma_0^2;\quad H_1:\sigma^2\neq\sigma_0^2.$$

当原假设 H_0 为真时, 检验统计量 $\chi^2=\dfrac{(n-1)S^2}{\sigma_0^2}\sim\chi^2(n-1)$. 对给定的显著性水平 α, 有

$$P\{(\chi^2\leqslant\chi^2_{1-\alpha/2}(n-1))\cup(\chi^2\geqslant\chi^2_{\alpha/2}(n-1))\}=\alpha,$$

其中, $\chi^2_{\alpha/2}(n-1)$, $\chi^2_{1-\alpha/2}(n-1)$ 分别为自由度为 $(n-1)$ 的 χ^2 分布的上侧 $\alpha/2$ 分位数和上侧 $1-\alpha/2$ 分位数.

故检验的否定域为

$$W=\{\chi^2\leqslant\chi^2_{1-\alpha/2}(n-1)\}\cup\{\chi^2\geqslant\chi^2_{\alpha/2}(n-1)\}.$$

计算检验统计量 χ^2 的观测值, 若给定的样本落入否定域 W, 则否定原假设 H_0; 否则接受原假设 H_0.

8.4.2 假设检验的 Python 实现

statsmodels.stats.weightstats 模块中的函数 ztest 使用统计量

$$T=\frac{\overline{X}-\mu_0}{S/\sqrt{n}}$$

作总体均值的 t 检验, 其调用格式为

```
tstat, pvalue=ztest(x1, x2=None, value=0, alternative='two-sided',
    usevar='pooled', ddof=1.0)
```

帮助文档参看

https://www.statsmodels.org/stable/generated/statsmodels.stats.weightstats.ztest.html

例 8.5 某厂加工的某种铝材的长度 X 服从正态分布 $N(\mu,\sigma^2)$, 其均值规定为 120cm. 现从该厂加工的铝材中随机抽取 5 件, 测得其长度分别为 (单位：cm)

$$119,\quad 120,\quad 119.2,\quad 119.7,\quad 119.6.$$

试检验该厂加工的铝材长度是否符合规定? (显著性水平为 0.05).

解 由题设, 铝材长度 $X\sim N(\mu,\sigma^2)$. 检验假设：

$$H_0:\mu=120;\quad H_1:\mu\neq120.$$

由于方差 σ^2 未知, 可选择 $T=\dfrac{\overline{X}-\mu_0}{S/\sqrt{n}}\sim t(n-1)$ 为检验统计量. 检验的否定域为 $W=\{(x_1,x_2,\cdots,x_n)\,|\,|t|\geqslant t_{0.025}(4)\}$. 查 t 分布表可得 $t_{0.025}(4)=2.7764$

由样本计算可得, $\overline{x} = 119.5, s = 0.4$. 故检验统计量 T 的观测值为 $t = -2.7951$, 落入否定域 W 内, 故应否定原假设 H_0, 即认为该厂加工的铝材长度不符合规定.

```
#程序文件ex8_5.py
import numpy as np
from statsmodels.stats.weightstats import ztest
from scipy.stats import t

a=np.array([119, 120, 119.2, 119.7, 119.6])
tstat, pvalue=ztest(a, value=120)
mu=a.mean()  #计算样本均值
s=a.std(ddof=1)  #计算样本标准差
ta=t.ppf(0.975, len(a)-1)  #计算上alpha/2分位数
print('检验统计量值为: ', tstat)
print('p值为: ', pvalue)
```

例 8.6 设某厂生产的维尼纶产品的纤度 X 服从正态分布 $N(\mu, \sigma^2)$, 方差 $\sigma^2 = 0.048^2$. 采用新工艺后, 从该厂生产的维尼纶产品中随机抽取 5 件, 测得纤度分别为

$$1.32, \quad 1.55, \quad 1.36, \quad 1.40, \quad 1.44.$$

问新工艺对维尼纶产品的纤度的方差有无显著性影响? (显著性水平为 0.1).

解 由题设, 产品的纤度 $X \sim N(\mu, \sigma^2)$. 检验假设:

$$H_0 : \sigma^2 = 0.048^2; \quad H_1 : \sigma^2 \neq 0.048^2.$$

选择 $\chi^2 = \dfrac{(n-1)S^2}{\sigma_0^2}$ 为检验统计量. 检验的否定域为

$$W = \{\chi^2 \leqslant \chi^2_{1-\alpha/2}(n-1)\} \cup \{\chi^2 \geqslant \chi^2_{\alpha/2}(n-1)\}.$$

查 χ^2 分布表可得 $\chi^2_{0.05}(4) = 9.4877$, $\chi^2_{0.95}(4) = 0.7107$. 由样本计算可得, $s^2 = 0.0078$. 故检验统计量的观测值为 $\chi^2 = 13.5069$, 落入否定域 W 内, 故应否定原假设 H_0, 即认为新工艺对维尼纶产品的纤度的方差有显著性影响.

```
#程序文件ex8_6.py
import numpy as np
from scipy.stats import chi2

a=np.array([1.32, 1.55, 1.36, 1.40, 1.44])
v=np.var(a, ddof=1)  #计算样本方差
```

```
n=len(a)  #样本容量
chiT=(n-1)*v/0.048**2  #计算统计量的值
ca1=chi2.ppf(0.05,n-1); ca2=chi2.ppf(0.95, n-1)
print('统计量的值', chiT); print(ca1, ca2)
```

8.5　数理统计模型——专家打分的可信度评价问题

例 8.7 (本题选自 2012 年全国大学生数学建模竞赛 A 题：葡萄酒的评价问题的第一问)　确定葡萄酒质量时一般是通过聘请一批有资质的评酒员进行品评. 每个评酒员在对葡萄酒进行品尝后对其分类指标打分, 然后求和得到其总分, 从而确定葡萄酒的质量. 现有 27 个葡萄酒样品, 由两组 (每组 10 名) 评酒员独立对各葡萄酒样品进行品评后打分, 具体打分数据如表 8.6 和表 8.7 所示 (对数学建模竞赛真题所给数据处理后得到). 则两组评酒员的评价结果有无显著性差异？哪一组结果更可信？

表 8.6　第一组评酒员的品评结果

样品编号	评酒员 1	评酒员 2	评酒员 3	评酒员 4	评酒员 5	评酒员 6	评酒员 7	评酒员 8	评酒员 9	评酒员 10
1	51	66	49	54	77	61	72	61	74	62
2	71	81	86	74	91	80	83	79	85	73
3	80	85	89	76	69	89	73	83	84	76
4	52	64	65	66	58	82	76	63	83	77
5	74	74	72	62	84	63	68	84	81	71
6	72	69	71	61	82	69	69	64	81	84
7	63	70	76	64	59	84	72	59	84	84
8	64	76	65	65	76	72	69	85	75	76
9	77	78	76	82	85	90	76	92	80	79
10	67	82	83	68	75	73	75	68	76	75
11	73	60	72	63	63	71	70	66	90	73
12	54	42	40	55	53	60	47	61	58	69
13	69	84	79	59	73	77	77	76	75	77
14	70	77	70	70	80	59	76	76	76	76
15	69	50	50	58	51	50	56	60	67	76
16	72	80	80	71	69	71	80	74	78	74
17	70	79	91	68	97	82	69	80	81	76
18	63	65	49	55	52	57	62	58	70	68
19	76	84	84	66	68	87	80	78	82	81
20	78	84	76	74	82	79	76	76	86	81
21	73	90	96	71	69	60	79	73	86	74
22	73	83	72	68	93	72	75	77	79	80
23	83	85	86	80	95	93	81	91	84	78
24	70	85	90	68	90	84	70	75	78	70
25	60	78	81	62	70	67	64	62	81	67
26	73	80	71	61	78	71	72	76	79	77
27	70	77	63	64	80	76	73	67	85	75

表 8.7 第二组评酒员的品评结果

样品编号	评酒员 1	评酒员 2	评酒员 3	评酒员 4	评酒员 5	评酒员 6	评酒员 7	评酒员 8	评酒员 9	评酒员 10
1	68	71	80	52	53	76	71	73	70	67
2	75	76	76	71	68	74	83	73	73	71
3	82	69	80	78	63	75	71	77	74	76
4	75	79	73	72	60	77	73	73	60	70
5	66	68	77	75	76	73	72	72	74	68
6	65	67	75	61	58	66	70	67	67	67
7	68	65	68	65	47	70	57	74	72	67
8	71	70	78	51	62	67	73	59	68	59
9	81	83	85	76	69	80	83	77	75	73
10	67	73	82	62	63	66	66	72	65	72
11	64	61	67	62	50	66	64	51	67	64
12	67	68	75	58	63	73	67	72	69	71
13	74	64	68	65	70	67	70	76	69	65
14	71	71	78	64	67	76	74	80	73	72
15	62	60	73	54	59	71	71	70	68	69
16	71	65	78	70	64	73	66	75	68	69
17	72	73	75	74	75	77	79	76	76	68
18	67	65	80	55	62	64	62	74	60	65
19	72	65	82	61	64	81	76	80	74	71
20	80	75	80	66	70	84	79	83	71	70
21	80	72	75	72	62	77	63	70	73	78
22	77	79	75	62	68	69	73	71	69	73
23	79	77	80	83	67	79	80	71	81	84
24	66	69	72	73	73	68	72	76	76	70
25	68	68	84	62	60	66	69	73	66	66
26	68	67	83	64	73	74	77	78	63	73
27	71	64	72	61	69	71	82	73	73	69

问题分析 原问题所给的数据中存在缺失数据, 因此在进行数据分析之前应先对缺失数据或异常数据进行处理. 在原题所给数据中, 第一组红葡萄酒第 20 号样本中第 4 个评酒员缺失色调打分数据, 可以利用其他评酒员的同一项打分数据的均值代替.

葡萄酒的质量取决于好的酿酒葡萄, 而好的酿酒葡萄受多种因素影响, 如品种、土壤、光照、湿度、降水、工艺等. 对每个评酒员而言, 其评价结果不应受个人偏好的影响, 即其打分结果的均值应尽可能接近总平均值, 同时还应能够区分酒的品质的好坏, 这就要求其打分结果应有差异性, 即方差越大越好.

模型假设

(1) 每个评酒员都独立打分;

(2) 葡萄酒的抽样是随机的;

(3) 葡萄酒的总体质量服从正态分布.

符号说明

M：样本容量;

N：评酒员人数;

x_{ij}：第一组的第 i 个评酒员对第 j 个样本的打分数据, $i=1,2,\cdots,N,j=1,2,\cdots,M$;

y_{ij}：第二组的第 i 个评酒员对第 j 个样本的打分数据, $i=1,2,\cdots,N,j=1,2,\cdots,M$.

模型建立 由统计学的理论, 可建立如下的描述性统计指标：

$$\overline{x}_i=\frac{1}{M}\sum_{j=1}^{M}x_{ij},\quad \overline{y}_i=\frac{1}{M}\sum_{j=1}^{M}y_{ij},$$

$$s_{1i}^2=\frac{1}{M-1}\sum_{j=1}^{M}(x_{ij}-\overline{x}_i)^2,\quad s_{2i}^2=\frac{1}{M-1}\sum_{j=1}^{M}(y_{ij}-\overline{y}_i)^2,$$

$$R_{1i}=\max_{1\leqslant j\leqslant M}x_{ij}-\min_{1\leqslant j\leqslant M}x_{ij},\quad R_{2i}=\max_{1\leqslant j\leqslant M}y_{ij}-\min_{1\leqslant j\leqslant M}y_{ij},$$

$$\mu_1=\frac{1}{NM}\sum_{i=1}^{N}\sum_{j=1}^{M}x_{ij},\quad \mu_2=\frac{1}{NM}\sum_{i=1}^{N}\sum_{j=1}^{M}y_{ij},$$

$$s_1^2=\frac{1}{NM-1}\sum_{i=1}^{N}\sum_{j=1}^{M}(x_{ij}-\mu_1)^2,\quad s_2^2=\frac{1}{NM-1}\sum_{i=1}^{N}\sum_{j=1}^{M}(y_{ij}-\mu_2)^2,$$

$$R_1=\max_{1\leqslant i\leqslant N,1\leqslant j\leqslant M}x_{ij}-\min_{1\leqslant i\leqslant N,1\leqslant j\leqslant M}x_{ij},\quad R_2=\max_{1\leqslant i\leqslant N,1\leqslant j\leqslant M}y_{ij}-\min_{1\leqslant i\leqslant N,1\leqslant j\leqslant M}y_{ij}.$$

其中, $\overline{x}_i$, $\overline{y}_i$ 分别表示第一组、第二组第 i 个评酒员的打分均值; s_{1i}^2,s_{2i}^2 分别表示第一组、第二组第 i 个评酒员的打分方差; R_{1i},R_{2i} 分别表示第一组、第二组第 i 个评酒员的打分极差; , μ_1, μ_2 分别表示第一组、第二组所有评酒员的打分均值; s_1^2, s_2^2 分别表示第一组、第二组所有评酒员的打分方差; R_1,R_2 分别表示第一组、第二组所有评酒员的打分极差.

(1) 两组评酒员的打分结果是否有显著性差异, 等价于检验两组样本均值是否相等, 即等价于检验假设

$$H_0:\mu_1=\mu_2;\quad H_1:\mu_1\neq\mu_2.$$

若把两组样本视为取自两个相互独立的正态总体, 考虑到两组样本的容量相同, 可以采用基于成对数据的 t 检验方法.

(2) 鉴于方差的大小体现了打分结果的区分度, 即每组样本打分结果的方差越小, 则样本的区分度越差, 即无法区分酒的品质的差异度, 因此可信的组别应为方差最大的一组. 模型描述为

$$\max\{s_1^2,s_2^2\}.$$

模型求解 利用 Python 软件, 可以得到上述描述统计量的计算结果, 如表 8.8 所示.

表 8.8 各组评酒员打分结果的描述性统计

组别	第一组			第二组		
统计量	均值	方差	极差	均值	方差	极差
评酒员 1	69.1481	63.2849	32	71.3704	31.6268	20
评酒员 2	75.1111	127.4103	48	69.7778	32.6410	23
评酒员 3	73.4074	197.9430	56	76.7037	23.4473	18
评酒员 4	66.1111	52.3333	28	65.8889	66.8718	32
评酒员 5	74.7778	172.8718	46	64.2593	50.4302	29
评酒员 6	73.2963	126.2165	43	72.6667	27.9231	20
评酒员 7	71.8519	60.9003	36	72.0000	43.7692	26
评酒员 8	72.7407	96.3533	34	72.8148	39.6952	32
评酒员 9	79.1852	44.2336	32	70.1481	24.2080	21
评酒员 10	75.1481	25.7464	22	69.8889	22.8718	19
总体	73.0778	104.9716	57	70.5037	46.8160	38

从计算结果来看, 两组评酒员的打分均值略微有差异. 为验证两组结果是否有本质上的差异, 将每组评酒员对每个样本的打分值取平均, 得到每组样本的质量得分. 作出假设:

$$H_0 : \mu_1 = \mu_2; \quad H_1 : \mu_1 \neq \mu_2.$$

在假定两个总体方差未知且相等的情形下, 利用两个总体均值 (成对样本) 的 t 检验方法, 可以得到: $p = 6.4271 \times 10^{-4}$, 即拒绝原假设, 认为两组结果有差异.

从方差统计结果来看, 第一组评酒员的总体方差为 104.9716, 远大于第二组评酒员的方差, 因此第一组评酒员更可信.

```
#程序文件anli8_1.py
import numpy as np
import pandas as pd
from statsmodels.stats.weightstats import ttest_ind

a=np.loadtxt('anli8_1_1.txt')
b=np.loadtxt('anli8_1_2.txt')
am=a.mean(axis=0)  #逐列求均值
av=a.var(axis=0,ddof=1)  #逐列求方差
ar=a.ptp(axis=0)  #逐列求极差
bm=b.mean(axis=0)  #逐列求均值
bv=b.var(axis=0,ddof=1)  #逐列求方差
br=b.ptp(axis=0)  #逐列求极差
amt=a.mean()  #求第一组的均值
```

```
avt=a.var(ddof=1)  #求第一组的方差
art=a.ptp()   #求第一组的极差
bmt=b.mean()  #求第二组的均值
bvt=b.var(ddof=1)  #求第二组的方差
brt=b.ptp()   #求第二组的极差
ad=np.vstack([am,av,ar]).T
bd=np.vstack([bm,bv,br]).T
ad=pd.DataFrame(ad); bd=pd.DataFrame(bd)
f=pd.ExcelWriter('anli8_1_3.xlsx')  #创建文件对象
ad.to_excel(f, 'sheet1',index=False)
bd.to_excel(f, 'sheet2',index=False); f.save()
aa=a.flatten(); bb=b.flatten()
tstat, pvalue, df=ttest_ind(aa, bb)
print('t统计量值为: ', tstat)
print('p值为: ', pvalue)
```

8.6　思考与练习

1. 某商店要订购一批商品零售, 设购进价为 c_1, 售出价为 c_2, 订购费为 c_0(与订货数量无关), 市场对商品的需求量的概率密度函数为 $p(x)$, 每件商品的存储费为 c_3(与时间无关). 问如何确定订购量才能使得商店的平均利润最大.

2. 正常人的脉搏平均为每分钟 72 次, 某医生测得 10 例慢性中毒患者的脉搏为 (单位：次/分钟)

$$54,\quad 67,\quad 65,\quad 68,\quad 78,\quad 70,\quad 66,\quad 70,\quad 69,\quad 67.$$

设患者的脉搏服从正态分布, 问患者和正常人的脉搏有无显著差异 ($\alpha = 0.05$)?

3. 从一批保险丝中抽取 10 根, 测试其熔化时间, 得到数据如下 (单位：min)：

$$42,\quad 65,\quad 75,\quad 78,\quad 71,\quad 59,\quad 57,\quad 68,\quad 55,\quad 54.$$

设这批保险丝的熔化时间服从正态分布, 检验总体方差是否为 $12^2(\alpha = 0.05)$.

第 9 章　统计分析

CHAPTER

统计分析是指运用统计方法及与分析对象有关的知识, 从定量与定性的结合上进行的研究活动. 它是继统计设计、统计调查、统计整理之后的一项十分重要的工作, 是在前几个阶段工作的基础上通过分析从而达到对研究对象更为深刻的认识. 它又是在一定的选题下, 集分析方案的设计、资料的搜集和整理而展开的研究活动. 系统、完善的资料是统计分析的必要条件. 运用统计方法、定量与定性的结合是统计分析的重要特征. 统计分析一般可以分为 5 个步骤, 如下：

- 描述要分析的数据的性质;
- 研究基础群体的数据关系;
- 创建一个模型, 总结数据与基础群体的联系;
- 证明 (或否定) 该模型的有效性;
- 采用预测分析来预测将来的趋势.

本章主要介绍统计分析的几种常用的方法.

9.1　回归分析

在统计学中, 回归分析 (Regression Analysis) 指的是确定两种或两种以上变量间相互依赖的定量关系的一种统计分析方法. 回归分析按照涉及的变量的多少, 分为一元回归和多元回归分析; 按照因变量的多少, 可分为简单回归分析和多重回归分析; 按照自变量和因变量之间的关系类型, 可分为线性回归分析和非线性回归分析. 在大数据分析中, 回归分析是一种预测性的建模技术, 它研究的是因变量 (目标) 和自变量 (预测器) 之间的关系. 这种技术通常用于预测分析、时间序列模型以及发现变量之间的因果关系. 例如, 司机的鲁莽驾驶与道路交通事故数量之间的关系, 最好的研究方法就是回归. 回归分析就是处理变量之间的相关关系的一种数学方法, 它是最常用的数理统计方法, 能解决预测、控制、生产工艺优化等问题. 它在工农业生产和科学研究各个领域中均有广泛的应用.

9.1.1　一元线性回归

一元线性回归是分析只有一个自变量 (自变量 x 和因变量 y) 线性相关关系的方法, 是最简单的情形. 一个经济指标的数值往往受许多因素影响, 若其中只有一个因素是主要的, 起决定性作用, 则可用一元线性回归进行预测分析. 首先看一个实际例子.

例 9.1 合金的强度 $y(\mathrm{kg/mm^2})$ 与其中的碳含量 $x(\%)$ 有比较密切的关系, 今从生产中收集了一批数据如表 9.1 所示, 试研究这些数据之间的规律性.

表 9.1 观测数据

x	0.10	0.11	0.12	0.13	0.14	0.15	0.16	0.17	0.18	0.20	0.22	0.24
y	42.0	42.5	45.0	45.5	45.0	47.5	49.0	51.0	50.0	55.0	57.5	59.5

解 首先利用 Python 软件绘出散点图 (图 9.1), Python 程序如下:

```
#程序文件ex9_1.py
import numpy as np
import pylab as plt
a = np.loadtxt('data10_1.txt')
x0 = a[0]; y0 = a[1]
plt.rc('font', size=16)
plt.plot(x0, y0, '*'); plt.show()
```

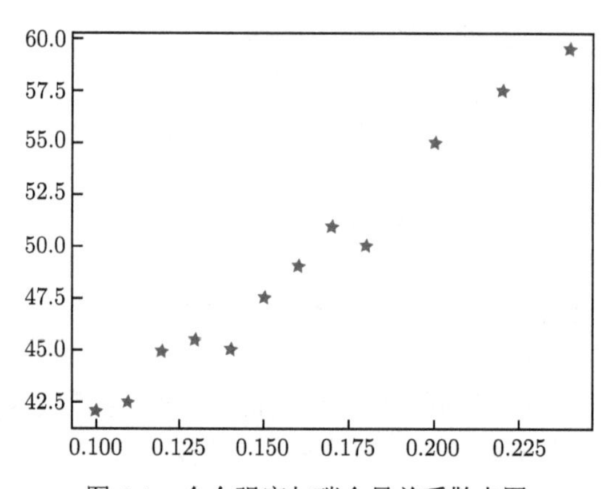

图 9.1 合金强度与碳含量关系散点图

从散点图 9.1 中可知, 所有数据点基本上聚集在某一条直线附近, 这说明变量 y 与 x 大致上可以看作线性关系. 不过这些点又不都在一条直线上, 这表明 y 与 x 之间的关系不是确定性关系. 实际上合金的强度 y 除了与碳含量 x 有一定的关系外, 还受到许多其他因素的影响. 因此 y 与 x 之间可以假定有如下结构式:

$$y = \beta_0 + \beta_1 x + \varepsilon, \tag{9.1}$$

因此可以假定 y 与 x 大致上为线性关系. 即可以建立一元线性回归模型:

$$\begin{cases} y = \beta_0 + \beta_1 x + \varepsilon, \\ E(\varepsilon) = 0, D(\varepsilon) = \sigma^2 \text{ (未知)}, \end{cases} \tag{9.2}$$

其中 β_0 为回归常数, β_1 为回归系数, 自变量 x 为回归变量. $\varepsilon \sim N(0, \sigma^2)$ 为随机误差.

在 (9.1) 式两端同时取期望可得: $y = \beta_0 + \beta_1 x$, 称为 y 对 x 的回归直线方程.

注意, 一元线性回归模型中包含了如下基本假设.

(1) 独立性: 不同的 y, x 是相互独立的随机变量;

(2) 线性性: y 的数学期望是 x 的线性函数;

(3) 齐次性: 不同的 y, x 的方差是常数;

(4) 正态性: 给定的 y, x 服从正态分布.

理解这些假设, 对于正确使用回归分析方法建立数学模型是有意义的. 一元线性回归的主要任务是: 用实验值 (样本值) 对 β_0, β_1 和 σ 作点估计; 对回归系数 β_0, β_1 作假设检验; 在 $x = x_0$ 处对 y 作预测, 并对 y 作区间估计.

9.1.2 多元线性回归

在回归分析中, 如果有两个或两个以上的自变量, 就称为多元回归. 事实上, 一种现象常常是与多个因素相关联的, 由多个自变量的最优组合共同来预测或估计因变量, 比只用一个自变量进行预测或估计更有效, 更符合实际. 因此多元线性回归比一元线性回归的实用意义更大. 若自变量的个数多于一个, 回归模型是关于自变量的线性表达形式, 则称此模型为**多元线性回归模型**. 其数学模型可以写为

$$\begin{cases} y = \beta_0 + \beta_1 x_1 + \cdots + \beta_m x_m + \varepsilon_i, \\ \varepsilon_i \sim N(0, \sigma^2), \end{cases} \tag{9.3}$$

其中 σ 未知, $\boldsymbol{\beta} = (\beta_0, \beta_1, \cdots, \beta_m)$ 称为**回归系数向量**.

现得到一个样本容量为 n 的样本, 其观测数据为

$$(y_i, x_{i1}, \cdots, x_{im}), \quad i = 1, \cdots, n (n > m).$$

代入 (9.3), 得

$$\begin{cases} y_i = \beta_0 + \beta_1 x_{i1} + \cdots + \beta_m x_{im} + \varepsilon_i, \\ \varepsilon_i \sim N(0, \sigma^2), \quad i = 1, \cdots, n. \end{cases} \tag{9.4}$$

记

$$X=\begin{bmatrix}1 & x_{11} & \cdots & x_{1m}\\ \vdots & \vdots & & \vdots\\ 1 & x_{n1} & \cdots & x_{nm}\end{bmatrix},\quad Y=\begin{bmatrix}y_1\\ \vdots\\ y_n\end{bmatrix},\tag{9.5}$$

$$\boldsymbol{\varepsilon}=(\varepsilon_1,\cdots,\varepsilon_n)^{\mathrm{T}},\quad \boldsymbol{\beta}=(\beta_0,\beta_1,\cdots,\beta_m)^{\mathrm{T}}.$$

于是 (9.4) 可以写成矩阵形式：

$$\begin{cases} Y=X\boldsymbol{\beta}+\boldsymbol{\varepsilon},\\ \boldsymbol{\varepsilon}\sim N(0,\sigma^2).\end{cases}\tag{9.6}$$

9.1.3 多项式回归

多项式回归模型是线性回归模型的一种, 此时回归函数关于回归系数是线性的. 由于任一函数都可以用多项式逼近, 因此多项式回归有着广泛应用. 如果从数据的散点图上发现 y 与 x 呈较明显的二次 (或高次) 函数关系, 或者用线性模型的效果不太好, 就可以选用多项式回归. 在随机意义下, 一元多项式回归的数学模型可以表达为

$$y=\beta_0+\beta_1x+\beta_2x^2+\cdots+\beta_nx^n+\varepsilon,$$

其中 ε 为随机误差, 满足 $E(\varepsilon)=0,\ D(\varepsilon)=\sigma^2$.

Python 中拟合多项式的命令为 numpy.polyfit, 其调用格式为

polyfit(x, y, n)

其中 x 为已知自变量的观测值, y 为已知因变量的观测值, n 为拟合多项式的次数.

例 9.2 将 17 至 29 岁的运动员每两岁一组分为 7 组, 每组两人测量其旋转定向能力, 以考察年龄对这种运动能力的影响. 现得到一组数据如表 9.2 所示, 试建立二者之间的关系.

表 9.2 年龄与运动能力关系测量数据

年龄	17	19	21	23	25	27	29
第一人	20.48	25.13	26.15	30.0	26.1	20.3	19.35
第二人	24.35	28.11	26.3	31.4	26.92	25.7	21.3

解 先画出散点图如图 9.2 所示.

从图中可以看出, 数据的散点图明显地呈现两端低中间高的形状, 所以应拟合一条二次曲线. 建立二次多项式模型

$$y=a_2x^2+a_1x+a_0+\varepsilon.$$

输出结果中, p 返回拟合多项式的系数向量, 即回归预测方程为

$$y = -0.2003x^2 + 8.9782x - 72.2150.$$

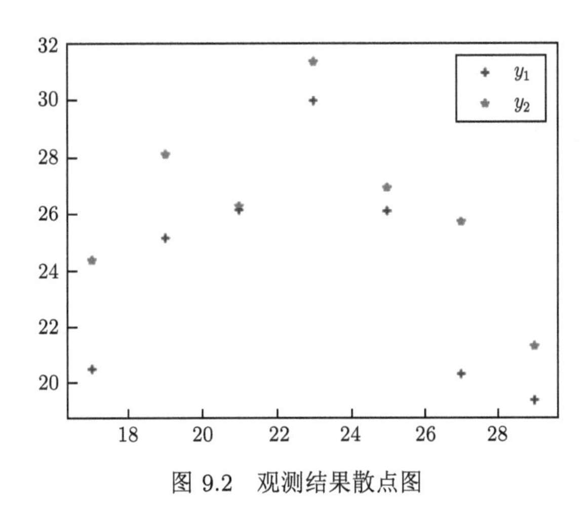

图 9.2 观测结果散点图

计算及画图的 Python 程序如下:

```
#程序文件ex9_2.py
import numpy as np
import pylab as plt
x0 = np.arange(17, 30, 2)
y1 = np.array([20.48, 25.13, 26.15, 30.0, 26.1, 20.3, 19.35])
y2 = np.array([24.35, 28.11, 26.3, 31.4, 26.92, 25.7, 21.3])
plt.rc('font', size=15)
plt.rc('text', usetex=True)
plt.plot(x0, y1, '+', label='$y_1$')
plt.plot(x0, y2, '*', label='$y_2$')
x = np.hstack([x0, x0])
y = np.hstack([y1, y2])
p = np.polyfit(x, y, 2)
print(np.round(p,4))
plt.legend(); plt.show()
```

对于多元二次多项式回归, 我们通过一个具体例子来体验其求解过程.

例 9.3 根据表 9.3 某养牛场 25 头育肥牛 4 个胴体性状的数据资料, 试进行瘦肉量 y 对眼肌面积 (x_1)、腿肉量 (x_2)、腰肉量 (x_3) 的多元回归分析.

表 9.3　某养牛场数据资料

序号	瘦肉量 y/kg	眼肌面积 x_1/cm^2	腿肉量 x_2/kg	腰肉量 x_3/kg	序号	瘦肉量 y/kg	眼肌面积 x_1/cm^2	腿肉量 x_2/kg	腰肉量 x_3/kg
1	15.02	23.73	5.49	1.21	14	15.94	23.52	5.18	1.98
2	12.62	22.34	4.32	1.35	15	14.33	21.86	4.86	1.59
3	14.86	28.84	5.04	1.92	16	15.11	28.95	5.18	1.37
4	13.98	27.67	4.72	1.49	17	13.81	24.53	4.88	1.39
5	15.91	20.83	5.35	1.56	18	15.58	27.65	5.02	1.66
6	12.47	22.27	4.27	1.50	19	15.85	27.29	5.55	1.70
7	15.80	27.57	5.25	1.85	20	15.28	29.07	5.26	1.82
8	14.32	28.01	4.62	1.51	21	16.40	32.47	5.18	1.75
9	13.76	24.79	4.42	1.46	22	15.02	29.65	5.08	1.70
10	15.18	28.96	5.30	1.66	23	15.73	22.11	4.90	1.81
11	14.20	25.77	4.87	1.64	24	14.75	22.43	4.65	1.82
12	17.07	23.17	5.80	1.90	25	14.35	20.04	5.08	1.53
13	15.40	28.57	5.22	1.66					

要求:

(1) 求 y 关于 x_1, x_2, x_3 的线性回归方程

$$y = c_0 + c_1 x_1 + c_2 x_2 + c_3 x_3 + \varepsilon,$$

计算 c_0, c_1, c_2, c_3 的估计值;

(2) 对上述回归模型和回归系数进行检验 (要写出相关的统计量);

(3) 试建立 y 关于 x_1, x_2, x_3 的完全二项式回归模型.

解　(1) 记 y, x_1, x_2, x_3 的观察值分别为 $b_i, a_{i1}, a_{i2}, a_{i3}$, $i = 1, 2, \cdots, 25$,

$$X = \begin{bmatrix} 1 & a_{11} & a_{12} & a_{13} \\ \vdots & \vdots & \vdots & \vdots \\ 1 & a_{25,1} & a_{25,2} & a_{25,3} \end{bmatrix}, \quad Y = \begin{bmatrix} b_1 \\ \vdots \\ b_{25} \end{bmatrix}.$$

用最小二乘法求 c_0, c_1, c_2, c_3 的估计值, 即应选取估计值 $\bar{c}_j$, 使当 $c_j = \bar{c}_j$, $j = 0, 1, 2, 3$ 时, 误差平方和

$$Q = \sum_{i=1}^{25} \varepsilon_i^2 = \sum_{i=1}^{25} (b_i - \hat{b}_i)^2 = \sum_{i=1}^{25} (b_i - c_0 - c_1 a_{i1} - c_2 a_{i2} - c_3 a_{i3})^2$$

达到最小. 为此, 令

$$\frac{\partial Q}{\partial c_j} = 0, \quad j = 0, 1, 2, 3,$$

得到正规方程组, 求解正规方程组得 c_0, c_1, c_2, c_3 的估计值

$$[\bar{c}_0, \quad \bar{c}_1, \quad \bar{c}_2, \quad \bar{c}_3]^{\mathrm{T}} = (X^{\mathrm{T}} X)^{-1} X^{\mathrm{T}} Y.$$

利用 Python 程序, 求得

$$\bar{c}_0 = 0.8539, \quad \bar{c}_1 = 0.0178, \quad \bar{c}_2 = 2.0782, \quad \bar{c}_3 = 1.9396.$$

(2) 因变量 y 与自变量 x_1, x_2, x_3 之间是否存在线性关系是需要检验的, 显然, 如果所有的 $|\bar{c}_j|(j = 1, 2, 3)$ 都很小, y 与 x_1, x_2, x_3 的线性关系就不明显, 所以可令原假设为

$$H_0 : c_j = 0, \quad j = 1, 2, 3. \tag{9.7}$$

记 $m = 3$, $n = 25$, $Q = \sum_{i=1}^{n} e_i^2 = \sum_{i=1}^{n} (b_i - \bar{b}_i)^2$, $U = \sum_{i=1}^{n} (\bar{b}_i - \tilde{b})^2$, 这里 $\bar{b}_i = \bar{c}_0 + \bar{c}_1 a_{i1} + \cdots + \bar{c}_m a_{im} (i = 1, \cdots, n)$, $\tilde{b} = \dfrac{1}{n} \sum_{i=1}^{n} b_i$. 当 H_0 成立时统计量

$$F = \frac{U/m}{Q/(n - m - 1)} \sim F(m, n - m - 1),$$

在显著性水平 α 下, 若

$$F < F_\alpha(m, n - m - 1),$$

接受 H_0; 否则拒绝.

利用 Python 程序求得统计量 $F = 37.7453$, 查表得上 α 分位数 $F_{0.05}(3, 21) = 3.0725$, 因而拒绝 (9.7) 式的原假设, 模型整体上通过了检验.

当 (9.7) 式的 H_0 被拒绝时, c_j 不全为零, 但是不排除其中若干个等于零. 所以应进一步作如下 $m + 1$ 个检验

$$H_0^{(j)} : c_j = 0, \quad j = 0, 1, 2, 3. \tag{9.8}$$

当 $H_0^{(j)}$ 成立时

$$t_j = \frac{\bar{c}_j / \sqrt{c_{jj}}}{\sqrt{Q/(n - m - 1)}} \sim t(n - m - 1),$$

这里 c_{jj} 是 $(X^{\mathrm{T}}X)^{-1}$ 中的第 (j, j) 个元素, 对给定的 α, 若 $|t_j| < t_{\alpha/2}(n - m - 1)$, 接受 $H_0^{(j)}$; 否则拒绝

利用 Python 程序, 求得统计量

$$t_0 = 0.6223, \quad t_1 = 0.6090, \quad t_2 = 7.7407, \quad t_3 = 3.8062,$$

查表得上 $\alpha/2$ 分位数 $t_{0.025}(21) = 2.0796$.

对于 (9.8) 式的检验, 在显著性水平 $\alpha = 0.05$ 时, 接受 $H_0^{(j)}: c_j = 0(j = 0, 1)$, 拒绝 $H_0^{(j)}: c_j = 0(j = 2, 3)$, 即变量 x_1 对模型的影响是不显著的. 建立线性模型时, 可以不使用 x_1.

(3) 求得的完全二次项模型为

$$y = -17.0988 + 0.3611x_1 + 2.3563x_2 + 18.2730x_3 - 0.1412x_1x_2 \\ -0.4404x_1x_3 - 1.2754x_2x_3 + 0.0217x_1^2 + 0.5025x_2^2 + 0.3962x_3^2.$$

计算的 Python 程序如下:

```
#程序文件ex9_3.py
import numpy as np
import pandas as pd
from scipy.stats import t, f
a = pd.read_excel('data9_3.xlsx', header=None)
b = np.vstack([a.iloc[:,1:5].values, a.iloc[:-1,6:].values])
X = np.hstack([np.ones((25,1)), b[:,1:]])
Y = b[:,0]
cs = np.linalg.pinv(X) @ Y   #最小二乘法拟合参数
print('拟合的参数为: ', np.round(cs,4))
ybar = Y.mean()  #计算y的观测值的平均值
yhat = X @ cs    #计算y的估计值
q = sum((yhat-Y)**2)
u = sum((yhat-ybar)**2)  #计算回归平方和
m =3   #变量的个数, 拟合参数的个数为m+1
n = len(Y)
F = u/m/(q/(n-m-1))  #计算F统计量的值, 自由度为样本点的个数减拟合
                     #参数的个数
print('F=', round(F,4))
fw = f.ppf(0.95, m, n-m-1)   #计算上1-alpha分位数
print('fw=', round(fw,4))
c = np.diag(np.linalg.inv(X.T @ X))
tv = cs/np.sqrt(c)/np.sqrt(q/(n-m-1))  #计算t统计量的值
tfw = t.ppf(0.975, n-m-1)
print('t统计量值为: \n', tv)
print('tfw', tfw)
dd = np.stack([X[:,1]*X[:,2], X[:,1]*X[:,3], X[:,2]*X[:,3]]).T
    #交叉项数据
X3 = np.hstack([X, dd, X[:,1:]**2])
cs2 = np.linalg.pinv(X3) @ Y
print('完全二次项模型的系数为: ', np.round(cs2,4))
```

9.2 聚类分析

聚类分析是指将物理或抽象对象的集合分组为由类似的对象组成的多个类的分析过程. 它是一种重要的人类行为. 聚类分析的目标就是在相似的基础上收集数据来分类. 聚类源于很多领域, 包括数学、计算机科学、统计学、生物学和经济学. 在不同的应用领域, 很多聚类技术都得到了发展, 这些技术方法被用作描述数据, 衡量不同数据源间的相似性, 以及把数据源分类到不同的簇中.

聚类分析内容非常丰富, 有系统聚类法、有序样品聚类法、动态聚类法、模糊聚类法、图论聚类法、聚类预报法等. 本章主要介绍常用的系统聚类法. 聚类分析法的一般程序是: 第一, 不论是定量数据还是定性数据, 都应确定分类统计量, 用以测定样本之间的亲疏程度, 主要通过样本之间的距离、样本间的相关系数来确定; 第二, 利用统计量将样品进行分类.

9.2.1 常用的聚类方法

系统聚类分析法是目前使用最多的一种方法, 一般方法是: 设有 N 个样品, 初始时这个样品各自成一类, 然后计算样品之间的距离, 将距离最小的类并为一新类, 再计算并类后的新类与其他类的距离, 又将距离最小的两类并为一新类, 这样每次减少一些类, 直到将所有样品合并成一类为止.

正如样品之间的距离可以有不同的定义方法一样, 类与类之间的距离也有许多定义方法, 下面给出常用的八种定义距离的方法, 分别进行聚类, 导出八种聚类计算距离的递推公式, 最后给出一种统一形式. 这八种聚类方法是: 最短距离法、最长距离法、中间距离法、质心法、类平均法、可变类平均法、可变法、离差平方和法. 系统聚类分析尽管方法很多, 但归类的步骤基本上是一样的. 不同的仅是类与类之间的距离有不同的定义方法, 从而得到不同的计算距离的公式.

1. 最短距离法

最短距离法将两样品间的距离定义为一个类中所有个体与另一类中的所有个体间距离的最小者. 设有 N 个样品, d_{ij} 表示第 i 个样品与第 j 个样品之间的距离, 用 $G_1, G_2, \cdots, G_N$ 表示初始类, 并类的原则是: 类与类之间距离最近的两类合并. 用 D_{pq} 表示 G_p, G_q 之间的距离, 规定

$$D_{pq} = \min_{\substack{i \in G_p \\ j \in G_q}} \{d_{ij}\}, \quad p \neq q.$$

当 $p = q$ 时, $D_{pq} = 0$.

最短距离法就是以 D_{pq} 准则进行聚类, 其聚类步骤为:

(1) 规定样品之间的距离, 计算 N 个样品中两两之间的距离 $d_{ij}, i, j = 1, 2, \cdots, N$, 得到对称矩阵 $D(0) = (d_{ij})$, 初始时每个样品自成一类, 故 $D_{pq} = d_{pq}$;

(2) 选择 $D(0)$ 中最小非零元素, 设为 d_{pq}, 于是将 G_p, G_q 并类, 记为 $G_r = \{G_p, G_q\}$;

(3) 计算新类 G_r 与其他类 $G_k (k \neq p, q)$ 的距离

$$D_{rk} = \min_{\substack{i \in G_r \\ j \in G_k}} \{d_{ij}\} = \min\{\min_{\substack{i \in G_p \\ j \in G_k}} \{d_{ij}\}, \min_{\substack{i \in G_q \\ j \in G_k}} \{d_{ij}\}\} = \min\{D_{pk}, D_{qk}\},$$

将 $D(0)$ 中的第 p, q 行及第 p, q 列上的元素按照步骤 (2) 合并成一个新类, 记为 G_r, 对应于新行、新列得到的矩阵记为 $D(1)$;

(4) 对 $D(1)$ 重复类似上述 (2)、(3) 的做法, 得到 $D(2)$;

(5) 继续下去, 直到所有元素并为一类为止.

如果某一步 $D(k)$ 中最小的非零元素不唯一, 对应于这些最小元素的类可以同时合并.

最短距离法简单易用, 能直观地说明聚类的含义, 但是它有连接聚合的趋势, 易将大部分个体聚在一类, 也有延伸的链状结构, 所以最短距离法的聚类效果并不好, 实际中一般不采用.

2. 最长距离法

最长距离法中两类合并的准则是类与类之间距离最长的两类合并, 即

$$D_{pq} = \max_{\substack{i \in G_p \\ j \in G_q}} \{d_{ij}\}, \quad p \neq q.$$

最长距离法与最短距离法聚类步骤完全一样, 只是距离准则不同.

设某一步将 G_p, G_q 合并为一类, 记为 G_r. 则 G_r 与其他类 G_k 的距离公式

$$D_{rk} = \max_{\substack{i \in G_r \\ j \in G_k}} \{d_{ij}\} = \max\{\max_{\substack{i \in G_p \\ j \in G_k}} \{d_{ij}\}, \max_{\substack{i \in G_q \\ j \in G_k}} \{d_{ij}\}\} = \max\{D_{pk}, D_{qk}\},$$

再找距离最大的并类, 直到所有元素并为一类为止.

最长距离法克服了最短距离法连接聚合的缺陷, 但是当数据有较大的离散程度时, 易产生较多类. 与最短距离法一样, 受异常值影响较大.

3. 中间距离法

如果类与类之间的距离既不采用最长距离法, 也不采用最短距离法, 而采用介于两者之间的距离, 就称为**中间距离法**.

设某一步将 G_p, G_q 合并为一类, 记为 G_r. 则 G_r 与其他类 G_k 的距离公式:

$$D_{kr}^2 = \frac{1}{2}D_{kp}^2 + \frac{1}{2}D_{kq}^2 + \beta D_{pq}^2, \quad -\frac{1}{4} \leqslant \beta \leqslant 0,$$

其中, β 常取为 $-\dfrac{1}{4}$.

由于距离公式是平方的形式, 故只需在第一步中记 $D^2(0) = (d_{ij}^2)$, 其余步骤不变.

4. 质心法

设 G_p, G_q 的重心分别是 $\bar{X}^{(p)}$ 和 $\bar{X}^{(q)}$, 则 G_p, G_q 之间的距离定义为

$$D_{pq} = (\bar{X}^{(p)} - \bar{X}^{(q)})^{\mathrm{T}}(\bar{X}^{(p)} - \bar{X}^{(q)}) = d^2(\bar{X}^{(p)}, \bar{X}^{(q)}),$$

用这种距离进行聚类的方法, 叫做**质心法** (或**重心法**).

设某一步将 G_p, G_q 合并为一类, 记为 G_r, G_p, G_q 的质心为 $\bar{X}^{(p)}$ 和 $\bar{X}^{(q)}$, 若各类的样品个数分别为 N_p, N_q, 则 G_r 类的样品个数为 $N_r = N_p + N_q$, 质心 $\bar{X}^{(r)}$ 为

$$\bar{X}^{(r)} = \frac{1}{N_r}(N_p\bar{X}^{(p)} + N_q\bar{X}^{(q)}),$$

则 G_r 与其他类 G_k 的距离公式 (在此采用欧氏距离):

$$D_{kr}^2 = \frac{N_p}{N_r}D_{kp}^2 + \frac{N_q}{N_r}D_{kq}^2 + \frac{N_pN_q}{N_r^2}D_{pq}^2.$$

质心法要求用欧氏距离, 每聚一次类, 都要重新计算质心. 它较少受到异常值的影响, 但因为类间距离没有单调递增趋势, 在树状聚类图上可能出现图形逆转, 限制了它的使用.

5. 类平均法

一个类的重心, 虽然有很好的代表性, 但未能充分利用各样品的信息, 于是提出了利用两类元素中两两之间的距离平方的平均值作为类与类之间的距离, 即

$$D_{pq}^2 = \frac{1}{N_pN_q}\sum_{i\in G_p}\sum_{j\in G_q} d_{ij}^2,$$

利用这种距离的聚类法叫**类平均法**.

类平均法的聚类递推公式:

$$\begin{aligned} D_{kr}^2 &= \frac{1}{N_kN_r}\sum_{i\in G_k}\sum_{j\in G_r} d_{ij}^2 = \frac{1}{N_kN_r}\left(\sum_{i\in G_k}\sum_{j\in G_p} d_{ij}^2 + \sum_{i\in G_k}\sum_{j\in G_q} d_{ij}^2\right) \\ &= \frac{N_p}{N_r}D_{kp}^2 + \frac{N_q}{N_r}D_{kq}^2. \end{aligned}$$

6. 可变类平均法

类平均法虽然是个较好的方法, 但也有不足, 递推公式中没有反映 D_{pq} 的影响, 于是有人提出递推公式改为

$$D_{kr}^2 = \frac{N_p}{N_r}(1-\beta)D_{kp}^2 + \frac{N_q}{N_r}(1-\beta)D_{kq}^2 + \beta D_{pq}^2,$$

其中 $\beta < 1$. 用此公式进行聚类的方法, 叫**可变类平均法**.

7. 可变法

将中间距离法的递推公式中的前两项系数也依赖于 β, 即

$$D_{kr}^2 = \frac{1-\beta}{2}(D_{kp}^2 + D_{kq}^2) + \beta D_{pq}^2, \quad -\frac{1}{4} \leqslant \beta \leqslant 0,$$

利用上式进行聚类的方法叫**可变法**.

8. 离差平方和法

该方法的基本思想来源于方差分析, 如果类分得准确, 同类样品的离差平方应当较小, 而类与类之间的离差平方和应当较大, 从而提出了离差平方和法.

设将 N 个样品分成 k 个类:$G_1, G_2, \cdots, G_k$, 用 $X_{(t)}^{(i)}$ 表示 G_t 中第 i 个样品, N_t 表 G_t 中的样品个数, $\bar{X}_{(t)}$ 表示 G_t 的质心, 则 G_t 的样品离差平方和是

$$S_t = \sum_{i=1}^{N_t}(X_{(t)}^{(i)} - \bar{X}_t)^{\mathrm{T}}(X_{(t)}^{(i)} - \bar{X}_t),$$

k 个类的离差平方和是

$$S = \sum_{t=1}^{k}\sum_{i=1}^{N_t}(X_{(t)}^{(i)} - \bar{X}_t)^{\mathrm{T}}(X_{(t)}^{(i)} - \bar{X}_t).$$

当 k 固定时, 要选择使得 S 达到最小值的分类结果. 具体做法是：先将 N 个样品各自分成一类, 然后每次缩小一类, 每缩小一类后的离差平方和就要增大, 选择使 S 增大最小的两类合并, 直到所有样品归为一类为止.

离差平方和法的聚类递推公式：

$$D_{kr}^2 = \frac{N_p + N_k}{N_r + N_k}D_{kp}^2 + \frac{N_q + N_k}{N_r + N_k}D_{kq}^2 - \frac{N_k}{N_r + N_k}D_{pq}^2.$$

以前由于计算繁琐限制了离差平方和法的应用, 现在随着计算机技术的发展, 计算已不再是困难, 离差平方和法被认为是一种理论上和实际上都非常有效的分类方法, 应用较为广泛.

综上所述, 这八种聚类方法并类原则和步骤大体上是一样的, 不同的是类与类之间的距离公式各有不同, 从而得到不同的递推公式.

9.2.2 用 Python 进行聚类

下面介绍 scipy.cluster.hierarchy 模块与聚类相关的函数.

1. distance.pdist

B=pdist(A, metric='euclidean') 用 metric 指定的方法计算 $n \times p$ 矩阵 A (看作 n 个 p 维行向量, 每行是一个对象的数据) 中两两对象间的距离, metric 可取表 9.4 中的特征字符串. 输出 B 是包含距离信息的长度为 $(n-1)\cdot n/2$ 的向量. 可用 distance.squareform 函数将此向量转换为方阵, 这样可使矩阵中的 (i,j) 元素对应原始数据集中对象 i 和 j 间的距离.

表 9.4 常用的'metric'取值及含义

字符串	含义
'euclidean'	欧氏距离 (缺省值)
'cityblock'	绝对值距离
'minkowski'	Minkowski 距离
'chebychev'	Chebychev 距离
'mahalanobis'	Mahalanobis 距离

metric 的取值很多, 读者可以自己看帮助.

```
>>>import scipy.cluster.hierarchy as sch
>>>help(sch.distance.pdist)
```

2. linkage

Z=linkage(B, 'method') 使用由'method'指定的算法计算生成聚类树, 输入矩阵 B 为 pdist 函数输出的 $(n-1)\cdot n/2$ 维距离行向量, 'method'可取表 9.5 中特征字符串值.

表 9.5 'method'取值及含义

字符串	含义
'single'	最短距离 (缺省值)
'average'	无权平均距离
'centroid'	重心距离
'complete'	最大距离
'ward'	离差平方和法 (Ward 方法)

输出 Z 为包含聚类树信息的 $(n-1)\times 4$ 矩阵. 聚类树上的叶节点为原始数据集中的对象, 其编号由 0 到 $n-1$, 它们是单元素的类, 级别更高的类都由它们生成. 对应于 Z 中第 j 行每个新生成的类, 其索引为 $n+j$, 其中 n 为初始叶节点的数量.

Z 的第 1 列和第 2 列, 即 Z[:,:2] 包含了被两两连接生成一个新类的所有对象的索引, Z[j,:2] 生成的新类索引为 $n+j$. 共有 $n-1$ 个级别更高的类, 它们对应于聚类树中的内部节点. Z 的第三列 Z[:,2] 包含了相应的在类中的两两对象间的连接距离. Z 的第四列 Z[:,3] 表示当前类中原始对象的个数.

3. fcluster

T = fcluster(Z,t) 从 linkage 的输出 Z, 根据给定的阈值 t 创建聚类.

4. H=dendrogram(Z,p)

由 linkage 产生的数据矩阵 Z 画聚类树状图. p 是结点数, 默认值是 30.

例 9.4 根据信息基础设施的发展状况, 对世界 19 个国家进行分类, 如表 9.6 所示.

表 9.6 19 个国家信息基础设施数据

序号	country	call	movecall	fee	computer	mips	net
1	美国	631.60	161.90	0.36	403.00	26073.00	35.34
2	日本	498.40	143.20	3.57	176.00	10223.00	6.26
3	德国	557.60	70.60	2.18	199.00	11571.00	9.48
4	瑞典	684.10	281.80	1.40	286.00	16660.00	29.39
5	瑞士	644.00	93.50	1.98	234.00	13621.00	22.68
6	丹麦	620.30	248.60	2.56	296.00	17210.00	21.84
7	新加坡	498.40	147.50	2.50	284.00	13578.00	13.49
8	韩国	434.50	73.00	3.36	99.00	5795.00	1.68
9	巴西	81.90	16.30	3.02	19.00	876.00	0.52
10	智利	138.60	8.20	1.40	31.00	1411.00	1.28
11	墨西哥	92.20	9.80	2.61	31.00	1751.00	0.35
12	俄罗斯	174.90	5.00	5.12	24.00	1101.00	0.48
13	波兰	169.00	6.50	3.68	40.00	1796.00	1.45
14	匈牙利	262.20	49.40	2.66	68.00	3067.00	3.09
15	马来西亚	195.50	88.40	4.19	53.00	2734.00	1.25
16	泰国	78.60	27.80	4.95	22.00	1662.00	0.11
17	印度	13.60	0.30	6.28	2.00	101.00	0.01
18	法国	559.10	42.90	1.27	201.00	11702.00	4.76
19	英国	521.10	122.50	0.98	248.00	14461.00	11.91

这里选取了发达国家、新兴工业化国家、拉美国家、亚洲发展中国家、转型国家等不同类型的 19 个国家作 Q 型聚类分析. 描述信息基础设施的变量主要有

六个：① call——每千人拥有电话线数; ② movecall——每千房居民蜂窝移动电话数; ③ fee——高峰时期每三分钟国际电话的成本; ④ computer——每千人拥有的计算机数; ⑤ mips——每千人中计算机功率 (每秒百万指令); ⑥ net——每千人互联网络户主数. (数据摘自 1997 年《世界竞争力报告》).

解 采用欧氏距离和质心法进行分类, 利用 Python 编程：

```
#程序文件ex9_4.py
import numpy as np
from scipy.stats import zscore
import pylab as plt
import scipy.cluster.hierarchy as sch
a = np.loadtxt('data9_4.txt')
b = zscore(a)  #数据标准化
d = sch.distance.pdist(b)  #求两两之间的距离
z = sch.linkage(d, 'centroid')   #进行聚类
s = [str(i+1) for i in range(19)]
plt.rc('font', size=16)
sch.dendrogram(z, labels=s); plt.show()
```

所画的聚类图如图 9.3 所示.

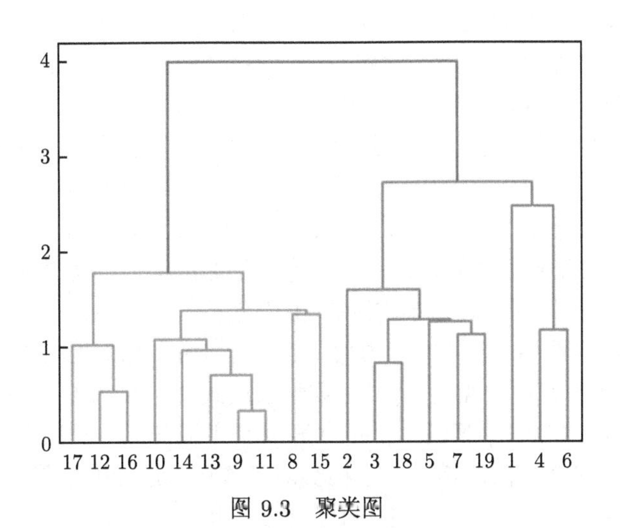

图 9.3 聚类图

从聚类图看, 结合实际情况分析采用质心法把 19 个国家分为三类：

第 I 类：美国、瑞典、丹麦;

第 II 类：德国、法国、瑞士、新加坡、英国、日本;

第 III 类：韩国、印度、俄罗斯、泰国、马来西亚、智利、匈牙利、波兰、巴西、墨西哥.

其中第 I 类为欧美发达国家, 信息基础设施发展非常成熟, 为最好, 可以单独分成一类. 第 II 类中的国家是德国、法国、日本等发达国家, 和新兴工业化国家新加坡, 新加坡这几十年来发展迅速, 努力赶超发达国家, 在信息基础设施的发展上已非常接近发达国家. 第 III 类中的国家为转型国家、拉美国家和亚洲发展中国家.

本例也可采用其他方法聚类, 结果差异不大.

9.3 主成分分析

9.3.1 主成分分析法的基本理论

主成分分析也称主分量分析, 旨在利用降维的思想, 把多指标转化为少数几个综合指标 (即主成分), 其中每个主成分都能够反映原始变量的大部分信息, 且所含信息互不重复. 这种方法在引进多方面变量的同时将复杂因素归结为几个主成分, 使问题简单化, 同时得到更加科学有效的数据信息. 在实际问题研究中, 为了全面、系统地分析问题, 我们必须考虑众多影响因素. 这些涉及的因素一般称为指标, 在多元统计分析中也称为变量. 因为每个变量都在不同程度上反映了所研究问题的某些信息, 并且指标之间彼此有一定的相关性, 因而所得的统计数据反映的信息在一定程度上有重叠. 例如, 在商业经济中, 可以把复杂的数据综合成几个商业指数, 如物价指数、消费指数等.

数学上的处理就是将原来 p 个指标作线性组合, 作为新的综合指标 $F_1,\cdots,F_p$, 但是这种线性组合, 如果不加限制, 则可以有很多, 我们应该如何去选取呢？为了让这种综合指标反映足够多原来的信息, 要求综合指标的方差要大, 即若 $\mathrm{Var}(F_1)$ 越大, 表示 F_1 包含的信息越多, 因此在所有线性组合中选取的 F_1 应该是方差最大的, 故称 F_1 为第一主成分. 如果第一主成分不足以代表原来 p 个指标的信息, 再考虑选取第二个组合 F_2, 称 F_2 为第二主成分. 为了有效地反映原来的信息, F_1 中已有的信息就不需要出现在 F_2 中. 数学表达式就是要求 $\mathrm{Cov}(F_1, F_2) = 0$. 依此类推, 可以构造出第三, 第四, $\cdots\cdots$, 第 p 个主成分, 这些主成分之间不仅不相关, 而且它们的方差是依次递减的. 在实际工作中, 通常挑选前几个最大主成分, 虽然可能会失去一小部分信息, 但抓住了主要矛盾.

9.3.2 主成分分析法原理与步骤

设有 p 项指标 $X_1,X_2,\cdots, X_p$, 每个指标有 n 个观测数据, 得到原始数据资料矩阵

$$X=\begin{bmatrix} x_{11} & x_{12} & \cdots & x_{1p} \\ x_{21} & x_{22} & \cdots & x_{2p} \\ \vdots & \vdots & & \vdots \\ x_{n1} & x_{n2} & \cdots & x_{np} \end{bmatrix} \triangleq (X_1, X_2, \cdots, X_p),$$

其中

$$X_i=\begin{bmatrix} x_{1i} \\ x_{2i} \\ \vdots \\ x_{ni} \end{bmatrix}, \quad i=1,2,\cdots,p.$$

用 p 个向量 $X_1,X_2,\cdots,X_p$ 作线性组合

$$\begin{cases} F_1 = a_{11}X_1 + a_{21}X_2 + \cdots + a_{p1}X_p, \\ F_2 = a_{12}X_1 + a_{22}X_2 + \cdots + a_{p2}X_p, \\ \qquad\qquad \cdots\cdots \\ F_p = a_{1p}X_1 + a_{2p}X_2 + \cdots + a_{pp}X_p, \end{cases}$$

简写成

$$F_i = a_{1i}X_1 + a_{2i}X_2 + \cdots + a_{pi}X_p \quad (i=1,2,\cdots,p).$$

为了不使 F_i 的方差为无穷大, 对上述方程组的系数要求 $a_{1i}^2+a_{2i}^2+\cdots+a_{pi}^2=1(i=1,2,\cdots,p)$, 且系数 a_{ij} 由下列原则决定:

(1) F_i 与 $F_j(i \neq j)$ 不相关;

(2) F_1 是 $X_1, \cdots, X_p$ 的一切线性组合 (系数满足上述方程组) 中方差最大的一个, F_2 是 F_1 不相关的 $X_1, \cdots, X_p$ 一切线性组合中方差最大的一个, $\cdots$, F_p 是与 $F_1, F_2, \cdots, F_{p-1}$ 都不相关的 $X_1, \cdots, X_p$ 的一切线性组合中方差最大的一个.

定理 9.1 在上述条件下, $a_{1i}, a_{2i}, \cdots, a_{pi}(i=1,2,\cdots,p)$ 是 X 的协方差矩阵的特征值对应的特征向量 (证明略).

设 $F = a_1X_1 + a_2X_2 + \cdots + a_pX_p \triangleq a^{\mathrm{T}}X$, 其中, $a=(a_1,a_2,\cdots,a_p)^{\mathrm{T}}$, $a_i=(a_{i1},a_{i2},\cdots,a_{ip})^{\mathrm{T}}$, $X=(X_1,X_2,\cdots,X_p)^{\mathrm{T}}$, 记 Σ 为 X 的协方差矩阵, $F=(F_1,F_2,\cdots,F_p)^{\mathrm{T}}$.

该定理表明 $X_1, \cdots, X_p$ 的主成分是以 Σ 的特征向量为系数的线性组合, 它们互不相关且其方差为 Σ 的特征值, 由于 Σ 的特征值 $\lambda_1 \geqslant \lambda_2 \geqslant \cdots \geqslant \lambda_p \geqslant 0$, 所以 $\mathrm{Var}(F_1) \geqslant \mathrm{Var}(F_2) \geqslant \cdots \geqslant \mathrm{Var}(F_p) \geqslant 0$.

在解决实际问题时, 一般不全取 p 个主成分, 而是根据累计贡献率的大小取前 k 个.

定义 9.1　称 $\dfrac{\lambda_i}{\sum\limits_{i=1}^{p}\lambda_i}$ 为第 i 个主成分的贡献率, 称 $\dfrac{\sum\limits_{i=1}^{k}\lambda_i}{\sum\limits_{i=1}^{p}\lambda_i}$ 为前 k 个主成分的累计贡献率.

显然, 贡献率越大, 表明该成分综合的信息越多.

通过上述主成分分析的基本原理, 归纳主成分分析计算步骤如下：

(1) 对原来的 p 个指标进行标准化, 以消除变量在量纲上的影响.

(2) 根据标准化后的数据矩阵求出相关系数矩阵 $R=(r_{ij})_{p\times p}$,

$$R=\begin{bmatrix} r_{11} & r_{12} & \cdots & r_{1p} \\ r_{21} & r_{22} & \cdots & r_{2p} \\ \vdots & \vdots & & \vdots \\ r_{p1} & r_{p2} & \cdots & r_{pp} \end{bmatrix},$$

其中 $r_{ij}(i,j=1,2,\cdots,p)$ 为原变量的 X_i 与 X_j 之间的相关系数, 其计算公式为

$$r_{ij}=\frac{\sum\limits_{k=1}^{n}(x_{ki}-\overline{x_i})(x_{kj}-\overline{x_j})}{\sqrt{\sum\limits_{i=1}^{n}(x_{ki}-\overline{x_i})^2\sum\limits_{k=1}^{n}(x_{kj}-\overline{x_j})^2}}.$$

(3) 求出相关系数矩阵的特征值 $\lambda_i(i=1,\ 2,\ \cdots,\ p)$ 和对应的特征向量 $e_i(i=1,2,\cdots,p)$, 其中 e_{ij} 表示向量 e_i 的第 j 个分量.

(4) 计算主成分贡献率及累计贡献率, 主成分 F_i 的贡献率为

$$\frac{\lambda_i}{\sum\limits_{k=1}^{p}\lambda_k}\quad(i=1,2,\cdots,p),$$

累计贡献率为

$$\frac{\sum\limits_{k=1}^{i}\lambda_k}{\sum\limits_{k=1}^{p}\lambda_k}\quad(i=1,2,\cdots,p).$$

一般取累计贡献率达 85%~95%的特征值 $\lambda_1,\ \lambda_2,\ \cdots,\lambda_k$ 所对应的第一, 第二, $\cdots$, 第 $k\,(k\leqslant p)$ 个主成分.

(5) 计算主成分载荷, 其计算公式为

$$a_{ij} = p(z_i\,, x_j) = \sqrt{\lambda_i} e_{ij} \quad (i, j = 1, 2, \cdots, p),$$

得到各主成分的载荷矩阵 $A = (a_{ij})$.

(6) 对主成分载荷归一化, 对 $a_i = (a_{i1}, a_{i2}, \cdots, a_{ip})$, $a_{i1}^2 + a_{i2}^2 + \cdots + a_{ip}^2 \neq 1$, 归一化得

$$a_{ik}^* = \frac{a_{ik}}{\sqrt{\sum_{k=1}^{p} a_{ik}^2}}, \quad i = 1, 2, \cdots, p.$$

(7) 写出主成分的表达式.

注 9.1 此外还有判别分析、因子分析、时间序列分析等, 本书不再详细介绍.

9.3.3 Python 求解

sklearn.decomposition 模块的 PCA 函数实现主成分分析, 其调用格式为

```
sklearn.decomposition.PCA(n_components=None, copy=True)
```

其中, n_components：类型为 int 或字符串, 缺省时默认为 None, 所有成分被保留; 赋值为 int, 比如 n_components=2, 将提取两个主成分; 赋值为 (0, 1) 上的浮点数, 将自动选择主成分的个数, 使得满足信息贡献率的要求.

copy：类型为 bool, True 或者 False, 缺省时默认为 True; 表示是否在运行算法时, 将原始训练数据复制一份. 若为 True, 则运行 PCA 算法后, 原始训练数据的值不会有任何改变, 因为是在原始数据的副本上进行运算; 若为 False, 则运行 PCA 算法后, 原始训练数据的值会改, 因为是在原始数据上进行降维计算.

例 9.5 表 9.7 是我国 1984~2000 年宏观投资的一些数据, 试利用主成分分析对投资效益进行分析和排序.

表 9.7 1984 ~ 2000 年宏观投资效益主要指标

年份	投资效果系数 (无时滞)	投资效果系数 (时滞一年)	全社会固定资产交付使用率	建设项目投产率	基建房屋竣工率
1984	0.71	0.49	0.41	0.51	0.46
1985	0.40	0.49	0.44	0.57	0.50
1986	0.55	0.56	0.48	0.53	0.49
1987	0.62	0.93	0.38	0.53	0.47
1988	0.45	0.42	0.41	0.54	0.47
1989	0.36	0.37	0.46	0.54	0.48
1990	0.55	0.68	0.42	0.54	0.46
1991	0.62	0.90	0.38	0.56	0.46
1992	0.61	0.99	0.33	0.57	0.43

续表

年份	投资效果系数 (无时滞)	投资效果系数 (时滞一年)	全社会固定资产交付使用率	建设项目投产率	基建房屋竣工率
1993	0.71	0.93	0.35	0.66	0.44
1994	0.59	0.69	0.36	0.57	0.48
1995	0.41	0.47	0.40	0.54	0.48
1996	0.26	0.29	0.43	0.57	0.48
1997	0.14	0.16	0.43	0.55	0.47
1998	0.12	0.13	0.45	0.59	0.54
1999	0.22	0.25	0.44	0.58	0.52
2000	0.71	0.49	0.41	0.51	0.46

解 用 $x_1, x_2, \cdots, x_5$ 分别表示投资效果系数 (无时滞)、投资效果系数 (时滞一年)、全社会固定资产交付使用率、建设项目投产率、基建房屋竣工率. 用 $i=1,2,\cdots,17$ 分别表示 1984 年, 1985 年, $\cdots$, 2000 年, 第 i 年第 j 个指标变量 x_j 的取值记作 a_{ij}, 构造矩阵 $A=(a_{ij})_{17\times 5}$.

基于主成分分析法的评价和排序步骤如下.

1) 对原始数据进行标准化处理

将各指标值 a_{ij} 转换成标准化指标 $\tilde{a}_{ij}$,

$$\tilde{a}_{ij}=\frac{a_{ij}-\mu_j}{s_j} \quad (i=1,2,\cdots,17; j=1,2,\cdots,5).$$

其中 $\mu_j=\frac{1}{17}\sum_{i=1}^{17} a_{ij}$, $s_j=\sqrt{\frac{1}{16}\sum_{i=1}^{17}(a_{ij}-\mu_j)^2}$ $(j=1,2,\cdots,5)$, 即 μ_j, s_j 为第 j 个指标的样本均值和样本标准差. 对应地, 称

$$\tilde{x}_j=\frac{x_j-\mu_j}{s_j} \quad (j=1,2,\cdots,5)$$

为标准化指标变量.

2) 计算相关系数矩阵 R

相关系数矩阵 $R=(r_{ij})_{5\times 5}$

$$r_{ij}=\frac{\sum_{k=1}^{17}\tilde{a}_{ki}\cdot\tilde{a}_{kj}}{17-1} \quad (i,j=1,2,\cdots,5)$$

式中 $r_{ii}=1$, $r_{ij}=r_{ji}$, r_{ij} 是第 i 个指标与第 j 个指标的相关系数.

3) 计算特征值和特征向量

计算相关系数矩阵 R 的特征值 $\lambda_1 \geqslant \lambda_2 \geqslant \cdots \geqslant \lambda_5 \geqslant 0$ 及对应的标准化特征向量 $u_1, u_2, \cdots, u_5$, 其中 $u_j = (u_{1j}, u_{2j}, \cdots, u_{5j})^{\mathrm{T}}$, 由特征向量组成 5 个新的指标变量

$$\begin{cases} y_1 = u_{11}\tilde{x}_1 + u_{21}\tilde{x}_2 + \cdots + u_{51}\tilde{x}_5, \\ y_2 = u_{12}\tilde{x}_1 + u_{22}\tilde{x}_2 + \cdots + u_{52}\tilde{x}_5, \\ \qquad\qquad \cdots\cdots \\ y_5 = u_{15}\tilde{x}_1 + u_{25}\tilde{x}_2 + \cdots + u_{55}\tilde{x}_5, \end{cases}$$

式中 y_1 是第 1 主成分, y_2 是第 2 主成分, $\cdots$, y_5 是第 5 主成分.

4) 选择 $p(p \leqslant 5)$ 个主成分, 计算综合评价值

(i) 计算特征值 $\lambda_j(j=1,2,\cdots,5)$ 的信息贡献率和累计贡献率. 称

$$b_j = \frac{\lambda_j}{\sum\limits_{k=1}^{5} \lambda_k} \quad (j=1,2,\cdots,5)$$

为主成分 y_j 的信息贡献率;

$$\alpha_p = \frac{\sum\limits_{k=1}^{p} \lambda_k}{\sum\limits_{k=1}^{5} \lambda_k}$$

为主成分 $y_1, y_2, \cdots, y_p$ 的累计贡献率, 当 α_p 接近于 $1(\alpha_p = 0.85, 0.90, 0.95)$ 时, 则选择前 p 个指标变量 $y_1, y_2, \cdots, y_p$ 作为 p 个主成分, 代替原来 5 个指标变量, 从而可对 p 个主成分进行综合分析.

(ii) 计算综合得分

$$Z = \sum_{j=1}^{p} b_j y_j,$$

其中 b_j 为第 j 个主成分的信息贡献率, 根据综合得分值就可进行评价.

利用 Python 软件求得相关系数矩阵的前 5 个特征值及其贡献率见表 9.8.

表 9.8 主成分分析结果

序号	特征值	贡献率	累计贡献率
1	3.1343	62.6866	62.6866
2	1.1683	23.3670	86.0536
3	0.3502	7.0036	93.0572
4	0.2258	4.5162	97.5734
5	0.1213	2.4266	100.0000

可以看出, 前三个特征值的累计贡献率就达到 93%以上, 主成分分析效果很好. 下面选取前三个主成分进行综合评价. 前三个特征值对应的特征向量见表 9.9.

表 9.9　标准化变量的前三个主成分对应的特征向量

	$\tilde{x}_1$	$\tilde{x}_2$	$\tilde{x}_3$	$\tilde{x}_4$	$\tilde{x}_5$
第 1 特征向量	0.490542	0.525351	−0.48706	0.067054	−0.49158
第 2 特征向量	−0.29344	0.048988	−0.2812	0.898117	0.160648
第 3 特征向量	0.510897	0.43366	0.371351	0.147658	0.625475

由此可得三个主成分分别为

$$
\begin{aligned}
y_1 &= 0.491\tilde{x}_1 + 0.525\tilde{x}_2 - 0.487\tilde{x}_3 + 0.067\tilde{x}_5 - 0.492\tilde{x}_5, \\
y_2 &= -0.293\tilde{x}_1 + 0.049\tilde{x}_2 - 0.281\tilde{x}_3 + 0.898\tilde{x}_4 + 0.161\tilde{x}_5, \\
y_3 &= 0.511\tilde{x}_1 + 0.434\tilde{x}_2 + 0.371\tilde{x}_3 + 0.148\tilde{x}_4 + 0.625\tilde{x}_5,
\end{aligned}
$$

分别以三个主成分的贡献率为权重, 构建主成分综合评价模型:

$$
Z = 0.6269y_1 + 0.2337y_2 + 0.076y_3.
$$

把各年度的三个主成分值代入上式, 可以得到各年度的综合评价值以及排序结果如表 9.10 所示.

表 9.10　排名和综合评价结果

年份	1993	1992	1991	1994	1987	1990	1984	2000	1995
名次	1	2	3	4	5	6	7	8	9
综合评价值	2.4464	1.9768	1.1123	0.8604	0.8456	0.2258	0.0531	0.0531	−0.2534
年份	1988	1985	1996	1986	1989	1997	1999	1998	
名次	10	11	12	13	14	15	16	17	
综合评价值	−0.2662	−0.5292	−0.7405	−0.7789	−0.9715	−1.1476	−1.2015	−1.6848	

计算的 Python 程序如下:

```
#程序文件ex9_5.py
import numpy as np
from sklearn.decomposition import PCA
from scipy.stats import zscore
a = np.loadtxt('data5_5.txt')
b = zscore(a, ddof=1)   #数据标准化
md=PCA().fit(b)  #构造并训练模型
print("特征值为: ",md.explained_variance_)
print("各主成分的贡献率: ",md.explained_variance_ratio_)
print("奇异值为: ",md.singular_values_)
```

```
print("各主成分的系数：\n",md.components_)  #每行是一个主成分
"""下面直接计算特征值和特征向量, 和库函数进行对比"""
cf=np.corrcoef(b.T)  #计算相关系数阵
c,d=np.linalg.eig(cf) #求特征值和特征向量
print("特征值为：",c)
print("特征向量为：\n",d)
print("各主成分的贡献率为：",c/np.sum(c))
w = md.explained_variance_ratio_[:3]  #提出权重
cf = md.components_[:3]
scf = cf.sum(axis=1, keepdims=True)  #逐行求和
sig = np.tile(np.sign(scf),(1,b.shape[1]))
ccf = cf * sig  #修改主成分的正负号
df = b @ (ccf.T)  #计算各主成分的得分
tf = df @ w   #计算评价值
stf = sorted(tf, reverse=True)  #评价值从大到小排序
index=[np.argsort(tf)+1][0]  #从小到大的排序地址
index = index[-1::-1]   #从大到小的排序地址
print('从大到小的评价值为：', np.round(stf, 4))
```

9.4 思考与练习

1. 某零件外形为一段曲线, 为了在程序控制机床上加工这一零件, 需要求这段曲线的解析表达式, 在曲线横坐标 x_i 处, 测得纵坐标 y_i 共 11 对数据如表 9.11 所示.

表 9.11 某零件机床坐标数据

x_i	0	2	4	6	8	10	12	14	16	18	20
y_i	0.6	2.0	4.4	7.5	11.8	17.1	23.3	31.2	39.6	49.7	61.7

2. 某矿脉有 13 个相邻样本点, 人为地设定一原点, 现测得各样本点对原点的距离 x, 与该样本点处某种金属含量 y 的一组数据如表 9.12 所示, 画出散点图观测二者的关系, 试建立合适的回归模型, 如二次曲线、双曲线、对数曲线等.

表 9.12 某矿脉样本观测数据

x	2	3	4	5	7	8	10
y	106.42	109.20	109.58	109.50	110.00	109.93	110.49
x	11	14	15	16	18	19	
y	110.59	110.60	110.90	110.76	111.00	111.20	

3. 人口预测问题：表 9.13 是 20 世纪 60 年代世界人口的增长数据：

(1) 请仔细分析数据, 绘出数据散点图并选择合适的函数形式对数据进行拟合;

(2) 用你的回归模型计算：以 1960 年为基准, 人口增长一倍需要多少年？世界人口何时将达到 100 亿？

(3) 用你的模型估计 2002 年的世界人口数, 请分析它与 2002 年的实际人口数的差别的成因.

表 9.13　20 世纪 60 年代世界人口的增长数据

年份	1960	1961	1962	1963	1964	1965	1966	1967	1968
人口/亿人	29.72	30.61	31.51	32.13	32.34	32.85	33.56	34.20	34.83

4. 某年 16 家上市公司 4 项指标的数据见表 9.14, 试根据其指标数据进行定量综合赢利能力分析.

表 9.14　某年 16 家上市公司 4 项指标的数据

公司	销售净利率 (X_1)	资产净利率 (X_2)	净资产收益率 (X_3)	销售毛利率 (X_4)
歌华有线	43.31	7.39	8.73	54.89
五粮液	17.11	12.13	17.29	44.25
用友软件	21.11	6.03	7.00	89.37
太太药业	29.55	8.62	10.13	73
浙江阳光	11.00	8.41	11.83	25.22
烟台万华	17.63	13.86	15.41	36.44
方正科技	2.73	4.22	17.16	9.96
红河光明	29.11	5.44	6.09	56.26
贵州茅台	20.29	9.48	12.97	82.23
中铁二局	3.99	1.61	9.35	13.04
红星发展	22.65	11.13	14.3	50.51
伊利股份	4.43	7.30	14.36	29.04
青岛海尔	5.40	8.90	12.53	65.5
湖北宜化	7.06	2.79	5.24	19.79
雅戈尔	19.82	10.53	18.55	42.04
福建南纸	7.26	2.99	6.99	22.72

第9章程序和数据

第 10 章　综合评价方法

CHAPTER

综合评价是依据多个指标对研究对象进行评价和排序的过程, 针对一个具体的综合评价问题, 可选择的评价方法有很多, 它们的基本思想均是将多个评价指标转化成一个能够反映整体情况的综合指标, 从而实现评价对象的优劣排序. 各种综合评价方法解决问题的思路不同, 数据标准化的方法不同, 以及集成评价信息的方式不同, 因此, 不同的评价方法往往得到不完全一致的评价结果.

10.1　综合评价方法概述

综合评价, 也叫综合评价方法或多指标综合评价方法, 是指使用比较系统的、规范的方法对于多个指标、多个单位同时进行评价的方法. 综合评价的方法一般是主客观结合的, 方法的选择需基于实际指标数据情况选定, 最为关键的是指标的选取, 以及指标权重的设置, 这些需要基于广泛的调研和扎实的业务知识, 不是单纯地从数学上解决的.

综合评价方法一般具有如下特点.

(1) 评价过程不是一个指标接一个指标顺次完成, 而是通过一些特殊的方法将多个指标的评价同时完成.

(2) 在综合评价过程中, 要根据指标的重要性进行加权处理, 使评价结果更具有科学性.

(3) 评价的结果为根据综合分值大小的单位排序, 并据此得到结论.

由以上特点可见, 综合评价可以避免一般评价方法的局限性, 使得运用多个指标对多个单位进行的评价成为可能. 这种方法从计算及其需要考虑的问题上看都比较复杂, 但由于其显著的特点——综合性和系统性, 使得综合评价方法得到人们的认可, 并在实践中广泛应用, 如工业经济效益综合评价、小康生活水平综合评价、科技进步的综合评价、国家 (地区) 的综合实力评价、和谐社会评价等. 随着计算机的普及, 综合评价的计算方法的复杂性已经不成问题, 其综合性和系统性表现得更加突出, 使得综合评价方法作用突出.

评价过程也是一种决策过程. 一般地说, 评价是指按照一定的标准 (客观/主观、明确/模糊、定性/定量), 对特定事物、行为、认识、态度等评价客体的价值或优劣好坏进行评判比较的一种认知过程, 同时也是一种决策过程.

综合评价的应用领域和范围非常广泛. 从学科领域上看, 在自然科学中广泛应用于各种事物的特征和性质的评价. 比如, 环境监测综合评价、药物临床试验综合评价、地质灾害综合评价、气候特征综合评价、产品质量综合评价等, 在社会科学中广泛应用于总体特征和个体特征的综合评价. 比如, 社会治安综合评价, 生活质量综合评价、社会发展综合评价、教学水平综合评价、人居环境综合评价等. 在经济学学科领域更为普遍, 如综合经济效益评价、小康建设进程评价、经济预警评价分析、生产方式综合评价、房地产市场景气程度综合评价等.

在综合评价中, 其关键技术主要有如下几个方面. 其一, 指标选择; 其二, 权数的确定; 其三, 方法的适宜. 因此, 在应用和研究综合评价方法时, 应当随时把握住上述三个方面的可行性和科学性.

综合评价在实际应用中具有如下明显的作用：综合评价能够对于研究对象进行系统的描述; 能够对于研究对象的整体状态进行综合测定; 能够对于研究对象的复杂表现进行层次分析; 能够对于研究对象进行聚类分析; 能够有效地体现定量分析和定性分析相结合的分析方法.

准确地掌握和应用综合评价方法, 要求使用者应当具备一定的统计学原理基础知识; 数理统计基础知识; 系统论的基础知识和相关学科的基础知识. 在这些知识体系的结合下, 通过使用者的实际努力, 能够达到准确、熟练地应用综合评价方法的效果. 对于提高人们的认知能力具有积极作用.

综合评价不同于多个指标结果的简单相加, 而是在掌握有关资料的基础上, 将各种指标的信息集中起来, 并依据其内在联系进行适当的加工提炼, 然后用数理统计方法制定恰当的评价模型, 以便对评价对象的优劣等级进行较为客观的判断.

一般来说, 一个综合评价的问题由五个要素组成, 即：评价指标、评价对象、指标权重、集成模型、评价者. 其中, 评价指标和评价对象构成了综合评价的主体框架. 指标权重指的是评价指标之间的相对重要程度的大小, 通常用权重系数来表示, 指标的权重系数越大, 则该指标的相对重要性越大, 在评价中所占的分量或所起的作用就越大. 集成模型指的是将多个评价指标值合成为一个整体性的综合评价值所用的模型 (或算法), 它是由所采用的综合评价方法决定的. 评价者是给定评价目的、选择评价对象、建立评价指标、确定指标权重、制定评价模型各个环节的实施者, 因此其在评价过程中的作用同样是不容忽视的.

10.2 综合评价的要点

综合评价是一个较为复杂的过程, 涵盖的内容和面对的问题都较多, 总结起来其要点大致如下.

10.2.1 指标的选择

综合评价时要考察多个评价指标, 指标中有些是独立的, 有些是相互联系的; 有些是可控的, 有些则是不可控的; 有些对评价结果影响小, 而有些影响较大. 评价指标选择是否合理直接影响综合评价结果的好坏, 评价指标应具备代表性、确定性、灵敏性、独立性. 而且评价指标的个数要适中, 指标过多或过少都可能会造成评价质量的降低. 因此, 有必要对指标进行筛选, 分清主次、突出重点, 选择能反映真实情况的主要评价指标. 选择评价指标的方法有很多, 通常有以下几种方法.

(1) **专家调研法** 也就是向专家征求意见的方法, 评价者可在所设计的调查表中列出一系列的评价指标, 分别咨询专家并获得其对评价指标的意见, 然后进行统计处理并反馈咨询结果, 经几轮咨询后, 专家的意见趋于集中, 被大多数专家认同的指标被选中, 这样形成了最终的评价指标体系.

(2) **凭经验选择法** 根据有关理论和实践来分析各因素对评价结果的影响, 剔除次要指标, 保留主要指标.

(3) **数理统计法** 运用数理统计的原理进行指标筛选, 主要有多重回归法、变量聚类法等.

10.2.2 权重的确定

确定评价指标的权重是综合评价中的关键问题, 准确的赋权是获得科学合理的评价结果的基础. 目前, 关于确定权重的研究取得了不少成果, 赋权方法有数十种之多, 但大致分为主观法和客观法两类, 前者通过主观途径即人们主观上对各评价指标的重视程度来实现, 它很大程度上取决于人们的知识、经验和偏好. 相对而言, 后者是直接根据指标的原始信息, 采用数理统计方法处理并获得权重. 无论哪种赋权方法都不是完美无缺的, 主观赋权法反映了决策者的主观判断或直觉, 但具有明显的主观随意性, 这使得评价过程透明性和再现性差. 客观赋权法充分利用了数据反映的信息, 但却忽视了决策者的主观信息, 而这些信息往往是非常重要的.

几种常用的赋权方法概述如下.

(1) **专家评分法** 它是一种依靠有关专家, 凭借他们的知识和经验, 以打分的形式对各评价指标的相对重要性进行评估, 然后借助统计手段获得指标权重的方法. 专家评分法应用广泛、操作简单, 集中了各专家的意见, 但具有明显的主观性, 容易受到所选专家的实际水平的影响.

(2) **成对比较法** 专家组根据评价目的, 将每一个评价指标分别与其他评价指标作成对比较：较重要的一方计 1 分, 较不重要的计 0 分. 在建立成对比较矩阵的基础上, 先按得分多少将各指标进行排序, 然后由专家对各指标的相对重要程度打分, 并据此来计算权重. 成对比较法实质上也是专家评分的另一种形式, 属于主观赋权法.

(3) **Satty's 权重法** 它是从层次分析法 (analytic hierarchy process, AHP) 中提炼出来的权重计算方法, Satty's 权重法是以系统分层分析为手段, 对总体目标进行连续性分解, 通过两两比较构造判断矩阵, 然后计算各层中指标的相对权重, 最后经过权重的组合获得最下一层指标的权重, 两两比较, 对重要性按 1~9 赋值 (表 10.1). 该方法的主要特点是能够解决系统分层指标的赋权问题, 采用系统思维的方法一定程度上减少了主观性的影响, 另外还可以用一致性指标对权重的逻辑性进行检验.

表 10.1 重要性标度含义表

重要性标度	含义
1	表示两个元素相比, 具有同等重要性
3	表示两个元素相比, 前者比后者稍重要
5	表示两个元素相比, 前者比后者明显重要
7	表示两个元素相比, 前者比后者强烈重要
9	表示两个元素相比, 前者比后者极端重要
2, 4, 6, 8	表示上述判断的中间值
倒数	若元素 i 与元素 j 的重要性之比为 a_{ij}, 则元素 j 与元素 i 的重要性之比为 $a_{ji}=1/a_{ij}$

(4) **均差法** 反映随机变量离散程度常用的指标是随机变量的均方差, 其权重确定直接来源于客观环境, 避免人为的干扰, 它不依赖于人的主观判断, 客观性较强. 均方差赋权法是“求大异存小同”的方法, 其特点是: 不具有任何主观色彩; 具有评价过程的透明性、再现性; 确定的权重不再具有继承性、保序性.

通常, 某个指标的均方差越大, 表明指标值的变异程度越大, 提供的信息量越多, 在综合评价中所起的作用越大, 其权重也越大. 相反, 某个指标的均方差越小, 表明指标值的变异程度越小, 提供的信息量越少, 在综合评价中所起的作用越小, 其权重也应越小. 因此可采用均方差法确定各指标的权重.

根据各指标的 n 个观察数据按公式

$$s(k)=\left[\frac{1}{n-1}\sum_{i=1}^{n}\left(X_{ki}-\overline{X}(k)\right)^{2}\right]^{\frac{1}{2}},$$

求得均方差, 将均方差归一化, 得到各项指标权重.

(5) **熵值法** 熵值法是指用来判断某个指标的离散程度的数学方法. 在信息论中, 熵是对不确定性的一种度量. 信息量越大, 不确定性就越小, 熵也就越小; 信息量越小, 不确定性越大, 熵也越大. 根据熵的特性, 我们可以通过计算熵值来判断一个事件的随机性及无序程度, 也可以用熵值来判断某个指标的离散程度, 指标的离散程度越大, 该指标对综合评价的影响越大. 因此, 可根据各项指标的变异程度, 利用信息熵这个工具, 计算出各个指标的权重, 为多指标综合评价提供依据.

除了以上几种赋权方法外, 多元统计分析方法也可以作为指标的权重分配的依据, 如多重回归分析中的偏回归系数、主成分分析和因子分析中的贡献率都可以为赋权提供参考.

10.2.3　指标的无量纲化

除了对评价指标进行同趋势化处理外, 还要对其进行无量纲化处理. 量纲是指定量指标的单位类别, 当指标的度量单位不同时, 结果的取值就不同, 从而结果评价的影响程度就不同. 例如 "身高" 这项指标, 若度量单位从厘米换成米, 则身高值变为原来的 1/100 了, 这时身高的差别对结果评价的影响程度变弱. 指标无量纲化也叫做指标的标准化、规范化, 它是为了尽可能真实地反映实际情况, 消除由于各项指标的量纲不同所造成的影响, 一般通过数学方法来对各原始指标进行适当的变换.

设有 n 个评价对象和 m 个评价指标, 指标集 $x_j(j=1,2,\cdots,m)$ 均为极大型指标, 评价集为: $\{x_{ij},\ i=1,2,\cdots,n;\ j=1,2,\cdots,m.\}$. 常用的无量纲化方法有以下 6 种:

(1) **标准化处理法**

$$x'_{ij}=\frac{x_{ij}-\bar{x}_j}{s_j},$$

式中 $\bar{x}_j$, $s_j(j=1,2,\cdots,m)$ 分别为第 j 个指标观测值的均值和标准差, x'_{ij} 为标准化后的观测值. 它的特点是经转换后各指标的观测值均值为 0, 方差为 1; 但不适用于指标值恒定的情况 $(s_j=0)$.

(2) **极值处理法**

$$x'_{ij}=\frac{x_{ij}-m_j}{M_j-m_j},$$

式中 $M_j=\max\{x_{ij}\}$, $m_j=\min\{x_{ij}\}$. 它的特点是 $x'_{ij}\in[0,1]$. 同样不适用于指标值恒定的情况.

(3) **线性比例法**

$$x'_{ij}=\frac{x_{ij}}{x'_j},$$

式中 x'_j 为一特定的值, 可以是某一标准值或参考值, 也可以取为 $\bar{x}_j$, M_j 或 m_j. 它的特点是要求 $x'_j>0$. 当 $x'_j=m_j$ 时, $x'_{ij}\in[1,+\infty)$, 有最小值 1, 无固定的最大值; 当 $x'_j=M_j$ 时, $x'_{ij}\in(0,1]$, 有最大值 1, 无固定的最小值. $x'_j=\bar{x}_j$ 时, $x'_{ij}\in(-\infty,+\infty)$, 无固定的最小值和最大值, $\sum\limits_i x'_{ij}=n$.

(4) **归一化处理法**

$$x'_{ij}=\frac{x_{ij}}{\sum\limits_{i=1}^{n}x_{ij}},$$

它的特点是可看作线性比例法的一个特例, 要求 $\sum\limits_{i=1}^{n}x_{ij}>0$. 当 $x_{ij}\geqslant 0$ 时, $x'_{ij}\in(0,1)$, 无固定的最大和最小值, $\sum\limits_{i}x'_{ij}=1$.

(5) **向量规范法**

$$x'_{ij}=\frac{x_{ij}}{\sqrt{\sum\limits_{i=1}^{n}x_{ij}^2}},$$

它的特点是：当 $x_{ij}\geqslant 0$ 时, $x'_{ij}\in(0,1)$, 无固定的最大和最小值, $\sum\limits_{i}(x'_{ij})^2=1$.

(6) **功效系数法**

$$x'_{ij}=c+\frac{x_{ij}-m'_j}{M'_j-m'_j}\times d,$$

式中 M'_j 和 m'_j 分别为指标 x_j 的满意值和不允许值. c 和 d 均为已知正常数, 作用分别是对变换后的值进行 “平移” 和 “缩放”, 通常取 $c=60$, $d=40$, 即

$$x'_{ij}=60+\frac{x_{ij}-m'_j}{M'_j-m'_j}\times 40,\quad x'_{ij}\in[60,100].$$

它的特点是可看成更普遍意义下的一种极值处理法, 取值范围明确, 最大值为 $c+d$, 最小值为 c.

以上 6 种无量纲化的方法均为线性变换法, 除了保留原始数据的信息外, 具有许多优良的数理统计特性. 此外, 还有多种非线性变换的无量纲方法, 例如指数功效系数法、幂函数功效系数法、对数功效系数法等, 应用这些方法的前提条件是决策者必须对指标随取值变动的规律有较深的了解, 本书将不再详细介绍.

10.3 多因素综合评价方法

运用多个指标对多个参评单位进行评价的方法, 称为多因素综合评价方法, 或简称多因素评价法. 其基本思想是将多个指标转化为一个能够反映综合情况的指标来进行评价. 如不同国家经济实力、不同地区社会发展水平、小康生活水平达标进程、企业经济效益评价等, 都可以应用这种方法.

10.3.1 线性加权综合评价方法

对 n 个评价对象、m 个指标的综合评价问题, 记 $A=(a_{ij})_{n\times m}$ 为决策矩阵, $R=(r_{ij})_{n\times m}$ 为规范化或标准化后的矩阵. $w=(w_1,w_2,\cdots,w_m)^{\mathrm{T}}$ 为属性权向量, 其中 w_j 为第 j 个指标的赋权值, $j=1,2,\cdots,m$, 满足 $\sum\limits_{j=1}^{n} w_j=1$. 将规范化矩阵 R 的每一行各元素分别乘以对应属性权值后求和, 即得相应方案的量化评价结果或得分值.

记 v_i 为第 i 个方案的综合评价得分值, 则计算公式为

$$v_i=\sum_{j=1}^{n} w_j r_{ij}, \quad i=1,2,\cdots,n.$$

利用上式可得每一个方案的评价得分值, 将得分值按由大到小的次序排列, 即可得到方案的优劣次序排列.

注 10.1 (1) 对决策矩阵采用不同的规范化方法, 所得到的最终排序结果可能略有差异.

(2) 该方法隐含着如下假设：各属性指标相互独立, 具有互补性, 属性值对整体评价的影响可以叠加.

(3) 各属性权值大小由决策者事先给出, 属于主观赋权方法. 评价结果取决于权值的大小, 即依赖于决策者的偏好.

10.3.2 加权积法

加权积法是将简单加权算术平均方法改为几何加权平均方法, 即将第 i 个方案的综合评价得分值 v_i 的计算公式更改为

$$v_i=\prod_{j=1}^{m} r_{ij}^{w_j}, \quad i=1,2,\cdots,n.$$

注 10.2 (1) 加权积法运算无需考虑无量纲化问题, 决策矩阵的元素可以直接用原始值, 不需要归一化.

(2) 如效益型属性的权重取正值, 则费用型属性的权重应取负值.

(3) 该方法仍然是一个主观赋权方法.

10.3.3 理想解法 (TOPSIS)

TOPSIS (techinique for order preference by similarity to ideal solution, 理想解法) 即逼近理想解的排序方法, 是一种有效的多目标决策方法. TOPSIS 是一种简单而合乎逻辑的多因素选优方法. TOPSIS 的基本思想是：确定一个实际不

存在的最佳方案和最差方案, 然后计算现实中的每个方案距离最佳方案和最差方案的距离, 最后利用理想解的相对接近度作为综合评估的标准.

首先构造**正理想解** C^* 向量和**负理想解** C^0 向量, 正理想解是决策方案集中并不存在的、虚拟的最佳方案, 它的每个属性值都是决策矩阵中该属性的最优值; 负理想解 C^0 是决策方案集中并不存在的、虚拟的最差方案, 它的每个属性值都是决策矩阵中该属性的最劣值. 其次, 在 m 维空间中, 将方案集 D 中每个备选方案 d_i 的属性向量与正理想解向量和负理想解向量的距离进行比较, 据此排列出方案集 D 中各备选方案的优先次序, 选出既**靠近**正理想解, 又**远离**负理想解的方案, 即为最优方案. 在 TOPSIS 中, 向量之间的距离采用欧氏距离.

理想解法的具体算法步骤如下.

(1) 数据预处理：输入多属性决策问题的决策矩阵 $A=(a_{ij})_{n\times m}$, 计算规范化决策矩阵 $R=(r_{ij})_{n\times m}$.

(2) 构造加权矩阵 $C=(c_{ij})_{n\times m}$. 由决策者给定的各属性的权重向量为

$$w=(w_1,w_2,\cdots,w_m)^{\mathrm{T}}.$$

则加权矩阵 $C=(c_{ij})_{n\times m}$ 中各元素的计算公式为

$$c_{ij}=w_j\cdot r_{ij},\quad i=1,2,\cdots,n,j=1,2,\cdots,m.$$

(3) 确定正理想解 C^* 和负理想解 C^0. 记正理想解 C^* 的第 j 个属性的值为 c_j^*, 负理想解 C^0 的第 j 个属性的值为 c_j^0, 则

$$\text{正理想解: } c_j^*=\begin{cases}\max\limits_i c_{ij}, & j\text{ 为效益型属性},\\ \min\limits_i c_{ij}, & j\text{ 为成本型属性},\end{cases}\qquad j=1,2,\cdots,m.$$

$$\text{负理想解: } c_j^0=\begin{cases}\min\limits_i c_{ij}, & j\text{ 为效益型属性},\\ \max\limits_i c_{ij}, & j\text{ 为费用型属性},\end{cases}\qquad j=1,2,\cdots,m.$$

(4) 计算各决策方案到正、负理想解的距离. 备选方案 d_i 到正理想解 C^* 的距离为

$$s_i^*=\sqrt{\sum_{j=1}^{m}(c_{ij}-c_j^*)^2},\quad i=1,2,\cdots,n.$$

备选方案 d_i 到负理想解 C^0 的距离为

$$s_i^0=\sqrt{\sum_{j=1}^{m}(c_{ij}-c_j^0)^2},\quad i=1,2,\cdots,n.$$

(5) 计算各方案的排序指标 (即综合评价指数或得分):

$$f_i^* = \frac{s_i^0}{s_i^0 + s_i^*}, \quad i = 1, 2, \cdots, n.$$

(6) 按 $f_i^*, i = 1, 2, \cdots, n$, 由大到小的次序排出方案的优劣次序.

例 10.1 某军事部门拟购买部分战斗机, 经过考察, 有 4 种机型可供选择, 决策者需要根据各种机型的性能指标和费用情况, 确定最佳购置策略. 表 10.2 中列出了这四种机型各项性能指标值和费用情况.

表 10.2 每种机型的各项指标的属性值

方案	最大速度 x_1/Ma	飞行范围 $x_2/10^3$km	最大负载 $x_3/10^4$lb	价格 $x_4/10^6$ 美元	可靠性 x_5	灵敏度 x_6
d_1	2.0	1.5	2.0	5.5	一般	非常高
d_2	2.5	2.7	1.8	6.5	稍差	一般
d_3	1.8	2.0	2.1	4.5	可靠	高
d_4	2.2	1.8	2.0	5.0	一般	一般

解 仔细分析该例可以看出

(1) 问题的本质是选择购买哪一种机型, 所以本质上这是一个最优决策问题.

(2) 影响决策判断的因素有多个, 如飞机的性能参数和价格, 而性能参数包括速度、范围、负载、可靠性和灵敏度多个指标.

(3) 除速度、范围、负载、价格四个指标为定量的、具有不同量纲和数量级的实数外, 可靠性和灵敏度均为定性指标, 显然除了价格指标值是越小越好的成本型指标外, 其他五个指标均为越大越好的效益型指标.

(4) 决策的目的是选择性能最佳、价格最低的机型. 在无法得到真正的最优方案选择时, 根据实际需要和经费预算, 对供选择的机型各参数进行比较权衡, 找出相对满意的结果就成了决策判别的主要目的.

分别采用线性加权方法、加权积法、TOPSIS, 进行综合评价并给出评价结果.

第一步 定性指标的量化.

首先根据 1~10 尺度法, 对表 10.2 中的定性指标进行定量化. 结果如表 10.3 所示.

表 10.3 每种机型的各项指标的属性值

方案	最大速度 x_1/Ma	飞行范围 $x_2/10^3$km	最大负载 $x_3/10^4$lb	价格 $x_4/10^6$ 美元	可靠性 x_5	灵敏度 x_6
d_1	2.0	1.5	2.0	5.5	5	9
d_2	2.5	2.7	1.8	6.5	3	5
d_3	1.8	2.0	2.1	4.5	7	7
d_4	2.2	1.8	2.0	5.0	5	5

第二步 构建决策矩阵.

把表 10.3 中的数据写成以方案为行、以属性为列的决策矩阵形式：

$$A=\begin{bmatrix} 2.0 & 1.5 & 2.0 & 5.5 & 5 & 9 \\ 2.5 & 2.7 & 1.8 & 6.5 & 3 & 5 \\ 1.8 & 2.0 & 2.1 & 4.5 & 7 & 7 \\ 2.2 & 1.8 & 2.0 & 5.0 & 5 & 5 \end{bmatrix}.$$

第三步 属性指标的规范化.

在参与评价的 6 个属性指标中, 除价格 x_4 属于成本型指标外, 其他均为效益型指标, 分别对决策矩阵中的各列数据进行规范化处理, 计算得到规范化矩阵 R, 写成表格形式如表 10.4 所示.

表 10.4 规范化矩阵 R

	x_1	x_2	x_3	x_4	x_5	x_6
d_1	0.8000	0.5556	0.9524	0.8182	0.7143	1.0000
d_2	1.0000	1.0000	0.8571	0.6923	0.4286	0.5556
d_3	0.7200	0.7407	1.0000	1.0000	1.0000	0.7778
d_4	0.8800	0.6667	0.9524	0.9000	0.7143	0.5556

从表中可以看出, 各列数据均已规范化为最大化意义下的标准化矩阵, 而且各指标的属性类型均已变为效益型.

第四步 确定属性权向量. 令权重向量为

$$w=(0.2,0.1,0.1,0.2,0.3)^{\mathrm{T}}.$$

第五步 确定评价模型和评价方法, 计算评价结果.

为便于比较起见, 我们分别采用上述三种方法进行独立计算. 计算结果列在表 10.5 中.

表 10.5 计算结果比较

	d_1	d_2	d_3	d_4
线性加权方法	0.8555	0.7073	0.8514	0.7374
加权积法	0.8223	0.6717	0.8427	0.7224
TOPSIS	0.6338	0.2856	0.6028	0.3173

第六步 确定优选方案.

从表 10.5 中可以看出：在主观赋权意义下, 线性加权求积方法、TOPSIS 的方案排序为 $d_1>d_3>d_4>d_2$, 即第一种方案最优.

计算的 Python 程序如下：

```
#程序文件ex10_1.py
import numpy as np
import pandas as pd
a = np.loadtxt('data10_1_1.txt')
b = a.copy()
for i in set(range(6))-{3}:
    b[:,i] = b[:,i]/max(b[:,i])  #数据规范化
b[:,3] = min(b[:,3])/b[:,3]
bd = pd.DataFrame(b)
f = pd.ExcelWriter('data10_1_2.xlsx')
bd.to_excel(f, 'Sheet1', index=None,
            header=None)
f.save()
w = np.array([0.2, 0.1, 0.1, 0.1, 0.2, 0.3])  #权重向量
f1 = b @ w   #线性加权法评价值
f2 = np.zeros(4)
for i  in range(4):
    f2[i] = np.prod(b[i,:]**w)   #加权积法评价值
c = np.zeros((4,6))   #赋权矩阵初始化
for j in range(6):
    c[:,j] = w[j]*b[:,j]
cmax = c.max(axis=0, keepdims=True)   #求正理想解
cmin = c.min(axis=0, keepdims=True)   #求负理想解
cha1 = np.tile(cmax,(4,1)) - c
d1 = np.linalg.norm(cha1, axis=1)  #求到正理想解的距离
cha2 = c - np.tile(cmin, (4,1))
d2 = np.linalg.norm(cha2, axis=1)  #求到负理想解的距离
f3 = d2/(d2+d1)   #计算TOPSIS法的评价值
print('线性加权评价值:', np.round(f1,4))
print('加权积法评价值:', np.round(f2,4))
print('TOPSIS法评价值:', np.round(f3,4))
```

10.3.4 熵权法

熵权法 (entropy method) 是一种利用信息量的大小来确定指标权重并进行综合评价的方法. 在信息论中, 熵值可用作系统无序程度的度量. 在综合评价中, 熵值可以反映某项指标的变异程度及其信息量的大小, 信息量越大, 熵值越小; 反之亦然. 对于给定的 j, 所有 x_{ij} 之间的差异越大, 该项指标在综合评价中所起的作用就越大; 如果该指标的观测值全部相等, 那么该指标在综合评价中不起作用.

为了表述方便, 假设有 n 个评价对象 $(i = 1, 2, \cdots, n)$ 和 m 个评价指标 $(j = 1, 2, \cdots, m)$, x_{ij} 表示第 i 个评价对象在第 j 个评价指标上的取值, w_j 表示

第 j 个指标的权重.

熵权法的实施步骤如下.

(1) 指标的同趋势化处理.

(2) 指标的无量纲化, 采用归一化处理法:

$$p_{ij} = \frac{x_{ij}}{\sum_{i=1}^{n} x_{ij}},$$

这里假定 $x_{ij} \geqslant 0$, 若不满足该假设条件, 可以采用适当的方法作数据变换.

(3) 计算各指标的熵值 e_j:

$$e_j = -k \sum_{i=1}^{n} p_{ij} \ln(p_{ij}),$$

式中, $k = 1/\ln n$, $0 \leqslant e_j \leqslant 1$.

(4) 计算各指标的差异系数 g_j:

$$g_j = 1 - e_j,$$

差异系数越大, 指标越重要.

(5) 计算各指标的权重 w_j:

$$w_j = \frac{g_j}{\sum_{j=1}^{m} g_j}.$$

(6) 计算综合评价值 v_i:

$$v_i = \sum_{j=1}^{m} w_j p_{ij}.$$

根据综合评价值的大小, 可以对各评价对象进行综合排序.

10.3.5　秩和比法

秩和比法 (rank-sum ratio, RSR 法), 是我国著名学者田凤调教授于 1988 年提出的, 集古典参数统计与近代非参数统计各自优点于一体的统计分析方法. 经过 30 余年的发展, 此法已日渐完善, 广泛地应用于医疗卫生领域的多指标综合评价、统计预测预报、统计质量控制等方面. RSR 是一个内涵丰富的综合性指标, 通过对行 (评价对象) 和列 (评价指标) 编秩的方法获得, 具有 0-1 连续变量的特征.

定义 10.1 (样本秩) 设 $c_1, c_2, \cdots, c_n$ 是从一元总体抽取的容量为 n 的样本, 其从小到大的顺序统计量是 $c_{(1)}, c_{(2)}, \cdots, c_{(n)}$. 若 $c_i = c_{(k)}$, 则称 k 是 c_i 在样本中的秩, 记作 R_i, 对每一个 $i = 1, 2, \cdots, n$, 称 R_i 是第 i 个秩统计量. $R_1, R_2, \cdots, R_m$ 称为秩统计量.

例如, 对样本数据

$$-0.8, \quad -3.1, \quad 1.1, \quad -5.2, \quad 4.2,$$

顺序统计量是

$$-5.2, \quad -3.1, \quad -0.8, \quad 1.1, \quad 4.2,$$

而秩统计量是

$$3, \quad 2, \quad 4, \quad 1, \quad 5.$$

秩和比法的实施步骤如下.

(1) 编秩：编出每个指标中各评价对象的秩次, 其中效益型指标从小到大编秩, 成本型指标从大到小编秩, 同一指标内数值相等时均取平均秩. 得到秩矩阵 $R = (R_{ij})_{n \times m}$.

(2) 计算 RSR 值：

$$\mathrm{RSR}_i = \frac{1}{mn} \sum_{j=1}^{m} R_{ij}.$$

已知权重的情形按以下公式计算加权秩和比：

$$\mathrm{WRSR}_i = \frac{1}{n} \sum_{j=1}^{m} w_j R_{ij},$$

其中 m 表示评价指标个数, n 表示评价对象个数, R_{ij} 表示第 i 个评价对象在第 j 个评价指标上的秩, w_j 表示第 j 个指标对应的权重, 其中 $\sum_{j=1}^{m} w_j = 1$.

(3) 秩和比排序. 根据秩和比 $\mathrm{RSR}_i (i = 1, 2, \cdots, n)$ 对各评价对象进行排序, 秩和比越大其评价结果越好.

一般而言, 综合评价的资料分为指标权重未知和指标权重已知两种情形. 对于指标权重未知的资料, 除非有足够的理由认为各指标在评价中的地位同等重要 (指标权重均为 $1/m$), 否则仍需要采用合理的方法来确定权重. 当然, 有些综合评价方法 (如熵权法) 可以便捷地处理指标权重未知的资料, 因为它们在评价前首先根据资料中的数据提供的信息来对指标进行赋权. 对于权重已知的资料, 综合评价起来简单很多, 只要权重的分配科学合理, 资料的数据真实可靠, 评价者比较容易获得满意的评价结果.

例 10.2　已知 15 个高新园区创新经费投入、创新人才投入、高技术企业数、科技产出、创新产品产出等 5 个定量指标, 结果见表 10.6, 试用不同的方法对这 15 个高新园区的自主创新能力进行评价.

表 10.6　高新园区自主创新能力相关指标的数据

园区编号	创新经费投入/万元	创新人才投入/万元	高技术企业数/个	科技产出/万元	创新产品产出/万元
1	5636396	125282	1530	4820861	148573
2	2379593	56645	491	1828157	14162
3	1059828	31167	140	1033283	8031
4	2668095	86639	532	2362507	4140
5	1636793	58803	266	1611121	23798
6	5004202	57657	1552	2538627	85301
7	16109807	115009	550	12361533	663450
8	8814597	76014	213	8012892	210137
9	1903135	57125	336	1855766	37466
10	3528015	27394	88	3378651	245540
11	4539498	48389	85	3691331	259648
12	2112399	27794	46	2281357	91784
13	6264743	167390	2537	4021402	33363
14	239388	8838	70	179362	5757
15	1022695	38711	366	893083	2319

解　(1) 使用线性加权法、加权积法、TOPSIS 对 15 个对象进行评价, 数据规范化采用线性比例法.

(2) 使用熵权法和 RSR 法对 15 个对象进行评价, 数据不需要规范化处理. 计算的结果如表 10.7 所示.

表 10.7　各种评价方法的评价结果

园区编号	线性加权法	加权积法	TOPSIS	熵权法	RSR 法
1	3	2	3	3	2
2	9	9	9	9	10
3	14	13	14	14	14
4	7	10	7	8	7
5	11	11	11	12	11
6	5	5	5	5	5
7	1	1	1	1	1
8	4	4	4	4	4
9	10	8	10	11	9
10	8	7	8	7	8
11	6	6	6	6	6
12	12	12	12	10	12
13	2	3	2	2	3
14	15	15	15	15	15
15	13	14	13	13	13

注 10.3 排序顺序 1~15 表示从好至差.

计算的 Python 程序如下:

```
#程序文件ex10_2.py
import numpy as np
from scipy.stats import rankdata
a = np.loadtxt('data10_2.txt')
b =np.zeros(a.shape)
for i in range(a.shape[1]):  #数据规范化
    b[:, i] = a[:, i] / max(a[:,i])
w = np.ones(5)/5    #取等权重
f1 = b @ w    #线性加权法的评价值
ind = np.argsort(f1)[-1::-1]
ind1 = np.zeros(15)
ind1[ind]=np.arange(1,16)  #线性加权法的排序
f2 = np.zeros(15)   #初始化
for i in range(15):
    f2[i] = np.prod(b[i,:]**w)
ind = np.argsort(f2)[-1::-1]
ind2 = np.zeros(15)
ind2[ind] = np.arange(1,16)  #加权积法的排序
bmax = b.max(axis=0)   #求正理想解
bmin = b.min(axis=0)   #求负理想解
cha1 = bmax - b    #利用广播
cha2 = b - bmin
d1 = np.linalg.norm(cha1, axis=1)  #求到正理想解的距离
d2 = np.linalg.norm(cha2, axis=1)  #求到负理想解的距离
f3 = d2/(d1+d2)      #TOPSIS法的评价值
ind = np.argsort(f3)[-1::-1]
ind3 = np.zeros(15)
ind3[ind] = np.arange(1, 16)
ah = a.sum(axis=0)
p = a/ah    #数据归一化
e = -(p*np.log(p)).sum(axis=0)/np.log(p.shape[0])
g = 1 -e   #计算差异系数
w2 = g / sum(g)
f4 = p @ w2   #熵值法的评价值
ind = np.argsort(f4)[-1::-1]
ind4 = np.zeros(15)
ind4[ind] = np.arange(1,16)
R = [rankdata(a[:,i]) for i in range(5)]  #求每一列的秩
```

```
R = np.array(R).T  #构造秩矩阵
RSR = R.mean(axis=1)/R.shape[0]  #求秩和比
ind = np.argsort(RSR)[-1::-1]
ind5 = np.zeros(15)
ind5[ind] = np.arange(1,16)
print('秩和比评价值: ', RSR)
print('秩和比评价排序', ind5)
```

注 10.4　上述程序中为了节省篇幅, 我们只输出了 RSR 的评价值及顺序.

例 10.3　某医院搜集了 1996~2001 年医疗质量评价资料, 如表 10.8 所示. $x_1 \sim x_{10}$ 分别表示日均门诊人次、入院人数、病床使用率 (%)、病床周转率 (%)、平均住院日、危重症抢救成功率 (%)、入出院诊断符合率 (%)、病理临床符合率 (%)、治愈好转率 (%)、病死率 (%), 其中 x_5 和 x_{10} 为低优指标, w 表示指标对应的权重, 试对各年度医疗质量作综合评价.

表 10.8　某医院 1996~2001 年医疗质量评价资料数据

年份	x_1	x_2	x_3	x_4	x_5	x_6	x_7	x_8	x_9	x_{10}
1996	670	6610	94.8	16.5	21.1	92.54	99	99.5	89.63	2.46
1997	707	7762	88.3	16.9	19.1	93.42	99.1	99.8	89.8	2.54
1998	655	9237	84.7	18.2	17.1	89.16	99.6	99.7	90.43	2.52
1999	780	10458	87.4	20.6	15.5	88.57	99.7	99.7	90.72	1.50
2000	872	11846	90	23.2	14.3	86.73	99.9	99.9	89.99	1.84
2001	955	12504	91.4	24.5	13.6	87.2	99.9	99.9	90.12	1.76
w	0.11	0.15	0.1	0.08	0.08	0.1	0.06	0.06	0.2	0.06

解　该问题属于指标权重已知的情形, 我们下面使用线性加权法、加权积法、TOPSIS 法、RSR 法 4 种方法, 评价结果如表 10.9 所示. 从表中结果可见, 前三种方法的排序结果完全一致.

表 10.9　四种评价方法对比

年份	线性加权法	加权积法	TOPSIS	RSR
1996	6	6	6	6
1997	5	5	5	5
1998	4	4	4	4
1999	3	3	3	2
2000	2	2	2	3
2001	1	1	1	1

注 10.5　排序顺序 1~6 表示从好至差.

计算的 Python 程序如下：

```
#程序文件ex10_3.py
```

```
import numpy as np
from scipy.stats import rankdata
a = np.loadtxt('data10_3.txt')
b = a[:-1,:]
w = a[-1, :]
c =np.zeros(b.shape)
for i in set(range(b.shape[1]))-{4,9}:  #数据规范化
    c[:, i] = b[:, i] / max(b[:,i])
for i in {4,9}:
    c[:, i] = min(b[:,i])/b[:,i]
f1 = c @ w    #线性加权法的评价值
ind = np.argsort(f1)[-1::-1]
ind1 = np.zeros(6)
ind1[ind]=np.arange(1,7)  #线性加权法的排序
f2 = np.zeros(6)   #初始化
for i in range(6):
    f2[i] = np.prod(c[i,:]**w)
ind = np.argsort(f2)[-1::-1]
ind2 = np.zeros(6)
ind2[ind] = np.arange(1,7)  #加权积法的排序
cw = c * w
cmax = c.max(axis=0)   #求正理想解
cmin = c.min(axis=0)   #求负理想解
cha1 = cmax - cw   #利用广播
cha2 = cw - cmin
d1 = np.linalg.norm(cha1, axis=1)  #求到正理想解的距离
d2 = np.linalg.norm(cha2, axis=1)  #求到负理想解的距离
f3 = d2/(d1+d2)     #TOPSIS法的评价值
ind = np.argsort(f3)[-1::-1]
ind3 = np.zeros(6)
ind3[ind] = np.arange(1, 7)
R = [rankdata(c[:,i]) for i in range(10)]  #求每一列的秩
R = np.array(R).T  #构造秩矩阵
RSR = (R*np.tile(w,(6,1))).sum(axis=1)/R.shape[0]  #求秩和比
ind = np.argsort(RSR)[-1::-1]
ind4 = np.zeros(6)
ind4[ind] = np.arange(1,7)
print('秩和比评价值: ', RSR)
print('秩和比评价排序', ind4)
```

一般来说，不同方法对于同一资料的综合评价结果是不具备一致性的，不同

方法排序结果的差别是由方法学原理不同造成的, 尤其是在评价对象较多、数据变异程度较小, 以及评价指标数过多或存在相关性的情形. 熵权法是一种基于数据信息的客观赋权方法. 而线性加权法、加权积法、TOPSIS 等为传统意义下的主观赋权方法. 主观赋权的权值大小反映了决策者对各属性指标的个人偏好大小, 在一定程度上会影响排序结果, 一个决策的好坏, 很大程度上取决于决策人员的素质和水平. 从实际决策出发, 无论是主观赋权方法, 还是客观赋权方法, 很难说哪一种方法最好, 每种综合评价方法都有各自的优缺点, 可以互相借鉴、取长补短.

10.4　思考与练习

1. 风险投资决策问题：风险投资是指以未上市公司, 特别是那些成长型公司和尚在构思中的"公司"为投资对象的一种投资活动. 它兴起于 20 世纪 40 年代末, 以高收益、高风险为基本特征, 对高新技术产业具有特殊的推动作用, 广受各国政府和投资者青睐, 在推动各个国家的高新技术产业的发展方面起到了举足轻重的作用. 现有某风险投资公司拟进行项目投资, 有 5 个备选项目可供选择. 为保险起见, 该公司聘请了一批专业技术人员对各个项目从风险角度进行了评价, 其中风险因素分为 6 个指标, 即

(1) 市场风险 u_1：衡量产品的市场竞争力及扩散速度、消费者接受水平等不确定性;

(2) 技术风险 u_2：由于新技术、新思想本身不太成熟, 以及可替代技术的出现及时间等可能带来的风险;

(3) 管理风险 u_3：项目单位管理层的素质、能力、效率等可能带来的风险;

(4) 环境风险 u_4：由社会、政治、宗教、经济环境的不稳定性或可能发生的变动而引发的风险;

(5) 生产风险 u_5：项目实施企业的设备、工艺水平、原辅材料等方面可能出现的问题而带来的风险;

(6) 金融风险 u_6：由于金融市场的变动可能带来的风险.

对各个拟投资项目分指标的评估结果如表 10.10 所示, 试对这 5 个备选项目进行优先排序.

表 10.10　各风险指标评估结果

	u_1	u_2	u_3	u_4	u_5	u_6
d_1	3	5	2.5	3.5	2.5	4.5
d_2	3.5	2.5	4.5	3.5	3	2.5
d_3	2.5	2.5	4.5	3.5	3	4
d_4	4	3	2.5	3.5	3.5	2.5
d_5	4.5	3.5	3	3.5	4	3

2. 1989 年度西山矿务局五个生产矿井实际资料如表 10.11 所示. 试对西山矿务局五个生产矿井 1989 年的企业经济效益进行综合评价.

表 10.11 1989 年度西山矿务局五个生产矿井技术经济指标实现值

指标	白家庄矿	杜尔坪矿	西铭矿	官地矿	西曲矿
原煤成本	99.89	103.69	97.42	101.11	97.21
原煤利润	96.91	124.78	66.44	143.96	88.36
原煤产量	102.63	101.85	104.39	100.94	100.64
原煤销售量	98.47	103.16	109.17	104.39	91.90
商品煤灰粉	87.51	90.27	93.77	94.33	85.21
全员效率	108.35	106.39	142.35	121.91	158.61
流动资金周转天数	71.67	137.16	97.65	171.31	204.52
资源回收率	103.25	100	100	99.13	100.22
百万吨死亡率	171.2	51.35	15.90	53.72	20.78

第10章程序和数据

参考文献

REFERENCE

[1] 王萍, 刘思峰. 基于熵值法的高新园区自主创新能力综合评价研究. 科技管理研究, 2009(8): 161-163.

[2] 张明华. 功效系数法在医疗质量综合评价中的应用. 中国卫生统计, 2002(6): 366.

[3] 毛玮. 几种典型综合评价方法的比较及 SAS 软件实现. 北京: 中国人民解放军军事医学科学院, 2011.

[4] 刘保东, 宿洁, 陈建良. 数学建模基础教程. 北京: 高等教育出版社, 2015.

[5] 司守奎, 孙兆亮. 数学建模算法与应用. 2 版. 北京: 国防工业出版社, 2015.

[6] 司宛灵, 孙玺菁. 数学建模简明教程. 北京: 国防工业出版社, 2019.

[7] 赵静, 但琦. 数学建模与数学实验. 4 版. 北京: 高等教育出版社, 2014.

[8] 韩中庚. 数学建模方法及其应用. 北京: 高等教育出版社, 2005.

[9] 陈传军, 王智峰. 地方本科院校数学建模活动平台建设的实践与研究. 新教育时代, 2016(4): 281.

[10] 陈传军, 孙丰云, 王智峰. 数学建模教学是应用型本科数学人才培养的有效途径. 教育教学论坛, 2015(24): 166-167.

[11] 雷功炎. 数学建模讲义. 北京: 北京大学出版社, 1999.

[12] 姜启源, 谢金星, 叶俊. 数学模型. 5 版. 北京: 高等教育出版社, 2018.

[13] 周义仓. 数学建模实验. 2 版. 西安: 西安交通大学出版社, 2007.

[14] 汪晓银, 李治, 周保平. 数学建模与数学实验. 3 版. 北京: 科学出版社, 2019.

[15] 司守奎, 孙玺菁. Python 数学实验与建模. 北京: 科学出版社, 2020.

[16] 严喜祖, 宋中民, 毕春加. 数学建模及其实验. 北京: 科学出版社, 2017.

[17] 李庆扬. 科学计算方法基础. 北京: 清华大学出版社, 2006.

[18] 隋树林, 杨树国, 朱善良. 数学建模教程. 北京: 化学工业出版社, 2015.

[19] 陈华. 数学实验 (富媒体). 北京: 石油工业出版社, 2020.

[20] 谭永基, 蔡志杰. 数学模型. 3 版. 上海: 复旦大学出版社, 2019.

[21] 刁在筠, 刘桂真, 戎晓霞, 王光辉. 运筹学. 4 版. 北京: 高等教育出版社, 2016.

[22] 胡运权, 郭耀煌. 运筹学教程. 2 版. 北京: 清华大学出版社, 2018.

[23] 王炳章, 吕文. 概率论与数理统计. 2 版. 北京: 科学出版社, 2017.

[24] 姜启源, 谢金星. 数学建模案例选集. 北京: 高等教育出版社, 2006.

[25] 吉奥丹诺, 等. 数学建模. 叶其孝, 等译. 北京: 机械工业出版社, 2014.

[26] 卓金武, 王鸿钧. MATLAB 数学建模方法与实践. 3 版. 北京: 北京航空航天大学出版社, 2018.

[27] 邬学军, 周凯, 宋军全. 数学建模竞赛入门与提高. 杭州: 浙江大学出版社, 2012.